DIETMAR GEISTMANN · SEGELFLUGZEUGE IN DEUTSCHLAND

Dietmar Geistmann

SEGELFLUGZEUGE IN DEUTSCHLAND

EIN TYPENBUCH

Motorbuch Verlag Stuttgart

Schutzumschlag: Johann Walentek unter Verwendung eines Dias von Peter F. Selinger.

Bildquellen:
Peter Selinger (49); Roland Pöhlmann (7); Hanna Hübner-Kunath (3); Udo Hans Wolter (3); Hellmut Penner (3); Hans Kiepker (1); Archiv Karl Vey (1); Wolfgang Lossen (1); Eugen Aeberli (1); Heiko Schneider (1); Martin Deskau (1); Helmut Laurson (1); Franz Thorbecke (1); Hans Märki (1); Adolf Wilsch (1); Rupert Leser (1); Hans Zacher (1); Rolf Dörpinghaus (1); Wilhelm Boll (1); Rolf Schöllkopf (1); Urban Kirchberg (1).
Alle anderen Aufnahmen sind Werkfotos, Aufnahmen der Flugzeughersteller oder -besitzer sowie Aufnahmen des Verfassers.

ISBN 3-613-01449-1

2.Auflage 1994

Ein Unternehmen der Paul Pietsch-Verlage GmbH + Co.

Druck: studiodruck, 72622 NT-Raidwangen.
Bindung: Verlagsbuchbinderei K. Dieringer, 70829 Gerlingen.
Printed in Germany

Inhalt

Vorwort	6
AFH-22 und AFH-24 (Akaflieg Hannover)	8
AK-5 (Akaflieg Karlsruhe)	11
AV–36	12
B-4 (Pilatus B-4 PC-11)	15
B-12 und B-13 (Akaflieg Berlin)	18
Blanik L-13, Super-Blanik L-23	21
Calif A–21	24
Condor-IV	27
Cumulus Cu-II F, Cu-III F	29
D-34 bis D-41 (Akaflieg Darmstadt)	31
DG-100 bis DG-800 (Glaser-Dirks)	40
Diamant-HBV, Diamant 16,5, Diamant-18	48
Doppelraab	51
Elfe S 4	54
ES-49	56
FK-3, Greif I und Greif II	58
fs-24 bis fs-33 (Akaflieg Stuttgart)	63
Falcon	71
FVA–20 und FVA–27 (Flugw. Ver. Aachen)	73
Geier-I bis Geier-II B	75
Glasflügel	77
Gö-1 Wolf	93
Gö-3 Minimoa	95
Gö-4 (Goevier-III)	97
Grob Flugzeugbau	99
Grunau-Baby II bis Grunau-Baby V	107
Habicht	111
Hi-25 Kria	113
HKS-1 und HKS 3	115
IS-28 B2 und IS-29 D	119
Kranich II und Kranich III	122
L-10 Libelle	126
LCF-2	128
Lo-100 bis Lo-170 (Alfred Vogt)	130
Lom-57 Libelle	135
LS-1 bis LS-7 (Rolladen-Schneider)	137
Ly-542 k Stösser	149
Mistral	151
Musger-19 a	163
Mü-13 D bis Mü-30 (Akaflieg München)	165
Olympia-Meise	173
Phoebus A bis Phoebus C	175
PIK-16 Vasama, PIK-20 D	178
SB-5 bis SB-14 (Akaflieg Braunschweig)	181
Scheibe Flugzeugbau	194
Schempp-Hirth	211
Schleicher: Kaiser/Waibel/Heide	230
Schulgleiter SG-38	264
SH-2 H	266
Sie-3	268
Slingsby T–59 D	270
Sp-1 V 1	272
Spalinger S-18 III	273
Start + Flug: Salto, Hippie, Globetrotter	275
SZD-9 bis SZD-55 (Segelflugzeuge aus Polen)	280
ULF-1	290
VJ-23	292
Weihe-50	294
Zlin 25/4	296
Anschriften	298
Literaturhinweise	300

Vorwort

Die Anzahl der in Deutschland zugelassenen Segelflugzeuge hat sich in den letzten zwölf Jahren nahezu verdoppelt; mehr als 50 neue Flugzeugmuster sind hinzugekommen, nur einige wenige wie Delphin und Milomei M 1 sind im Register des Luftfahrt-Bundesamtes nicht mehr aufgeführt. Die Angaben der Stückzahlen stammen aus den letzten beiden Jahren; es sind bis auf wenige Ausnahmen nur jene Flugzeuge aufgeführt, die auch flugtüchtig zugelassen sind. Es läßt sich festhalten, daß nach dem großen Aufschwung des Segelfluges in Deutschland nach etwa 1965 gerade in den letzten zehn bis zwölf Jahren eine erneute starke Aufwärtsbewegung zu verzeichnen ist. Die großen deutschen Hersteller sind gut ausgelastet; in der Standard-Klasse, in der 15-Meter-Klasse und in der bereits einmal totgesagten Offenen Klasse kommen immer wieder neue Konstruktionen auf die Fluggelände nicht nur in Deutschland. Ein beachtlicher Teil von Segelflugzeugen der letzten Jahre ist mit Klapptriebwerken ausgerüstet, einige davon sind eigenstartfähig. In einer zukünftigen Auflage werden dann Segelflugzeuge und auch die konventionellen Motorsegler gemeinsam aufgeführt. Neu wird in den kommenden Jahren die frisch ins Leben gerufene 18-Meter-Motorseglerklasse sein; dem neuen Weltklasse-Segelflugzeug wird vieler Orten mit einiger Skepsis begegnet.

Die Daten zu den einzelnen Flugzeugmustern wurden nach einem einheitlichen Schema aufgeführt. Nicht immer einheitlich, auch selbst bei den Herstellern und den Behörden, ist die Musterbezeichnung, wobei aber in dieser Arbeit der übliche Standard verwendet wird. Die wichtigsten Entwurfsgrößen und Tragflügelprofile werden in dieser Arbeit nicht näher erläutert; hier wird auf eine weitere Veröffentlichung des Autors im Motorbuch Verlag »Die Entwicklung der Kunststoff-Segelflugzeuge« hingewiesen. Immerhin soll festgehalten werden, daß die für den Segelflug so wichtige Flügelstrekkung (Schlankheit des Tragflügels – Quadrat der Spannweite dividiert durch Flügelfläche) in den letzten 30 Jahren nicht zuletzt durch die Verwendung neuer Werkstoffe sich von 15,9 bei der Ka 8 über 18,2 bei der Ka 6, 22,5 beim Standard-Cirrus, 28,6 beim Nimbus-2 bis zu 38,7 beim Nimbus-4, um das Beispiel einiger bekannter Flugzeuge zu nehmen, entwickelt hat. Merken kann man sich auch die durchschnittlichen 10 m^2 Flügelfläche (z. B. Standard-Cirrus) für ein Flugzeug der Standard-Klasse. Auch die Entwicklung der Flügelformen vom Trapez zum Rechtecktrapez, Doppeltrapez bis hin zum Dreifachtrapez (z. B. Discus) kann in diesem Zusammenhang erwähnt werden. Insbesondere die Verwendung von Kohlefaser in den Flügelholmen ermöglichte die Verwendung dünnerer Profile, deren prozentuale Dicke von früher über 20% über 18%, 15% bis herunter zu 13% sich verringerte. Bei den meisten Profilbezeichnungen ist diese Dicke übrigens angegeben; beim Wortmann-Profil FX 61–184 (z. B. DG-100) steht 1961 für das Entwurfsjahr und -184 für eine prozentuale Dicke von 18,4. Leitwerke werden in den letzten Jahren fast ausschließlich in T-Anordnung als gedämpftes Leitwerk (also mit Flosse und Ruder) verwendet. Bei der Angabe der Bauweise gilt selbstverständlich der dominierende Werkstoff.

Immer wieder wurde in der vorliegenden Arbeit versucht, größere Zusammenhänge und Entwicklungslinien aufzuzeigen. Oftmals haben einzelne Flugzeuge oder spezielle Konstruktionsmerkmale die weiteren Entwürfe stark beeinflußt. In verstärktem Maß werden aber nicht nur die Flugzeuge selbst, sondern auch die

Konstrukteure und Hersteller vorgestellt.
Besonderer Dank gilt den Herstellern und Akafliegs für die wertvolle Unterstützung. Gerade die Akafliegs mit ihren interessanten Jahresberichten haben ihre bedeutungsvolle Forschungsarbeit vorbildlich dokumentiert. Firmenchroniken gibt es nur in wenigen Fällen. Ein herzlicher Dank gebührt aber auch einer Vielzahl von Fliegergruppen und Einzelpersonen, die sich durch den Erhalt einzelner Flugzeuge, deren Nachbau oder Rekonstruktion oder gar durch selbständige Konstruktionen verdient gemacht haben.
Ganz besonders bedanken darf ich mich auch bei Herrn Peter F. Selinger aus Stuttgart, dessen vorbildliches Luftfahrtarchiv in fast allen Fällen aushelfen kann, und der rund 50 Aufnahmen zu dieser Arbeit beigetragen hat.
Ein etwas heißes Eisen, insbesondere in den USA, sind die Flugleistungsmessungen. Herstellerangaben sind in vielen Fällen eher zu optimistisch. Verläßlich sind dagegen die alljährlichen Messungen der idaflieg/DFVLR im August in Aalen-Elchingen, deren Ergebnisse aber erst zwei Jahre nach der Musterzulassung eines Seriensegelflugzeuges veröffentlicht werden.
Trotz gewissenhafter Zusammenstellung und Korrektur haben sich bei der Vielzahl von Daten und Fakten in dieser Arbeit Fehler nicht vermeiden lassen. Für Hinweise über den Verlag ist der Verfasser sehr dankbar.

Singen/Hohentwiel, im Januar 1992

Dietmar Geistmann

Akademische Fliegergruppe Hannover (AFH-22 und AFH-24)

Das berühmteste Segelflugzeug der Akaflieg Hannover ist der Vampyr, der zum Rhönwettbewerb 1921 auf der Wasserkuppe erschien. Kein geringerer als der bekannte Vorkriegskonstrukteur Hans Jacobs bezeichnete den Vampyr als den Urvater aller modernen Segelflugzeuge. Schon der Rumpf war für damalige Verhältnisse aerodynamisch ausgefeilt, besonders aber der freitragende Flügel mit 12,60 m Spannweite in einholmiger Bauweise mit torsionsfester sperrholzbeplankter Flügelnase wies den Weg in die Zukunft. Kein Wunder, daß Arthur Martens mit dem Vampyr am 18. August 1922 auf der Wasserkuppe der erste Segelflug mit einer Flugzeit von über einer Stunde gelang. Sein Vereinskamerad F. H. Hentzen flog sechs Tage später im Hangwind bereits über drei Stunden. Der Segelflug war geboren. Seit 1967 ist der Vampyr trotz der Beschädigungen im Krieg beinahe noch im Originalzustand wieder im Deutschen Museum in München zu sehen.

AFH-22

Die Vorkriegsflugzeuge der Akaflieg Hannover, die in jenen Jahren die führende Gruppe war, wurden bis zur AFH-11 des Jahres 1941 geführt. Erstes Nachkriegssegelflugzeug war die AFH-21, eine in den Jahren 1974 bis 1976 im Selbstbau hergestellte Elfe S4 von Albert Neukom aus Schaffhausen. Die AFH-22 ist ein Doppelsitzer, den man leicht an seinem schmalen und vergleichsweise hohen Seitenleitwerk erkennen kann. Der Rumpf ist mit 8,76 m recht lang. Die Rumpfform orientiert sich an Untersuchungen der Idaflieg und wurde durch ein selbst erstelltes Computerprogramm ermittelt. Die Haube ist einteilig. Das Fahrwerk wird über eine Hydraulik bedient, die durch elf Betätigungshübe im Cockpit gesteuert wird. Der Flügel der AFH-22 stammt original vom Twin-Astir. Konstruktionsbeginn war im Jahre 1978, und der Erstflug fand am 31. Oktober 1982 in Oppershausen statt. In Anlehnung an die Typenbezeichnung lautet das Kennzeichen D-0022.

Muster:	AFH-22
Konstrukteur + Hersteller:	Akaflieg Hannover
Erstflug:	31. Oktober 1982
Hergestellt insgesamt:	1
Zugelassen in Deutschland:	1 (D-0022)
Anzahl der Sitze:	2
Spannweite:	17,50 m (Flügel des Twin-Astir)
Flügelfläche:	17,80 m^2
Streckung:	17,21
Flügelprofil:	Eppler 603
Rumpflänge:	8,76 m
Leitwerk:	gedämpftes T-Leitwerk
Bauweise:	faserverstärkte Kunststoffe
Rüstgewicht:	376 kg

Flugleistungen (Messung vom 14. 8. 1985 in Aalen):

Geringstes Sinken:	0,65 m/s bei 85 km/h
Bestes Gleiten:	37 bei 95 km/h

AFH-24

Bei der AFH-23 handelt es sich um ein solarzellenbestücktes Höhenleitwerk einer DG-200, das zur Stromversorgung der Instrumente herangezogen wird. Die

Die AFH-22 ist gut an ihrem schmalen und hohen Seitenleitwerk zu erkennen.

Die AFH-24 hat ein komplett aufschiebbares Rumpfvorderteil.

AFH-24 ist dann wieder ein »richtiges« Segelflugzeug der Standard-Klasse. Die AFH-24 hat den Flügel der DG-300. Besonderes Kennzeichen des Flugzeuges ist ein komplett aufschiebbares Rumpfvorderteil, um den Haubenspalt zu vermeiden. Diese Idee wurde zuletzt bei einer im Amateurbau hergestellten und entsprechend modifizierten Elfe in der Schweiz realisiert. Bei der AFH-24 wird zwischen einem festen Teil, dem Cockpitträger, und einem verschiebbaren Teil, der Rumpfbugaußenkontur, unterschieden. Die Trennlinie liegt dann sehr weit hinten, kurz vor dem Rumpf-Flügel-Übergang. Kennzeichnend für die Rumpfkontur der AFH-24 ist zudem die starke Einschnürung hinter dem Cockpit. Nicht unproblematisch ist bei dieser Cockpitgestaltung die Frage des Notausstiegs. In der Luft kann nämlich infolge von möglichen Beschleunigungen ein Aufschieben nach vorne erschwert werden. Letzte Lösung ist eine Absprengvorrichtung, wo mit Hilfe von kleinen Kohlesäureflaschen und einem aufblasbaren Gummischlauch die eigentliche Plexiglashaube vom Rahmen gelöst wird. Besondere Sorgfalt wurde auch für den Flügelübergang verwandt. Im Gegensatz zur AFH-23 sind hier die Solarzellen in diesem Bereich untergebracht. Als Fernziel strebt die Akaflieg Hannover an, für die AFH-24 einen eigenen Flügel zu bauen. Die Arbeiten an der AFH-24 begannen im Jahre 1983, während der Erstflug 1991 stattfand.

Muster:	AFH-24
Konstrukteur + Hersteller:	Akaflieg Hannover
Erstflug:	August 1991
Hergestellt insgesamt:	1
Zugelassen in Deutschland:	1 (D-0024)
Anzahl der Sitze:	1
Spannweite:	15,00 m (Flügel der DG-300)
Flügelfläche:	10,27 m^2
Streckung:	21,91
Flügelprofil:	Horstmann/Quast
Rumpflänge:	7,00 m
Leitwerk:	gedämpftes T-Leitwerk
Bauweise:	faserverstärkte Kunststoffe
Rüstgewicht:	ca. 245 kg
Maximales Fluggewicht:	500 kg
Flächenbelastung:	29 bis 46,7 kg/m^2
Höchstzul. Geschwindigkeit:	270 km/h
Flugleistungen:	noch keine Angaben erhältlich

AK-5 (Akaflieg Karlsruhe)

Die AK-5 ist ein Segelflugzeug der Standard-Klasse, das von der Akaflieg Karlsruhe gebaut wurde und das seinen Erstflug am 1. Juni 1990 durchgeführt hat. In Karlsruhe war im Jahre 1971 zum ersten Mal die AK-1 geflogen, ein Motorsegler in Metallbauweise mit Klapptriebwerk, der unter Mitarbeit von Otto Funk entstanden war und einige Ähnlichkeiten mit dem Segelflugzeug FK-3 hat. Die AK-1, die heute noch im Flugbetrieb der Akaflieg ist, hat ein keulenförmiges Rumpfvorderteil (Kennzeichen des Motorseglers: D-KEUL) und wie die FK-3 eine schlanke Rumpfröhre aus Metall. Die AK-2 hätte eine Motorseglerversion der Glasflügel 604 werden sollen mit fest montiertem Motor und schwenkbarem Propeller, die aber im Laufe der langjährigen Entwicklung aufgegeben wurde. Die Formen der 604, die seinerzeit von der Firma Glasflügel überlassen wurden, befinden sich heute noch bei der Akaflieg Karlsruhe. Einige Akafliegs außer den Karlsruhern bauten Teile in diesen Formen, unter anderem die Stuttgarter das Höhenleitwerk der fs-31.

Auch die AK-5 entstand teilweise in diesen Formen, nämlich das komplette Rumpfvorderteil, allerdings mit einer einteiligen Haube, sowie der hintere Teil der Rumpfröhre, da der gesamte Rumpf natürlich kürzer werden mußte. Nachdem nun die Tragflügel in den Formen der Falcon von Hansjörg Streifeneder hergestellt wurden, sind eigentlich nur die Leitwerke der AK-5 eigene Konstruktionen der Akaflieg Karlsruhe. Geändert haben die Akaflieger zudem den inneren Aufbau des Tragflügels, lediglich die geometrischen Abmessungen sind noch mit dem Falcon-Flügel identisch. Von den Werkstoffen her hat die Akaflieg Karlsruhe sich an Bewährtes gehalten; die AK-5 ist ganz in Glasfaser gebaut.

Nachfolger der AK-5 wird die AK-8, ebenfalls ein Flugzeug der Standard-Klasse. Rumpf und Leitwerke sollen von der AK-5 übernommen werden. Ähnlich wie bei der SZD-55 wird die Flügelvorderkante näherungsweise eine Ellipse sein mit einer geraden Hinterkante.

Muster:	AK-5
Konstrukteur + Hersteller:	Akaflieg Karlsruhe
Erstflug:	1. Juni 1990
Hergestellt insgesamt:	1
Zugelassen in Deutschland:	1 (D-8905)
Anzahl der Sitze:	1
Spannweite:	15,00 m (Flügel der Falcon)
Flügelfläche:	10,66 m^2
Streckung:	21,11
Flügelprofil:	HQ-21/17,15
Rumpflänge:	6,80 m
Leitwerk:	gedämpftes T-Leitwerk
Bauweise:	GFK
Rüstgewicht:	278 kg
Maximales Fluggewicht:	485 kg
Flächenbelastung:	30 bis 45 kg/m^2

Flugleistungen (Idaflieg-Messung August 1990)

Geringstes Sinken:	0,58 m/s bei 85 km/h
Bestes Gleiten:	39 bei 105 km/h

Linke Seite:

Die Karlsruher AK-5 hat den Flügel der Falcon.

AV–36

Die AV–36 ist der in Deutschland bekannteste Sproß einer kompletten Nurflügelfamilie, die von Charles Fauvel aus Cannes/Frankreich stammt. Eine vielfältige Entwicklungsreihe von ein- und doppelsitzigen Nurflügeln, teilweise auch Motorseglern, geht von Fauvel aus. Dabei führt zahlenmäßig die AV–36, von der in verschiedenen Ländern mehr als 100 Exemplare hergestellt wurden. Das Musterflugzeug in Deutschland wurde 1953 gebaut und führte seinen Erstflug im Jahre 1954 durch. Ab 1955 lief die Serienfertigung in einem kleinen Betrieb, den Hermann Frebel (seit 1944 bei Wolf Hirth beschäftigt) in Nabern/Teck gegründet hat. Hier wurden 39 Bausätze, bestehend aus Flügelnasen, Hilfs- und Ruderholmen, Endrippen, Beschlägen und Steuerungsteilen fertiggestellt. Neun Flugzeuge davon wurden flugfertig in Nabern gebaut. So setzt die AV–36 (AV ist die französische Abkürzung für Nurflügel) die Tradition der erfolgreichen Vorkriegsnurflügel der Gebrüder Horten fort, an denen sich nach der Wiederzulassung des Segelfluges in Deutschland mit Nachbauversuchen (Horten XV) wenigstens zwei Fliegergruppen die Zähne ausbissen.

Die AV–36 ist ein freitragender Schulterdecker in Holzbauweise mit zwei Seitenleitwerken und Störklappen auf der Flügelunterseite. Das rechteckige Flügelmittelstück hat eine Flügeltiefe von 1,60 Meter und ist voll mit Sperrholz beplankt. Der Flügel hat keine Pfeilung, so daß ein Profil mit sogenanntem S-Schlag verwendet werden mußte. Die Endleiste des Profils mit ziemlich gerader Unterseite ist im Mittelstück mehr als 10 cm nach oben gezogen. Die Profildicke beträgt 17,5%. Die Außenflügel haben eine V-Form von fast drei Grad, während das Mittelstück gerade ist. Ein interessantes Detail stellen auch die verschiedenen Hauben dar. Die ursprüngliche, sehr schmale »Selbstbauhaube« zeigte keine Probleme. Bei einer neueren Vollsichthaube aus Plexiglas treten durch Verwirbelungen Flattererscheinungen im Höhenruder auf, die durch einen Glättungsring hinter der Haube gemildert wurden. Für Flugzeugschlepp und Windenstarts hat die AV–36 Seitenwandkupplungen am nur 2,50 Meter langen Rumpf.

Das relativ große Höhensteuer reicht von einem Seitenleitwerk zum anderen und hat eine Flettnertrimmung. Fliegerisch ist die AV–36 eigentlich ohne große Probleme, wie alle Halter einheitlich versichern. Bei manchen Vereinen wurden sogar generell die Silber-C-Bedingungen auf der AV–36 erflogen. Lediglich bei der Landung muß sehr schön abgefangen werden, damit sich der Nurflügel mit geringster Fahrt (etwa 50 km/h) hinsetzt. Sonst neigt die AV–36 zum Springen, und mit der ursprünglichen Version sind einige Überschläge fabriziert worden. Deshalb wurde auch auf die durchgehende, gefederte Kufe verzichtet und ein Bugrad in die Rumpfspitze eingebaut. Gerne wird das Flugzeug auch im Kunstflug eingesetzt, wobei besonders der Looping mit dem kleinen Radius recht eindrucksvoll ist. Außergewöhnlich ist auch die Lösung des Hängerproblems. Wegen des einteiligen Tragflügels wird die AV–36 in Spannweitenrichtung waagerecht auf dem Hänger verladen. Wenn dann die Rumpfspitze abgenommen wird und die Seitenruder umgeklappt werden, beträgt die größte Breite nur noch 2,38 Meter.

Heute fliegt in Deutschland nur noch ein Exemplar der AV–36, es ist die D-1156 der Fliegergruppe Blaubeuren. Das Flugzeug ist Baujahr 1959 und hat heute ein Rüstgewicht von 143 kg mit einer Zuladung von 82 kg. Bei der Grundüberholung im Jahre 1988 wurde zusätzlich zur Seitenwandkupplung eine Flugzeugschlepp-

Eine AV-36 mit einem Glättungsring hinter der Haube.

Auf dieser Aufnahme der AV-36 ist gut die hochgezogene Profilhinterkante zu sehen.

kupplung in der Rumpfspitze eingebaut, nachdem vorher im F-Schlepp das Höhenruder manchmal nicht ausreichend war. Mehr als zehn Exemplare der AV–36 mußten in Deutschland gesperrt und vollständig aus dem Verkehr gezogen werden, nachdem Walter Leber mit der D-8862 bei einem Flugtag in Blumberg durch einen Flügelbruch verunglückte. Bei der Unfalluntersuchung stellte sich heraus, daß bei den deutschen AV–36 im Holm eine brasilianische Kiefer verwendet worden war, die einen Pilzbefall hatte, was die Festigkeit auf 50% reduzierte. Einzig die AV–36 aus Blaubeuren erhielt beim Luftfahrttechnischen Betrieb Sammet auf dem Flugplatz in Heubach bei Schwäbisch Gmünd in mühevoller Arbeit einen neuen Holm mit Gurten aus nordischer Kiefer. Die Rippen konnten vom alten Holm abgelöst und wieder verwendet werden. Den erneuten Erstflug führte die D-1156 mit der Werk-Nr. 37 im Frühjahr 1989 durch.

Muster:	AV-36 C
Konstrukteur:	Charles Fauvel, Frankreich
Hersteller:	Frebel/Nabern + Amateurbau
Erstflug in Deutschland:	1954
Hergestellt in Deutschland:	39
Zugelassen in Deutschland:	1 (D-1156)
Anzahl der Sitze:	1
Spannweite:	11,95 m
Flügelfläche:	14,23 m^2
Streckung:	10,04
Flügelprofil:	Fauvel F 2 (17,5 % dick)
Größte Länge:	3,20 m (Rumpfspitze bis Leitwerk)
Leitwerk:	zwei Seitenleitwerke und ein Höhenruder mit Flettnertrimmung
Bauweise:	Holz
Rüstgewicht:	126 kp
Maximales Fluggewicht:	225 kp
Flächenbelastung:	15,81 kp/m^2
Geringstes Sinken:	0,88 m/s bei 75 km/h
Bestes Gleiten:	24 bei 83 km/h

B-4 (Pilatus B-4 PC-11)

Aus verschiedenen Gründen konnte sich, im Gegensatz zu den USA und einigen Ostblockländern, in Deutschland die Metallbauweise bei der Herstellung von Segelflugzeugen nicht durchsetzen. Entscheidend dürfte dabei gewesen sein, daß ein Selbstbau oder auch nur Überholungsarbeiten in den Vereinswerkstätten nur in Ausnahmefällen möglich sind. In den letzten Jahren kam als weiteres Argument dann noch hinzu, daß sich im Metallflugzeugbau nicht die gleiche Oberflächenqualität wie in der Kunststoffbauweise erzielen läßt. Dabei sind gerade auch in Deutschland mit der aus der Greif-Linie abstammenden FK-3 und der von dem Konstruktionsteam Ingo Herbst, Manfred Küppers und Rudolf Reinke entwickelten Basten B-4 interessante Impulse ausgegangen.

Die Firma Rheintalwerke G. Basten in St. Goar hatte im Jahre 1960 unter der Leitung von Otto Funk mit der Entwicklung des Greif-II begonnen, von dem zwei Exemplare gebaut wurden. Eine Serienfertigung scheiterte aber an einem Rechtsstreit zwischen Heinkel und Basten. Später wurde die Idee eines Metall-Segelflugzeuges wieder aufgegriffen und es entstand dann die B-4. Bei Basten wurden zwei Prototypen gebaut, die sich nur gering unterschieden. Die Flugzeuge hatten die Kennzeichen D-7201 (Werk-Nr. 4001) mit Erstflug am 7. November 1966 auf dem Militärflugplatz in Niedermendig und D-7215 (Werk-Nr. 4002), die zum ersten Mal am 23. August 1968 auf der Dahlemer Binz flog. Die V1 hatte ursprünglich ein Pendel-T-Leitwerk, das aber im Rahmen der Flugerprobung in ein gedämpftes Leitwerk geändert wurde. Ferner ist auch das Rumpfvorderteil der V1 etwas runder gehalten. Beide Prototypen waren mit einem festen Rad ausgerüstet. Auch bei der späteren Serie bei Pilatus im schön gelegenen Stans unweit des Vierwaldstätter Sees in der Schweiz wurden die Flugzeuge wahlweise mit festem Rad oder Einziehfahrwerk ausgeliefert. Bei der V2 wurde dann auch noch etwas das Seitenruder vergrößert. Die B-4 ist in konventioneller Metallbauweise gefertigt, d. h. der Rumpf besteht aus Halbschalen, die wie beim Blanik an einer kleinen überstehenden Kante vernietet sind.

Der Flügel hat den Holm in 40 Prozent der Tiefe. Die Blechtafeln der Beplankung reichen von der Endleiste über die ganze Flügeloberseite, so daß Stöße quer zur Strömungsrichtung auf der Oberseite vermieden werden konnten. Der Flügel hat eine charakteristische

Muster:	B-4 (B = Basten)
Konstrukteur:	Herbst, Küppers, Reinke
Hersteller:	Rheintalwerke Basten, St. Goar
Erstflug:	1966
Hergestellt in Deutschland:	2
Zugelassen in Deutschland:	2 (D-7201 + D-7215)
Anzahl der Sitze:	1
Spannweite:	15,00 m (Standard-Klasse)
Flügelfläche:	14,04 m^2
Streckung:	16,03
Flügelprofil:	NACA 643-618
Rumpflänge:	6,57 m
Leitwerk:	gedämpftes T-Leitwerk
Bauweise:	Metall
Rüstgewicht:	240 kp
Maximales Fluggewicht:	350 kp
Flächenbelastung:	23,5 kp/m^2 bis 24,9 kp/m^2
Flugleistungen (Herstellerangaben)	
Geringstes Sinken:	0,65 m/s bei 65 km/h
Bestes Gleiten:	34 bei 90 km/h

Rechteck-Trapez-Form, wobei die Randbogen an der Flügelspitze durch einfache Abschlußrippen aus Kunststoff ersetzt wurden, die gleichzeitig etwas heruntergezogen sind, um nach der Landung ein Verkratzen der Beplankung zu vermeiden. Die Flügelfläche ist mit 14,04 m^2 mehr als reichlich (kaum weniger als bei der Ka 8), was gleichzeitig eine niedrige Flächenbelastung und gute Steigflugeigenschaften bringt, auf der anderen Seite aber natürlich Einbußen im Schnellflug bedeutet. In Deutschland war eine Serienfertigung offensichtlich nicht möglich. Dagegen waren bei den Pilatus Flugzeugwerken in der Schweiz Kapazitäten frei geworden, und so nahm diese im Metallflugzeugbau sehr erfahrene Firma die Produktion auf. Zur zweckmäßigen Serienproduktion wurde die B-4 im inneren Aufbau erheblich umkonstruiert. Darüber hinaus wurden die Querruder und das Seitenruder vergrößert, die Flügelanschlüsse neu konstruiert und das Cockpit vergrößert. Auch wurde auf die Schempp-Hirth-Bremsklappen auf der Flügelunterseite verzichtet und dafür die Oberseite

um 25% vergrößert. Das Rumpfhinterteil wurde verstärkt, um gerissene Figuren zu ermöglichen. Insgesamt sind bei Pilatus in den Jahren 1973 bis 1978 beachtliche 322 Exemplare hergestellt worden, von denen heute weltweit noch etwa 300 Stück im Einsatz sind. In Deutschland flogen im Jahr 1991 noch 27 Flugzeuge und in der Schweiz 36 B-4. Wegen der Überlastung durch die Serienproduktion des Trainers PC-7 wurde 1978 die Produktion in Stans eingestellt und die Lizenzbaurechte befristet an Nippi Japan übergeben, die aber nur 15 Flugzeuge herstellten. Dort wurde auch der Prototyp einer zweisitzigen Version gebaut, der aber nicht in Serie gegangen ist. Grundsätzlich wäre es heute noch möglich, die Serienfabrikation der B-4 wieder aufzugreifen, was aber nur in einem Billiglohnland zu einem konkurrenzfähigen Preis zu realisieren wäre. Tatsächlich erreichen auch heute noch Pilatus immer wieder Anfragen aus vielen Ländern, in denen ein Interesse an Metall-Segelflugzeugen besteht.

Die Pilatus B-4 zeichnet sich durch angenehme und problemlose Flugeigenschaften aus. Auch im Kunstflug läßt sich das Flugzeug mit gutem Erfolg fliegen, wobei Vorteile im Rückenflug zu verzeichnen sind, während der Turn eher schwierig zu fliegen ist. Wenn das Flugzeug auch dank der geringen Flächenbelastung gut steigt, sind die Leistungen im Gleiten eher bescheiden.

Muster:	Pilatus B-4 PC-11
Konstrukteur:	Herbst, Küppers, Reinke, Pilatus
Hersteller:	Pilatus Flugzeugwerke Stans
Erstflug der Pilatus B-4:	5. Mai 1972
Serienbau:	1973 bis 1978
Hergestellt insgesamt:	322
Zugelassen in Deutschland:	27
Anzahl der Sitze:	1
Technische Daten:	wie bei der Basten B-4

Flugleistungen:
Im Jahre 1976 wurden beim Idafliegtreffen in Aalen-Elchingen mit den Serienflugzeugen HB-1101 und PH-448 Flugleistungsmessungen durchgeführt, deren Ergebnisse deutlich unter den Hersteller angaben liegen:

Geringstes Sinken:	0,71 m/s bei 74 km/h
Bestes Gleiten:	31 bei 85 km/h

Linke Seite:

Oben: Der Protoytyp V 1 der in Deutschland gebauten B-4.

Unten: Das Schwesterflugzeug V 2 hatte noch ein festes Rad.

Eine in der Schweiz gebaute Pilatus B-4 mit Einziehfahrwerk.

B-12 (Akaflieg Berlin)

Nach einer längeren schöpferischen Pause konnte sich die Akaflieg Berlin im Jahre 1977 mit dem Kunststoff-Doppelsitzer B-12 wieder in die Reihe der erfolgreichen Konstruktionen der Akademischen Fliegergruppen in Deutschland einordnen. Bedingt durch die besondere Lage von Berlin ist dies besonders beachtlich. Einmal ist da der zeitraubende Weg von mehr als 300 Kilometern zum Fluggelände bei Hannover, und zum anderen wurde gar einmal der Bau der B-12 im März 1973 auf Grund alliierter Vorbehaltsrechte kurzzeitig untersagt. Zudem ist die Akaflieg Berlin mit etwa 25 Aktiven eine der kleineren Akademischen Fliegergruppen.

Die Entwurfsarbeiten und der eigentliche Bau der B-12 zogen sich über viele Jahre hin. Mehrmals wurden die Entwurfsgrößen und die Bauweise geändert. Der Doppelsitzer sollte ursprünglich eine Spannweite von 22 m bekommen, doch entschied man sich Ende 1973 für den Flügel des Janus von Schempp-Hirth mit der Spannweite von 18,20 m. Das Janusprofil FX67-K-170 beziehungsweise FX67-K-150 war ursprünglich auch für den großen Tragflügel vorgesehen. Auch für den Rumpf war zuerst eine Stahlrohrfachwerk-Konstruktion entworfen worden, die aber zugunsten einer tragenden GFK-Schale geändert wurde. Auch das bei Doppelsitzern leidige Problem des Fahrwerks konnte mit Hilfe einer langen GFK-Schwinge gelöst werden, was auch platz- und gewichtsmäßig sehr günstig ist. Dieses Fahrwerk wird mit Hilfe eines Scheibenwischermotors elektrisch aus- und eingefahren. Das Leitwerk ist als Kreuzleitwerk ausgebildet. Das Höhenleitwerk ist gedämpft. Das Seitenleitwerk hat das Profil FX71-L-150/30 mit einer Höhe von 1,79 m. Für das Höhenleitwerk wurde das sehr dünne Profil NACA 64009 verwendet, so daß dieses als Rohacell-Vollsandwich mit KFK-Holmen gebaut wurde.

Den Erstflug führte Jürgen Thorbeck am 27. Juli 1977 in Ehlershausen durch.

Die Geschichte der B-12 hat eine Fortsetzung. Bei der Rückfahrt vom Sommerlager 1986 erlitt der Hänger der B-12 einen Verkehrsunfall, bei dem der Hänger nicht nur vollständig zerstört wurde, sondern auch der Rumpf der B-12 erheblichen Schaden nahm. Die Rumpfröhre wurde abgedreht, das Seitenleitwerk und die Haube waren nicht mehr zu verwenden. So bekam die B-12 innerhalb eines Jahres ein neues T-Leitwerk. Das neue Seitenleitwerk wurde in den Formen der B-13 gebaut, während das alte Höhenleitwerk wieder verwendet werden konnte. Der zweite Erstflug mit dem neuen Leitwerk fand dann beim Idafliegtreffen am 11. August 1987 statt. An Flügel und Rumpf hatte man nichts verändert. Als neue Daten werden ein Rüstgewicht von 438 kg und eine Rumpflänge von 8,67 m angegeben. Die Flugleistungsmessungen haben folgende Werte ergeben:

Muster:	B-12
Kennzeichen:	D-7612
Hersteller:	Akaflieg Berlin
Zugelassen in Deutschland:	1
Anzahl der Sitze:	2
Spannweite:	18,20 m (Flügel des Janus)
Flügelfläche:	16,58 m^2
Streckung:	19,97
Flügelprofil:	FX 67-K-170 innen, FX 67-K-150 außen
Rumpflänge:	8,70 m
Leitwerk:	gedämpftes Kreuzleitwerk
Bauweise:	GFK

Der Berliner Doppelsitzer B-12 hat einen Janus-Flügel.

Ab 1987 hat die Berliner B-12 ein T-Leitwerk.

Rüstgewicht:	446 kp
Max. Fluggewicht:	620 kp
Flächenbelastung:	32,3 kp/m² bis 37,4 kp/m²
Geringstes Sinken:	0,68 m/s bei 90 km/h
Bestes Gleiten:	40,5 bei 110 km/h

B-13

Ein sehr interessantes Flugzeug ist die B-13, die ihren Erstflug am 2. März 1991 in Strausberg bei Berlin durchgeführt hat. Die B-13 ist ein doppelsitziges Leistungsflugzeug mit Hilfsantrieb, bei dem die Piloten nebeneinander sitzen. Der Flügel stammt von der Stemme S-10, wobei die Spannweite etwa 40 cm größer wurde, nachdem die Holmstummel wegen der größeren Rumpfbreite verlängert werden mußten. Ursprünglich war wie bei der S-10 der Flügel der DG-500 vorgesehen. Nun konnten die Akaflieger in Berlin in Abend- und Nachtarbeit ihren Flügel in den Formen der Firma Stemme bauen. Der Stemme-Flügel ist ein Dreifachtrapez mit dem Profil HQ 41/14.35. Im Rumpfvorderteil befindet sich ein luftgekühlter Rotaxmotor mit 32 PS, mit dem eine Steiggeschwindigkeit von etwa 1 m/s erreicht werden soll. Die Leistung wird durch einen Zahnriemenantrieb, der gleichzeitig die Drehzahl untersetzt, auf die Keilwelle übertragen. Ein 5-Blatt-Klapp-Propeller nach Art der Turbo-»Blüten« von Claus Oehler wird auf einem Verschiebeschlitten nach vorne ausgefahren. Die gesamte Antriebseinheit ist im eingefahrenen Zustand vollständig in der Rumpfkontur verschwunden. Im Gegensatz zur Stemme S-10 liegt das Triebwerk also nicht im Schwerpunkt, sondern vor den Piloten, und der Verschiebeschlitten hat nur etwa soviel Weg wie der Propeller-Radius. Der Verschiebeschlitten wird manuell betätigt.

Der Rumpf ist in Halbschalen mit CFK/AFK-Fasern und mit dem Fahrwerk der ASH-25 ausgerüstet. Die Leitwerke haben altbewährte Wortmann-Profile.

Muster:	B-13
Konstrukteur+Hersteller	Akaflieg Berlin
Erstflug:	2. März 1991
Zugelassen in Deutschland:	1 (D-KILU)
Anzahl der Sitze:	2 (nebeneinander)
Spannweite:	23,20 m (Flügel der Stemme S-10)
Flügelfläche:	18,95 m²
Streckung:	28,40
Flügelprofil:	HQ41/14,35
Rumpflänge:	8,55 m
Leitwerk:	gedämpftes T-Leitwerk
Bauweise:	Faserverstärkte Kunststoffe
Rüstgewicht:	590 kg
Maximales Fluggewicht:	800 kg
Flächenbelastung:	36,4 bis 42,2 kg/m²

Beim Doppelsitzer B-13 sind die Sitze nebeneinander angeordnet.

Blanik L-13

Der tschechische Doppelsitzer in Metallbauweise ist neben der Pilatus B-4 der auffälligste Vertreter der Aluminiumvögel auf den Segelfluggeländen in Deutschland. Im Gegensatz zu den USA, wo die Metallbauweise speziell durch die Schweizer-Flugzeuge dominierend ist, konnten hierzulande die Leichtmetall-Flugzeuge nie gegen die Holz- und nun die GFK-Flugzeuge ankommen. Immerhin sind in der Bundesrepublik ca. 90 Blanik seit 1962 zugelassen worden, und besonders durch seine Verbreitung im Ostblock ist der seit 1959 nahezu unverändert gebaute Blanik mit einer Stückzahl von etwa 2600 eines der meistgebauten Flugzeuge der Segelfluggeschichte.

Der »Blechnik«, wie er gelegentlich auf den Fluggeländen genannt wird, ist wohl überall auf der Welt vertreten. In Deutschland sind derzeit 75 Blanik, in den USA ca. 40 Exemplare und in der Schweiz und Österreich jeweils knapp über 20 Stück zugelassen. Der Trapezflügel mit einer negativen Pfeilung von 5 Grad hat charakteristische Flügelendkeulen. Auffallend sind die vom Rumpf bis zu den Querrudern reichenden Fowlerklappen, die aber meist nur für die Landung voll ausgefahren werden. Die V-Form des Tragflügels beträgt 3 Grad. Um dem tief angesetzten Höhenleitwerk mehr Bodenfreiheit zu geben, hat auch dieses eine V-Form von 5 Grad. Die Höhenruder haben auf beiden Seiten eine Flettner-Trimmung. Seitenruder, Höhenruder, Querruder und die Fowlerklappen sind stoffbespannt. Der in Schalenbauweise hergestellte Rumpf hat ein gefedertes, halb einziehbares Fahrwerk. Die einteilige, aber nicht aus einem Stück geblasene Haube öffnet nach der Seite. Das Rumpfheck hat einen gefederten Schleifsporn. Zum Bodentransport kann in die aus zwei Schalenhälften zusammengenietete Rumpfröhre ein Aluminumrohr gesteckt werden. Als Landehilfe dienen DFS-Bremsklappen. Früher hatte der Blanik für den Windenstart Seitenwandkupplungen, die das übliche Gabelseil erforderlich machten wie z. B. bei der Weihe, dem Doppelraab und dem Kranich-III. Neuerdings wird das Flugzeug mit Tost-Flugzeugschlepp- und Schwerpunktkupplungen geliefert.

Die Flächenbelastung des Blanik ist relativ niedrig, so daß sich das Flugzeug in Hangwind und Thermik gut bewährt. Gerne wird der Blanik auch für die Kunstflugschulung eingesetzt. Bei ruhigem Wetter ist der Doppelsitzer bis 250 km/h zugelassen; bei ausgefahrenen Fowlerklappen ist die Geschwindigkeit allerdings auf 110 km/h begrenzt.

Muster:	Blanik L-13
Hersteller:	LET in Kunovice/CSSR
Erstflug:	1958
Serienbau:	ab 1959 bis heute
Hergestellt insgesamt:	etwa 2600
Zugelassen in Deutschland:	46
Anzahl der Sitze:	2
Spannweite:	16,20 m
Flügelfläche:	19,15 m^2
Streckung:	13,70
Flügelprofil:	NACA 632 A-615 innen NACA 632 A-612 außen
Rumpflänge:	8,40 m
Leitwerk:	gedämpftes Kreuzleitwerk
Bauweise:	Metall
Rüstgewicht:	292 kp
Maximales Fluggewicht:	500 kp
Flächenbelastung:	19,9 kp/m^2 bis 26,1 kp/m^2
Geringstes Sinken:	0,85 m/s bei 68 km/h
Bestes Gleiten:	28 bis 86 km/h

D-8999
Blaník

D-6800
D-9397
Klosterbräu
Blaník

Der Super-Blanik L-23 hat ein T-Leitwerk.

Mit dem Blanik sind einige Rekorde erflogen worden. Aufsehen erregte auch die Überquerung der Anden mit dem Blanik durch einen chilenischen Segelflieger im Jahre 1969.
Im Jahre 1990 ist eine neue Version des Blanik, der L-23 Super-Blanik, herausgekommen, und die ersten fünf Exemplare mit deutschem Kennzeichen sind bereits zugelassen worden. Auffallendstes Unterscheidungsmerkmal ist das neue T-Leitwerk. Das Höhenleitwerk ist gedämpft und hat eine Spannweite von 3,50 Metern. Auch der Tragflügel hat nicht mehr die charakteristischen Endkeulen aus Metall sondern Randbögen aus Kunststoff. Neu ist auch die zweiteilige Haube aus Plexiglas, die zur besseren Sicht und zum bequemeren Einstieg seitlich weiter heruntergezogen ist. Die Sitze sind gepolstert und haben nun Rückenschalen aus Kunststoff. Das Spornrad ist gefedert und um 360 Grad drehbar. Das Flugzeug wird mit zwei üblichen Tost-Kupplungen für Winden- und Flugzeugschleppstart geliefert. Die bisherigen Kontrollen im Herstellerwerk in Kunovice/CSFR entfallen; der neue Blanik ist für 6000 Flugstunden zugelassen. Bei den technischen Angaben haben sich folgende Werte geändert:
Rumpflänge 8,50 Meter, Leergewicht 310 kg und maximales Fluggewicht 510 kg.
Vertreten wird der Super-Blanik in Deutschland von der Firma Air-Tec, Sperlingsweg 7, 35745 Herborn.

Linke Seite:

Oben: Der Blanik ist einer der meistgebauten Doppelsitzer

Unten: Bei abgelegtem Flügel hat das Höhenleitwerk des Blanik recht wenig Bodenfreiheit.

Calif A–21

Der Calif A–21, der von der 1910 gegründeten ältesten italienischen Flugzeugbaufirma Caproni gebaut wird, ist einer der interessantesten Doppelsitzer der Segelfluggeschichte. Dabei besticht einmal sein etwas exotisches Aussehen, dann die Metallbauweise unter Verwendung von Kunststoffen und nicht zuletzt die außergewöhnliche Leistungsfähigkeit. Der Prototyp flog zum ersten Mal am 23. November 1970, und mit den noch nicht einmal 50 Flugzeugen, die in den ersten sieben Jahren hergestellt worden sind, ist der Calif auch ein

Nebeneinanderliegende Sitze und Doppelfahrwerk sind charakteristische Merkmale des Calif.

Die Wölb-Brems-Klappe des Calif gilt als Vorläufer für das Klappensystem von Mosquito und Mini-Nimbus.

etwas exklusiver Vogel. Der dreiteilige Flügel hat eine Spannweite von über 20 Metern. Er hat eine Rechtecktrapezform mit einer Flügeltiefe von 0,90 m im Mittelstück, wo auch das Wortmann-Profil FX67-K-170 verwendet wird. Der Rechteckteil des Tragflügels reicht über fast zwei Drittel der Spannweite, während das

Mittelstück nur eine Länge von 5,70 m hat. Bei den jeweils drei Meter langen Außenflügeln fängt auch erst die V-Form des Tragflügels an, wogegen der Rechteckteil ganz waagrecht ist. Durch das Herunterstraken auf das Querruderprofil FX 60–126 entsteht auch ein etwas unschöner Knick in der Flügelform. Die Wölbklappen gehen von plus 8 Grad bis minus 8 Grad, mit einer Landestellung von 90 Grad. Nach dem Mittelstück ist im Tragflügel auch ein Bremsklappensystem angeordnet, das als Vorläufer des Bremsklappensystems bei der Mosquito und beim Mini-Nimbus anzusehen ist. Der Nachteil des Calif-Systems liegt darin, daß beim Ausfahren der Bremsklappen auf der Flügeloberseite die eigentliche Wölbklappe kurz auf negativ gefahren werden muß, da nur ein einziger Bedienungshebel zur Verfügung steht. Die Sitze liegen beim Calif nebeneinander. Das Einziehfahrwerk besteht aus zwei nebeneinander angeordneten, gefederten 5-Zoll-Rädern. Die Haube ist zweiteilig, und der hintere Teil wird rückwärts auf den Rumpf geschoben. Das Rumpfvorderteil, die Querruder und die Randbogen bestehen aus GFK. Am Rumpfende ist ein Spornrad eingebaut. Bei den ersten Flugzeugen bestand das Höhenleitwerk aus einem trapezförmigen Pendelruder. Beim A–21S wird ein gedämpftes Höhenleitwerk in Rechteckform verwendet. Der Calif wird in Deutschland von der Firma Midas Aviation in Bonn-Bad Godesberg vertreten. Hier wurde auch die Zulassung für Windenstart durchgeführt. Für die Leistungsfähigkeit des Calif spricht die Tatsache, daß der Pole Edvard Makula im August 1972 in einer Woche vier Weltrekorde in den USA aufstellte. In Deutschland wurde vom Rhein-Flugzeugbau ein Calif mit Mantelschraube zum Motorsegler Sirius-2 umgebaut, während es in Italien selbst eine Version A–21 SJ mit einem Strahltriebwerk gibt, die eine Gipfelhöhe von 13000 Metern erreicht.

Muster:	Calif A-21 S
Konstrukteur:	Carlo Ferrarin/Livio Sonzio
Hersteller:	Caproni Vizzola/Italien
Erstflug:	1970
Serienbau:	1970 bis heute
Hergestellt insgesamt:	49
Zugelassen in Deutschland:	6
Spannweite:	20,38 m
Flügelfläche:	16,19 m^2
Streckung:	25,65
Flügelprofil:	FX 67-K-170 im Rechteckbereich FX 60-126 im Querruderbereich
Rumpflänge:	7,84 m
Leitwerk:	gedämpftes T-Leitwerk
Bauweise:	Metall mit Kunststoffüberzug, teilweise GFK
Rüstgewicht:	436 kp
Maximales Fluggewicht:	644 kp
Flächenbelastung:	32,5 kp/m^2 bis 39,8 kp/m^2

Flugleistungen (DFVLR-Messung 1976):

Geringstes Sinken:	0,69 m/s bei 80 km/h
Bestes Gleiten:	38 bei 115 km/h

Condor-IV

Der Doppelsitzer Condor-IV ist eine Nachkriegskonstruktion von Heini Dittmar und ist aus dem Einsitzer Condor-III abgeleitet. Die Spannweite wurde von 17,25 m auf 18,00 m vergrößert und der Rumpf durch Einfügen des zweiten Sitzes unmittelbar unter dem Tragflügel verlängert. Sehr charakteristisch ist der freitragende Knickflügel, der hoch am Rumpf angesetzt ist. Der Rumpf selbst mit einer schlanken Rumpfröhre ist eine Sperrholzschalenkonstruktion mit einer festen Kufe und einem Abwurffahrwerk. Die lange Haube

Der Condor-IV ist ein großer Doppelsitzer mit 18 Metern Spannweite.

besteht aus einem Stück und ist abnehmbar. Als Landehilfe dienen Schempp-Hirth-Bremsklappen. Für den Windenstart sind Seitenwandkupplungen (Gabelseil) eingebaut, für den F-Schlepp gibt es eine Tost-Kupplung in der Rumpfspitze. Das Höhenleitwerk ist als Pendelruder ausgelegt. Das Rüstgewicht mit über 360 kp ist für die Entstehungszeit nach 1950 sehr beachtlich und unterscheidet sich kaum von den neuen Leistungsdoppelsitzern in Kunststoff-Bauweise.

Die beste Gleitzahl von etwa 30 ist ebenfalls beachtlich und Ernst-Günter Haase erzielte im August 1952 auf dem Klippeneck den ersten Nachkriegsweltrekord Deutschlands über ein 100-km-Dreieck.

Bei Schmetz in Herzogenrath sind 5 Flugzeuge (Baureihe 2) gebaut worden, während bei Schleicher in den Jahren 1953 bis 1955 sieben Condor-IV der Baureihe 3 hergestellt wurden. Heute sind noch etwa fünf Flugzeuge zugelassen.

Muster:	Condor-IV
Konstrukteur:	Heini Dittmar
Hersteller:	Dittmar, Schmetz, Schleicher
Erstflug:	1952
Serienbau:	1952 bis 1955
Hergestellt insgesamt:	etwa 15
Zugelassen in Deutschland:	etwa 3
Anzahl der Sitze:	2
Spannweite:	18,00 m
Flügelfläche:	21,20 m^2
Streckung:	15,28
Flügelprofil:	Gö 532 innen, NACA 0012 außen
Rumpflänge:	8,44 m
Leitwerk:	Pendel-Höhenleitwerk
Bauweise:	Holz
Rüstgewicht:	365 kp
Maximales Fluggewicht:	520 kp
Flächenbelastung:	24,53 kp/m^2
Geringstes Sinken:	0,70 m/s bei 65 km/h
Bestes Gleiten:	31 bei 80 km/h

Cumulus Cu-II F, Cu-III F

Der Stahlrohrumpf des Cumulus im Rohbau.

Die Tragflügel des Cumulus stammen vom Grunau-Baby.

Der Cumulus von Gerhard Reinhard aus Peine ist ein einfaches Übungssegelflugzeug, welches auch gleich mit der Wiederzulassung des Segelfluges in Deutschland entstanden ist. Dabei werden die Tragflügel und die Leitwerke des Grunau-Baby II beziehungsweise III verwendet. Neu an dem Flugzeug ist ein Stahlrohrrumpf mit einem sehr schlanken hoch angesetzten Leitwerksträger. Recht ausladende Formen hat das Seitenruder. Der Rumpf hat eine Kufe und ein festes Rad hinter dem Schwerpunkt. Wie beim Grunau-Baby sind der Tragflügel und das Höhenleitwerk abgestrebt. Allerdings hat hier der Flügel eine V-Form von 1,5 Grad. Heute läßt sich kaum mehr feststellen, wieviel Flugzeuge wohl hauptsächlich als Amateurbauten hergestellt worden sind. Zugelassen sind noch ein Cumulus-II (D-4638) und zwei Cumulus-III (D-0324+D-6059). Von letzteren beiden Flugzeugen liegen genauere Angaben vor. Die D-0324 entstand in den Jahren 1954 bis 1957 von der damaligen Flugsportgruppe Burghausen und führte den Erstflug am 14. Juli 1957 in Pfarrkirchen in Niederbayern durch. Bis August 1976, wo das Flugzeug wegen mangelndem Interesse der Mitglieder in Burghausen vorläufig stillgelegt wurde, absolvierte der Cumulus 1432 Starts mit 231 Flugstunden mit einem längsten Flug von über vier Stunden. Der Cumulus D-6059 wurde 1952/53 vom Luftsportverein Holzminden gebaut und flog hauptsächlich auf dem Ith. 1956 landete er nach einem Gewitterflug bei Pesekendorf in der DDR, wurde aber sofort wieder freigegeben. Heute gehört dieser Cumulus der Eigentümergemeinschaft Gerhard Nieveler/Christian Kroll in Geilenkirchen, die mit dem Flugzeug gelegentlich an Oldtimertreffen teilnehmen. Der Prototyp mit dem Kennzeichen D-6000 wurde bereits beim ersten Rhöntreffen des Jahres 1951 eingeflogen. Dieses Flugzeug hatte keine Bremsklappen im Tragflügel, sondern zweiteilige Rumpfbremsklappen an der Hinterkante des vorderen Rumpfteiles, deren Wirkung allerdings ungenügend war. Zum Cumulus-Rumpf gab es noch einen freitragenden Tragflügel von 13,80 m Spannweite, wobei dieses Flugzeug dann die Bezeichnung Cirrus hatte. Auch ein Motorsegler dieser Baby-Cumulus-Familie mit der Bezeichnung Nimbus (20-PS-Motor und Umlaufluftschraube) war geplant.

Muster:	Cumulus Cu-III F
Konstrukteur:	Gerhard Reinhard
Hersteller:	Amateurbau
Erstflug:	1951
Hergestellt insgesamt:	nicht bekannt
Zugelassen in Deutschland:	2
Anzahl der Sitze:	1
Spannweite:	13,57 m (Flügel des Grunau-Baby III)
Flügelfläche:	14,20 m^2
Streckung:	12,97
Flügelprofil:	Gö 535, außen symmetrisch
Rumpflänge:	6,30 m
Leitwerk:	normales Kreuzleitwerk
Bauweise:	Holz, Rumpf aus Stahlrohr
Rüstgewicht:	151 kp
Maximales Fluggewicht:	250 kp
Flächenbelastung:	17,6 kp/m^2

Flugleistungen (Herstellerangaben):

Geringstes Sinken:	0,80 m/s bei 52 km/h
Bestes Gleiten:	19,5 bei 63 km/h

Akaflieg Darmstadt (D-34 bis D-41)

Die Akademische Fliegergruppe Darmstadt hat mit einigen erfolgreichen Konstruktionen die Entwicklung der Leistungssegelflugzeuge nach dem Krieg entscheidend beeinflußt. Insbesondere von der D-36 gingen auch für die spätere Serienfertigung von GFK-Flugzeugen starke Impulse aus (Lemke, Waibel, Holighaus). Zehn Jahre später ist dann die aus der D-38 abgeleitete DG-100 ein erfolgreiches Serienflugzeug der Standard-Klasse.

D-34

Die D-34, die in vier verschiedenen Versionen erprobt wurde, ist die erste Nachkriegskonstruktion der Akaflieg Darmstadt. Gebaut wurde aber in der Darmstädter Werkstatt schon vorher, nämlich eine Mü-13 E und eine heute noch fliegende Ka-1. Alle vier D-34 haben eine Spannweite von 12,65 Metern, jedoch wurden verschiedene Profile, Bauweisen, Streckungen und auch ver-

Luftaufnahme der D-34 c.

schiedene Rümpfe gewählt. Die D-34a fliegt bereits im Juli 1955 und hat einen mit Schaumstoff gestützen einteiligen Sperrholzflügel ohne Wölb- oder Bremsklappen. Dafür hat der Rumpf seitlich ausfahrende Luftbremsen, deren Wirkung allerdings ungenügend ist. Die D-34b hat praktisch dieselben Flügel, aber mit Wölbklappen. Die D-34c hat dann wieder den Flügel der D-34a, ist aber zum ersten Mal mit Schempp-Hirth-Bremsklappen ausgerüstet. Neu ist auch der Stahlrohrrumpf mit festem Rad und Kufe sowie einer GFK-Verkleidung. Der Erstflug findet im Frühjahr 1958 statt. Die Konstruktion stammt hauptsächlich von Martin Rade. Die D-34d ist dann das erste eigentliche Kunststoff-Segelflugzeug der Akaflieg Darmstadt. Als diese D-34d im Jahre 1966 in Samedan zerstört wird, holt man die D-34c wieder aus der Versenkung hervor. Das Flugzeug wird dann bei der Akaflieg noch einige Jahre eingesetzt und hat heute einen Besitzer in Geilenkirchen.

Muster:	D-34 c
Kennzeichen:	D-4644
Konstruktion:	Martin Rade
Hersteller:	Akaflieg Darmstadt
Erstflug:	Frühjahr 1958
Hergestellt insgesamt:	1
Zugelassen in Deutschland:	1
Anzahl der Sitze:	1
Spannweite:	12,65 m
Flügelfläche:	8,00 m²
Streckung:	20,00
Flügelprofil:	NACA 644-621 durchgehend
Leitwerk:	gedämpftes T-Leitwerk
Bauweise:	Rumpf: Stahlrohr Flügel: Sperrholz auf Schaumstoffkern
Rüstgewicht:	145 kp
Maximales Fluggewicht:	250 kp
Flächenbelastung:	31,25 kp/m²
Geringstes Sinken:	0,85 m/s bei 75 km/h
Bestes Gleiten:	28 bei 80 km/h

D-36

Die D-36 mit einem zweiteiligen Wölbklappenflügel in Doppeltrapezform mit einer Spannweite von 17,80 m ist eine der unmittelbaren Vorfahren der heutigen Leistungssegelflugzeuge aus Kunststoff. Prof. Wortmann entwickelte speziell für die D-36 ein neues Wölbklappenprofil, das FX62-K-131, das später in leicht veränderter Form bei der ASW-12 beziehungsweise der ASW-17 wieder verwendet wird. Zwei Exemplare sind parallel gebaut worden. Die D-36 V1 mit dem Kennzeichen D-4685 von der Akaflieg Darmstadt selbst und die V2 mit dem Kennzeichen D-4585 von Walter Schneider, der später zusammen mit Wolf Lemke die LS-Flugzeuge (LS = Lemke/Schneider) herausbringt. Während die V1 vierteilige Schempp-Hirth-Bremsklappen hatte, ist die D-36 V2 ursprünglich nur mit einem Bremsschirm als Landehilfe ausgerüstet. Die V1 flog im März 1964 zum ersten Mal und ging nur drei Jahre später nach einem Fallschirmabsprung des Piloten verloren. Sie hatte gleich am Anfang einmal einen Unfall durch ein nicht angeschlossenes Höhenruder, war dann später in Saarbrücken, wo sie noch einmal einen Unfall im Windenstart hatte, und fliegt heute bei der Akaflieg in Köln. Die beiden D-36 überzeugten von Anfang an durch hervorragende Leistungen. Gerhard Waibel gewann mit der V1 die Deutschen Meisterschaften 1964 und wurde 1966 Dritter der Offenen Klasse. Rolf Spänig, der mit der D-36 das erste Fünfhunderterdreieck in Deutschland flog, errang den 2. Platz bei der Weltmeisterschaft 1965 in England.

Muster:	D-36
Konstrukteur:	Lemke, Waibel, Frieß, Holighaus
Hersteller:	Akaflieg Darmstadt + Schneider
Erstflug:	1964 (V1 + V2)
Hergestellt insgesamt:	2 (D-4685 + D-4686)
Zugelassen in Deutschland:	1 (D-4686)
Anzahl der Sitze:	1
Spannweite:	17,80 m
Flügelfläche:	12,80 m²
Streckung:	24,75
Flügelprofil:	FX 62-K-131 innen FX 60-126 außen
Rumpflänge:	7,35 m
Leitwerk:	gedämpftes T-Leitwerk
Bauweise:	GFK
Rüstgewicht:	285 kp
Maximales Fluggewicht:	401 kp
Flächenbelastung:	31,33 kp/m²

Flugleistungen (DFVLR-Messung 1966):

Geringstes Sinken:	0,53 m/s bei 82 km/h
Bestes Gleiten:	44 bei 87 km/h

D-37

Während die D-35 ursprünglich ein Doppelsitzer in GFK mit einer Spannweite von 19 Metern werden sollte,

Die D-36 V1 bei der Weltmeisterschaft 1965 in England

Die von Walter Schneider gebaute D-36 V2 fliegt heute noch

An der D-37 wurden kurzzeitig Winglets erprobt

Die D-38 ist der Vorläufer des Serienflugzeuges DG-100

wobei dieses Projekt aber nach einigen Schwierigkeiten aufgegeben wurde, wurde die D-37 ursprünglich als Motorsegler mit Klapptriebwerk ausgelegt. Die Spannweite beträgt 18 Meter bei einem zweiteiligen Flügel ohne Wölbklappen. Wegen des Motors mußte der Rumpfquerschnitt gegenüber der D-36 etwas größer gewählt werden. Die Rumpfröhre konnte dagegen bleiben, und auch die Leitwerke wurden von der D-36 übernommen. Triebwerk war ein Wankelmotor mit 18 PS bei 5500 Umdrehungen. Der Erstflug im Flugzeugschlepp fand am 5. August 1969 statt. Obwohl der Motorsegler ursprünglich nicht für Eigenstartfähigkeit ausgelegt war, gelangen im April 1970 auch Starts aus eigener Kraft mit dem relativ schwachen Triebwerk auf der Betonbahn in Worms. Der Motorsegler trug das Kennzeichen D-KEDD. Später wurde dann aber wegen Schwierigkeiten mit dem Motor dieser ausgebaut. Seither wird das Flugzeug als Segelflugzeug eingesetzt (D-2278).

Muster:	D-37
Kennzeichen:	D-2278
Konstrukteur:	Sator/Dirks
Hersteller:	Akaflieg Darmstadt
Erstflug:	1969
Hergestellt insgesamt:	1
Zugelassen in Deutschland:	1
Anzahl der Sitze:	1
Spannweite:	18,00 m
Flügelfläche:	13,00 m^2
Streckung:	24,92
Flügelprofil:	FX 66-S-196 innen FX 66-S-160 außen
Rumpflänge:	7,40 m
Leitwerk:	gedämpftes T-Leitwerk
Bauweise:	GFK
Rüstgewicht:	307 kp
Maximales Fluggewicht:	460 kp
Flächenbelastung:	30,54 kp/m^2 bis 35,38 kp/m^2
Geringstes Sinken:	0,60 m/s bei 78 km/h
Bestes Gleiten:	38 bei 85 km/h

D-38

Die D-38 entstand mit der Zielsetzung einer Optimierung der Flugleistungen und Flugeigenschaften der Standard-Klasse. Aufgrund eines angenommenen Modells der Aufwindcharakteristik in Mitteleuropa wurden verschiedene Profile und Flügelflächen mit den modernen Methoden der Datenverarbeitung verglichen. Zum Schluß wurde das relativ alte Profil FX 61–184 und eine Streckung von 20,5 ausgewählt. Besonderer Wert wurde auf gute Flugeigenschaften gelegt. Die langen Leitwerkshebelarme in Verbindung mit dem gut trimmbaren Höhenleitwerk ergeben eine recht stabile Fluglage auch in unruhiger Luft. Die D-38 wurde von 1970 bis 1972 gebaut. Wilhelm Dirks, der auch für die Konstruktion verantwortlich zeichnet, führte den Erstflug einige Tage vor Weihnachten 1972 in Worms durch. Bei Glaser-Dirks entstand dann ab 1974 eine Serienversion der D-38 mit der Bezeichnung DG-100. Von diesem Flugzeug sind bis zum Jahre 1984 mehr als 300 Exemplare gebaut worden. Auch die anderen DG-Flugzeuge tragen deutlich die Handschrift von Wilhelm Dirks, der nach Abschluß seines Studiums zur neugegründeten Firma in Untergrombach bei Bruchsal ging.

Muster:	D-38
Kennzeichen:	D-0938
Konstrukteur:	Wilhelm Dirks
Hersteller:	Akaflieg Darmstadt
Erstflug:	1972
Hergestellt insgesamt:	1
Zugelassen in Deutschland:	1
Anzahl der Sitze:	1
Spannweite:	15,00 m
Flügelfläche:	11,00 m^2
Streckung:	20,45
Flügelprofil:	FX 61-184 innen FX 60-126 außen
Rumpflänge:	7,00 m
Leitwerk:	Pendel-T-Leitwerk mit handkrafterhöhendem Flettnerruder
Bauweise:	GFK
Rüstgewicht:	210 kp
Maximales Fluggewicht:	360 kp
Flächenbelastung:	26 kp/m^2 bis 33 kp/m^2
Geringstes Sinken:	0,66 m/s bei 83 km/h
Bestes Gleiten:	36,5 bei 96 km/h

D-39

Als die D-39 am 28. Juni 1979 ihren Erstflug absolvierte, hatte der einsitzige Motorsegler mit dem Kennzeichen D-KIRI bereits eine bewegte Entwicklungsgeschichte hinter sich. Die D-39 hat den Flügel und die Leitwerke der D-38, und als Triebwerk wurde im Rumpf ursprünglich ein Zwei-Scheiben-Wankelmotor vorgesehen. In bester Gesellschaft mit anderen Opfern der »Wankel-Euphorie« wurde nach unüberwindlichen Schwierigkeiten mit dem ursprünglichen Triebwerk ein

Die D-39 ist ein interessanter Motorsegler, der aus der D-38 entwickelt wurde.

68-PS-Limbach-Motor eingebaut. Dazu änderte sich allerdings die Rumpfkontur, und die D-39 bekam ihre charakteristischen Hamsterbacken, nachdem auch der bereits erprobte Faltpropeller aufgegeben werden mußte. Durch den neuen Motor traten dann weitere Probleme auf. Aus Schwerpunktgründen mußten einige Kilogramm Blei im Leitwerk untergebracht werden, so daß die Rüstmasse auf 370 kg stieg. Mit einer Flächenbelastung von fast 43 kg/m² war dann die D-39 ein guter Reisemotorsegler mit 190 km/h Reisegeschwindigkeit, ließ sich aber nicht mehr segeln. Was macht eine Akaflieg in einem solchen Fall? Nachdem die Suche nach einem leichteren Motor erfolglos war, wurden die Flügel an der Rumpfaufhängung abgesägt und auf eine Spannweite von 17,50 m vergrößert. Zur korrekten Schwerpunktlage wurde der größere Flügel gleich nach vorne gepfeilt, und der Motor erhielt einen neuen Dreistellungspropeller der Firma Hoffmann. Das Flugzeug wurde nun D-39b genannt und führte seinen neuen Erstflug im Juli 1982 durch. Im Folgenden sind die Daten der D-39b genannt. Die Größen für den Flügel der ursprünglichen D-39 können den Angaben der D-38 entnommen werden. Interessant ist im Übrigen, daß eine Vermessung im August 1982 in Aalen ergeben hat, daß die Sinkgeschwindigkeit bis im Bereich von 170 km/h sich nur um maximal 10 cm verbessert, wenn die Luftschraube komplett abmontiert ist.

Muster:	D-39b
Konstrukteur + Hersteller	Akaflieg Darmstadt
Erstflug:	Juli 1982 (D-39: 28. 6. 79)
Hergestellt insgesamt:	1
Zugelassen in Deutschland:	1 (D-KIRI)
Anzahl der Sitze:	1
Spannweite:	17.50 m
Flügelfläche:	13.40 m²
Streckung:	22,90
Flügelprofil:	FX61–184
Rumpflänge:	7,15 m
Leitwerk:	Pendel-T-Leitwerk wie D-38
Bauweise:	GFK
Rüstgewicht:	438 kg
Maximales Fluggewicht:	563 kg
Flächenbelastung:	etwa 40 kg/m²
Triebwerk:	Limbach 68 PS

Flugleistungen (Messung in Aalen im August 1982):

Geringstes Sinken:	0,70 m/s bei 87 km/h
Bestes Gleiten:	37 bei 100 km/h

D-40

Die D-40 der Akaflieg Darmstadt ist ein sehr interessanter Beitrag zur Lösung des Problems der Variablen

Die D-40 mit eingefahrenen und ausgefahrener Taschenmesserklappe.

Flügelgeometrie bei Segelflugzeugen. Schon früh wurden »normale« Fowler-Klappen erprobt, beispielsweise beim tschechischen Blanik oder beim polnischen Zephir. Ein neueres Flugzeug ist die SB-11 der Akaflieg Braunschweig. Nachdem die Stuttgarter bereits die Flächenvariation in Spannweitenrichtung mit dem Teleskopflügel der fs-29 gelöst hatten, wird dort jetzt mit der fs-32 eine Kombination von Fowler- und Wölbkappe realisiert. Bei der D-40 wird nun nicht parallel zur Wurzelrippe ausgefahren, sondern um ein im Außenflügel liegendes Kugelgelenk gedreht. Diese dreiecksförmige Flügelklappe wird als »Taschenmesser«-Flügel bezeichnet und bewegt sich tatsächlich wie die Klinge eines Taschenmessers. Ein wesentlicher Vorteil dieser Geometrie ist neben einer starken aerodynamischen und geometrischen Schränkung bei ausgefahrener Klappe im Kreisflug und bei der Landung die Verringerung des induzierten Widerstandes. Bei den Werkstoffen hat sich die Akaflieg Darmstadt zum ersten Mal außer an GFK auch an Kohlefaser und Kevlar gewagt. Die Rumpfschale der D-40 wurde von der Akaflieg innerhalb von drei Tagen in den Formen der LS-3 bei Rolladen-Schneider gebaut, während die Kohlefasergurte für die Flügelholme von zwei Gruppenmitgliedern bei der Fa. Glaser-Dirks gezogen wurden. Die Mechanik der Taschenmesserklappe und die Anpassung der Klappen an die Flügelkontur erforderten einigen Aufwand. Die am LS-3-Rumpf notwendigen Änderungen, auch die Anpassung der Klappe an den Rumpf selbst, waren sehr aufwendig. Trotz aller Widrigkeiten konnte die D-40 am 15. August 1986 auf dem amerikanischen Militärflugplatz in Darmstadt-Griesheim erfolgreich ihren Erstflug durchführen.

Muster:	D-40
Konstrukteur + Hersteller	Akaflieg Darmstadt
Erstflug:	15. August 1986
Hergestellt insgesamt:	1
Zugelassen in Deutschland:	1 (D-3940)
Anzahl der Sitze:	1
Spannweite:	15,00 m
Flügelfläche:	11,50 m² ausgefahren 9,45 m² eingefahren
Streckung:	23,7 beziehungsweise 19,6
Rumpflänge:	6,75 m
Leitwerk:	gedämpftes T-Leitwerk
Bauweise:	faserverstärkte Kunststoffe
Rüstmasse:	275 kg
Maximales Fluggewicht:	380 kg
Flächenbelastung:	29 kg/m² bis 52 kg/m²

D-41

Mit der D-41 baut die Akaflieg Darmstadt zum ersten Male einen Doppelsitzer, der wegen der nebeneinander angeordneten Sitze auch »Knutschkugel« genannt wird. Nun ist bei Segelflug-Doppelsitzern im Gegensatz zu Motorseglern und Motorflugzeugen diese Anordnung untypisch, da diese Konstruktion immer mehr Widerstand haben muß als die Sitzposition hintereinander, die Tandemanordnung. Bei den üblichen Motorseglern und den Motorflugzeugen hat sich die side-by-side-Anordnung u. a. auch deshalb durchgesetzt, weil durch die im Bug angebrachten Triebwerke eine gewisse Baubreite vorgegeben ist. Natürlich hat es in der Vergangenheit auch bei Segelflugdoppelsitzern die »Knutschkugel«-Variante bei einer Anzahl von Konstruktionen bereits gegeben. Berühmtestes Vorkriegsflugzeug ist die Goevier und in England die in großer Stückzahl hergestellte Slingsby T–21 B. Aus der Schweiz stammt die Spyr-5, aus den USA die Bremen-Lane aus Metall, die nach 1955 nur für wenige Jahre bei der Segelfliegergruppe Singen geflogen ist. Erfolgreicher als der glücklose Globetrotter von Ursula Hänle war der Calif aus Italien, der allerdings von der Konstruktion her nicht ausgereift war. Gelungener ist da schon die Stemme S-10 und die mit ihr verwandte Berliner B-13, die allerdings beide selbststartende Motorsegler sind. Nach den Probeflügen mit dem Calif A–21 S, bei denen es ausschließlich um das »feeling« der ungewohnten Sitzanordnung ging, ließen sich die Darmstädter Akaflieger nicht von ihrer Idee abbringen. Der endgültigen Auslegung der Rumpfkontur gingen zahlreiche Vergleichsmessungen an Windkanalmodellen voraus. So wird im Vergleich zum Calif die starke Einschnürung nach dem

Muster:	D-41
Konstrukteur + Hersteller	Akaflieg Darmstadt
Erstflug:	11. August 1993
Hergestellt insgesamt:	1 (D-4113)
Anzahl der Sitze:	2
Spannweite:	20,00 m
Flügelfläche:	14,00 m²
Streckung:	28,6 m
Flügelprofil:	wie LS-6 + eigenes Wurzelprofil
Rumpflänge:	8,30 m
Leitwerk:	gedämpftes T-Leitwerk (von ASH-25)
Bauweise:	Faserverstärkte Kunststoffe
Rüstmasse:	360 kp
Maximale Abflugmasse:	750 kp
Flächenbelastung:	32,0 bis 53,6 kg/m²

Die D-41 mit den nebeneinander liegenden Sitzen im Landeanflug.

eigentlichen Cockpit sanfter und dafür die Schnauze etwas spitzer gestaltet. Der Rumpf wurde als Balsapositiv gebaut. Wie bei fast allen neueren Akafliegkonstruktionen üblich, entschied man sich bei den weiteren Komponenten des Flugzeuges für Bauteile von Serienflugzeugen. So stammen die Flügel von der LS-6, die Leitwerke von der ASH-25 und das Fahrwerk von der ASW–22. Für den Flügel wurde eine akafliegtypische Lösung gefunden: Von den 20 Metern Spannweite stammen nämlich 17 Meter von der LS-6C und drei Meter von der Akaflieg. Die Original-Außenflügel werden um 25 cm gekürzt, und an der Wurzel wird jede Flügelhälfte mit einem eigenen Wurzelprofil um 1,50 m verlängert. Jan Arent führte den Erstflug mit der D-41 am 11. August 1993 in Weinheim durch.

DG-100 bis DG-800 (Glaser-Dirks)

Die Firma Glaser-Dirks GmbH entstand im Jahre 1973 in Untergrombach bei Bruchsal. Wilhelm Dirks war als Mitglied der Akaflieg Darmstadt maßgeblich an der Entwicklung der D-37 und D-38 beteiligt. Wilhelm Glaser, selbst langjähriger Leistungssegelflieger und Inhaber einer Tiefbaufirma, schuf den ersten Kontakt zur Begründung eines neuen Flugzeugwerkes anläßlich einer gemeinsamen Außenlandung mit Wilhelm Dirks. Erstes Flugzeug war dann die DG-100, die man als Serienversion der Darmstädter D-38 bezeichnen kann. Der Prototyp der DG-100 entstand noch in einer Garage der Tiefbaufirma Glaser, während dann die Serienfertigung in einer neuen Fabrikationshalle ab dem Jahr 1974 begann.

Muster:	DG-100
Konstrukteur:	Wilhelm Dirks
Hersteller:	Glaser-Dirks, Bruchsal
Erstflug:	10. Mai 1974
Serienbau:	von 1974 bis 1978
Hergestellt insgesamt:	336
Zugelassen in Deutschland:	142
Anzahl der Sitze:	1
Spannweite:	15,00 m (Standard-Klasse)
Flügelfläche:	11,00 m²
Streckung:	20,45
Flügelprofil:	FX 61-184 Wurzel bis Querruder FX 61-126 Außenflügel
Rumpflänge:	7,00 m
Leitwerk:	T-Leitwerk als Pendelruder oder gedämpftes Ruder (DG-100 G)
Bauweise:	GFK
Rüstgewicht:	235 kp
Maximales Fluggewicht:	418 kp
Flächenbelastung:	28,2 kp/m² bis 38,0 kp/m²

Flugleistungen (Angaben Glaser-Dirks):

Geringstes Sinken:	0,59 m/s bei 74 km/h
Bestes Gleiten:	39,2 bei 105 km/h

DG-100

Von vielen Segelfliegern wird die DG-100 als eines der schönsten Segelflugzeuge der Standard-Klasse bezeichnet. Der relativ lange Rumpf mit seiner besonders eleganten Form ist auch mit den langen Leitwerkshebelarmen und der Leitwerksauslegung für die außergewöhnliche Flugstabilität verantwortlich. Auch die Eigenschaften im Kurvenflug finden allgemein Anerkennung. Richtig ausgetrimmt erfordert die DG-100 kaum Korrekturen während des Kreisens. Die verwendeten Flügelprofile FX61–184 und FX60–126 bieten ein Optimum an Flugleistungen bei guten Flugeigenschaften. Die zweiteilige Haube reicht seitlich und nach vorn weit herunter. Der hintere Teil ist nach oben klappbar. Die Instrumente sind in einem Pilz untergebracht, der nach Lösen von zwei Schnellverschlüssen herausgenommen werden kann. Als Einziehfahrwerk dient ein großes 5-Zoll-Rad. Die normale DG-100 hat ein Pendel-Höhenleitwerk mit einem durchgehenden Flettner-Trimmruder. Als DG100G kann man aber auch das Flugzeug mit einem gedämpften Höhenleitwerk haben, wie es dann

Rechte Seite:

Oben: Interessante Perspektive der DG-100.

Oben rechts: Die DG-100 G hat ein gedämpftes Höhenleitwerk.

Unten: Der Prototyp der DG-200.

GG

DG-200
D-8200
DG

Wilhelm Dirks und Gerhard Glaser von der Firma Glaser-Dirks.

auch in der DG-200 verwendet wird. Der Knüppel ist mit böenfreier Parallelogrammsteuerung ausgeführt. Das maximale Fluggewicht liegt bei 418 kp, so daß eine Variation der Flächenbelastung von 28,2 kp/m² bis 38,0 kp/m² möglich ist. Die DG-100 belegte gleich von Anfang an gute Plätze auf Wettbewerben, insbesondere auf den Meisterschaften in der Schweiz und in Österreich. 105 Exemplare der DG-100 wurden in den Jahren 1974 bis Mitte 1978 bei Glaser-Dirks selbst in Untergrombach hergestellt, während anschließend mit 221 Exemplaren die Serienfertigung bis 1987 bei ELAN in Jugoslawien lief.

DG-200

Nach LS-3, Mosquito, Mini-Nimbus, PIK-20 D und ASW–20 ist die DG-200 das sechste Flugzeug der neuen FAI-15-m-Klasse, auch Renn-Klasse genannt. Obwohl die Konzeption schon lange festlag, hat man sich bei Glaser-Dirks mit Detaillösungen und Vorbereitungen für die Fertigung recht lange Zeit gelassen. Dafür ist dann aber auch ein »fertiges« Flugzeug entstanden, das sowohl fertigungstechnisch als auch auslegungs- und leistungsfähig ein gelungener Wurf ist. Ein gewichtiges Argument findet besondere Beachtung: Das Rüstgewicht der DG-200 liegt bei 245 kp, so daß sie nach der PIK-20 D (allerdings mit einem Karbonfaserholm) das leichteste Flugzeug der Rennklasse ist. Rumpf und Seitenleitwerk wurden weitgehend von der DG-100 übernommen; das Cockpit wurde gar noch um einige Zentimeter länger. Das Höhenleitwerk stammt von der DG-100 G. Der Wölbklappenflügel hat Doppeltrapezform und liegt mit 10,2 m² Fläche bei einem Mittelwert der Rennklasse. Die Überlagerung von Querruder und Wölbklappe ist eine der Optimierungsaufgaben dieser Flugzeuge. Bei der DG-200 fällt besonders die gute Wirksamkeit der Querruder auch bei Landestellung der Wölbklappen und bei langsamen Geschwindigkeiten auf. Eine Besonderheit des Flügels ist ferner, daß das Wortmannprofil FX67-K-170 durchgehend die selbe prozentuale Dicke hat. Die Variationsmöglichkeit der Flächenbelastung reicht von 31 kp/m² bis 45 kp/m².

Von der DG-200, die in den Jahren 1977 bis 1984 in insgesamt 387 Exemplaren hergestellt wurde, gab es auch für den Kunstflug eine Version mit 13,10 m Spannweite, die Acroracer genannt wurde. Mit Aufsteckflügeln war aber auch die normale Spannweite von 15 m zu erreichen.
Ab 1979 gab es dann die DG-200 mit Aufsteckflügeln für 17 m Spannweite, aus der dann später die DG-200/17C mit Voll-Kohlenstoffaser-Flügeln entstand.

Muster:	DG-200
Konstrukteur:	Wilhelm Dirks
Hersteller:	Glaser-Dirks, Bruchsal
Erstflug:	22. April 1977
Serienbau:	1977 bis 1986
Hergestellt insgesamt:	100
Zugelassen in Deutschland:	79
Anzahl der Sitze:	1
Spannweite:	15,00 m (FAI-15-m-Klasse)
Flügelfläche:	10,00 m²
Streckung:	22,50
Flügelprofil:	FX 67-K-170
Rumpflänge:	7,00 m
Leitwerk:	gedämpftes T-Leitwerk
Bauweise:	GFK
Rüstgewicht:	245 kp
Maximales Fluggewicht:	450 kp
Flächenbelastung:	31 kp/m² bis 45 kp/m²
Geringstes Sinken:	0,56 m/s bei 72 km/h
Bestes Gleiten:	42,5 bei 110 km/h (Werksangaben)

DG-400

Aus der DG-200/17C wurde ab 1981 die DG-400 weiter entwickelt, die zum bisher erfolgreichsten selbststartenden Segelflugzeug mit Klapptriebwerk wurde. In zehn Jahren sind bis zum Jahresbeginn 1991 insgesamt 277 Exemplare gebaut worden. Von der DG-200/17 unterscheidet sich der Motorsegler außer dem Triebwerkseinbau durch ein lenkbares Spornrad und durch kleine Rädchen an den Flügelspitzen. Die DG-400 ist wirklich ohne fremde Hilfe auf dem Flugplatz zu bewegen und ohne Helfer an der Flügelspitze zu starten.
Triebwerk ist ein 2-Takt-Flugmotor Rotax 505 mit elektronischer Doppelzündung und einer Leistung von 43 PS. Das Rüstgewicht liegt bei wenig mehr als 300 kg, so daß die geringste Flächenbelastung nur bei etwa 36 kg/m² liegt. Die beachtliche Steiggeschwindigkeit liegt bei über 3 m/s. Der Erstflug der DG-400 fand am 1. Mai 1981 statt.

DG-300

Weiterentwicklung der DG-100 als Standard-Klasse-Segelflugzeug wurde ab 1983 die DG-300, von der bis Jahresbeginn 1991 bereits 387 Exemplare gebaut wurden. Obwohl das Flugzeug weiterhin gebaut wird, sind die Stückzahlen der DG-100 bereits überholt worden. Der Rumpf ist gegenüber der DG-100 etwas kürzer geworden, und die Flügelfläche wurde von 11,0 m² auf 10,27 m² verringert. Ganz neu ist das widerstandsarme, mücken- und regenunempfindliche HQ-Profil mit Blasturbulatoren. Neu sind auch der Dreifach-Trapez-Flügelgrundriß und die automatischen Ruderanschlüsse. Beachtlich sind auch das maximale Fluggewicht von 525 kg und Wassersäcke bis 190 Liter, so daß Flächenbelastungen von über 50 kg/m² möglich werden. Als erstes Seriensegelflugzeug wurde die DG-300 mit zusätzlichem Wassertank in der Seitenflosse geliefert, damit eine Schwerpunktwanderung durch die Aufnahme des Wasserballastes im Flügel kompensiert werden kann. Wie bei der DG-100 sind auch Club-Versionen lieferbar, wo auf Grenzschichtbeeinflussung, Flügel- und Leitwerkstanks und auch auf das Einziehfahrwerk verzichtet werden kann.

Muster:	DG-300
Konstrukteur:	Wilhelm Dirks
Hersteller	Glaser-Dirks, Bruchsal
Erstflug:	27. April 1983
Serienbau:	ab 1983
Hergestellt insgesamt:	bisher 387
Zugelassen in Deutschland:	130
Anzahl der Sitze:	1
Spannweite:	15,00 m
Flügelfläche:	10,27 m²
Streckung:	21,91
Flügelprofil:	HQ
Rumpflänge:	6,80 m
Leitwerk:	gedämpftes T-Leitwerk
Bauweise:	Faserverstärkte Kunststoffe
Rüstgewicht:	245 kg
Maximales Fluggewicht:	525 kg
Flächenbelastung:	31 kg/m² bis 51,1 kg/m²
Flugleistungen (Werksangaben):	
Geringstes Sinken:	0,59 m/s bei 72 km/h
Bestes Gleiten:	41 bei 100 km/h

Die DG-300 Club.

Flugaufnahme der DG-300.

DG-500

13 Jahre nach dem Erstflug der DG-100 brachte die Firma Glaser-Dirks mit der DG-500 den ersten Doppelsitzer heraus, eigentlich eine ganze Doppelsitzer-Familie. Ab 1987 sind bis zum Jahresbeginn 1991 insgesamt 24 Exemplare der DG-500 in verschiedenen Varianten vom Trainer mit 18 m Spannweite und festem Profil bis zum selbststartenden Motorsegler mit 22-Meter-Wölbkappenflügel gebaut worden. Bei allen drei Doppelsitzern sind die Rümpfe mit einer Rumpflänge von 8,66 m gleich, beim Motorsegler natürlich mit dem Einbau des Klapptriebwerkes, eines wassergekühlten Rotax 535 Zweitakters mit 60 PS, allerdings mit einer Untersetzung von 1:3 und einem großen Propeller mit einem Durchmesser von 1,58 m. Der Trainer mit 18 m Spannweite hat einen zweiteiligen Flügel, während die 22-Meter-Version mit einem Innenflügel von 6,50 m und einem Außenflügel mit 4,50 m einen vierteiligen Flügel hat. Der Trainer ist mit festem, gefederten Rad lieferbar; bei 22 m Spannweite ist das Rad einziehbar, bei festem Bug- und Spornrad. Bei allen drei Doppelsitzern ist das gedämpfte Höhenleitwerk mit einer Spannweite von 3,17 m identisch. Bei den folgenden zwei Datenblättern sind die Segelflugzeuge mit 18 m und 22 m Spannweite aufgeführt.

DG-500 Trainer

Erstflug:	27. April 1989
Spannweite:	18,00 m
Flügelfläche:	16,60 m^2
Streckung:	19,42
Flügelprofil:	Horstmann/Quast (ohne Wölbklappen)
Rumpflänge:	8,66 m
Leitwerk:	gedämpftes T-Leitwerk
Bauweise:	Faserverstärkte Kunststoffe
Rüstgewicht:	390 kg
Maximales Fluggewicht:	615 kg
Flächenbelastung:	28,3 kg/m^2 bis 37 kg/m^2

Als erstes Mitglied der DG-500-Doppelsitzerfamilie flog der Motorsegler am 19. März 1987, der Trainer flog im April 1989, während sich das Segelflugzeug DG-500/22 am 8. Juni 1989 zum ersten Mal in die Luft erhob.

Der DG-500 Trainer hat 18 m Spannweite.

Die große DG-500 als Motorsegler im Start.

Muster:	DG-500/22 (Segelflugzeug)
Konstrukteur:	Wilhelm Dirks
Hersteller:	Glaser-Dirks, Bruchsal
Erstflug:	8. Juni 1989
Serienbau:	ab 1987 (alle Baureihen)
Hergestellt insgesamt:	24 (einschließlich Motorsegler)
Zugelassen in Deutschland:	10 (nur Segelflugzeuge)
Anzahl der Sitze:	2
Spannweite:	22,00 m
Flügelfläche:	18,29 m^2
Streckung:	26,46
Flügelprofil:	Horstmann/Quast
Rumpflänge:	8,66 m
Leitwerk:	gedämpftes T-Leitwerk
Bauweise:	Faserverstärkte Kunststoffe
Rüstgewicht:	445 kg
Maximales Fluggewicht:	750 kg
Flächenbelastung:	29 kg/m^2 bis 41 kg/m^2
Flugleistungen (Werksangaben):	
Geringstes Sinken:	0,51 m/s bei 80 km/h
Bestes Gleiten:	47 bei 110 km/h

DG-600

Im Jahre 1987 flog nicht nur der erste DG-Doppelsitzer: Am 15. April 1987 führte der Nachfolger der DG-200 in der 15-Meter-Klasse, die DG-600, ihren Erstflug durch. Die DG-600 hat im Vergleich zu ihrem Vorgänger eine Vielzahl von Neuerungen. Eigentlich ist seit der DG-200 beziehungsweise DG-400 nur noch das Rumpfvorderteil mit der Haube baugleich. Der Rumpf insgesamt ist kürzer, schlanker und zur Widerstandsverminderung stärker eingeschnürt. Es gibt ein neues Haubennotabwurfsystem, ein neues Fahrwerk und

Muster:	DG-600
Konstrukteur:	Wilhelm Dirks
Hersteller:	Glaser-Dirks, Bruchsal
Erstflug:	15. April 1987
Serienbau:	ab 1987
Hergestellt insgesamt:	65
Zugelassen in Deutschland:	20
Anzahl der Sitze:	1
Spannweite:	15 m (17 m)
Flügelfläche:	10,95 m^2 (11,59 m^2
Streckung:	20,55 (24,94)
Flügelprofil:	Horstmann/Quast
Rumpflänge:	6,83 m
Leitwerk:	gedämpftes T-Leitwerk
Bauweise:	Faserverstärkte Kunststoffe
Rüstgewicht:	247 kg (260 kg)
Maximales Fluggewicht:	525 kg
Flächenbelastung:	30,6 kg/m^2 bis 48 kg/m^2
Flugleistungen (Werksangaben):	
Geringstes Sinken:	0,50 m/s bei 100 km/h
Bestes Gleiten:	49 bei 116 km/h

komplett neue Leitwerke. Der voll in Carbonfaserbauweise hergestellte Flügel hat ein extrem dünnes Profil mit Grenzschichtbeeinflußung, das von Horstmann und Quast speziell für die DG-600 entworfen wurde. Charakteristisch sind die einteiligen Wölbkappen/Querruder, in der Fachsprache als Flaperon bezeichnet. Die DG-600 gibt es serienmäßig mit 15-m- und 17-m-Flügelenden; seit dem 11. 11. 1989 fliegt die DG-600 M auch als Motorsegler. Obwohl das Klapptriebwerk der nur 35 PS starke Rotax 275 eingebaut wurde, sind mit dem Flugzeug dank eines großen Propellers Eigenstarts möglich.

Die DG-600 hat einen sehr charakteristischen Flügel.

DG-800

Schon bei der DG-600 waren bei der Version mit dem wohlklingenden Namen Evolution Aufsteckflügel für eine Gesamtspannweite von 18,00 m erhältlich. Mit der DG-800 flog nun mit Firmenchef Gerhard Glaser am 6. Dezember 1991 die neueste Version eines eigenstartfähigen Segelflugzeuges. Die DG-800 ist damit das erste Flugzeug der neuen 18-Meter-Motorseglerklasse. Man könnte die DG-800 als Kombination der DG-400 und der DG-600 bezeichnen. Von der DG-400 stammt nämlich der leistungsstarke Rotax 505 mit 43 PS, allerdings zur Geräuschdämmung mit einer wirksamen Kapselung und einer neuen Luftschraube aus GFK. Wie bei der DG-400 ist vollständig unabhängiges Rollen und Starten möglich. Das Steigen wird mit über 3 m/s angegeben. Der Flügel ist vierteilig und so ausgelegt, daß mit kurzen Randbogen auch in der 15-Meter-Klasse geflogen werden kann.

Gesamtansicht der DG-600.

Diamant-HBV, Diamant-16,5, Diamant-18

Diamant-HBV

Der Diamant-HBV geht zurück auf die Ka-Bio-Vo, welche in den Jahren 1961 und 1962 am Institut für Flugzeugstatik und Leichtbau an der Eidgenössischen Technischen Hochschule in Zürich gebaut wurde. Diese Ka-Bi-Vo ist ein Holz-GFK-Gemischt-Flugzeug, denn der Flügel stammt von einer normalen Serien-Ka-6, während Rumpf und Leitwerke aus GFK gebaut sind. Der Name des Flugzeuges leitet sich ab aus dem Ka für

Der Diamant-HBV hat den Wölbklappenflügel der H-301 Libelle.

Rudolf Kaiser und den Anfangsbuchstaben der beiden Schweizer Projektleiter Bircher und van Voornfeld.
Als dann im März 1964 zum ersten Mal die Hütter-301 Libelle von Glasflügle flog, erhielt die Ka-Bi-Vo zu Ihrem Kunststoffrumpf den Libelle-Flügel und wurde dann Hü-Bi-Vo und später Diamant-HBV genannt. Thomas Bircher führte den Erstflug am 5. September 1964 in Altenrhein am Schweizer Ufer des Bodensees durch. In den Jahren 1966/67 wurden dann von Glasflügel 13 Libelle-Flügelpaare in die Schweiz geliefert, wo bei der Firma FFA (Flug- und Fahrzeugwerke Altenrhein) der Diamant-HBV gebaut wurde. Der Rumpf ist mit 7,56 m recht lang und sehr flach und eng. Aus diesem Grund ist auch der Knüppel nicht in der Rumpfmitte, sondern an der rechten Bordwand angeordnet, was wohl schon einige Umstellung erfordern dürfte. In Deutschland sind noch zwei Diamant-HBV zugelassen (D-0843+D-5889). Das abgebildete Flugzeug machte seinen Erstflug am 24. Februar 1967 in Altenrhein und war bis 1972 in Castrop-Rauxel. Später war es in Neuwied und in Trier. Seit Januar 1975 gehört es zwei Brüdern aus Sulzbach bei Saarbrücken. Der Diamant-HBV, D-5889 hat die Werk-Nr. 008 und hat heute ein Rüstgewicht von 212 kp und damit nur noch eine Zuladung von 88 kp.

Muster:	Diamant-HBV
Konstrukteur:	Hütter-Bircher-Voornfeld
Hersteller:	Glasflügel-FFA
Erstflug:	1964
Serienbau:	1966 bis 1967
Hergestellt insgesamt:	13
Zugelassen in Deutschland:	1
Anzahl der Sitze:	1
Spannweite:	15,00 m
Flügelfläche:	9,72 m^2
Streckung:	23,15
Flügelprofil:	Hütter
Rumpflänge:	7,56 m
Leitwerk:	Pendel-T-Leitwerk
Bauweise:	GFK
Rüstgewicht:	200 kp
Maximales Fluggewicht:	300 kp
Flächenbelastung:	30,86 kp/m^2
Geringstes Sinken:	0,60 m/s bei 72 km/h
Bestes Gleiten:	39 bei 100 km/h

Diamant-18

Bereits während der Fertigung des Diamant-HBV wurde an einer Weiterentwicklung gearbeitet, die auf eine Verbesserung der Flugleistungen durch Vergrößerung der Spannweite hinauslief. Dabei wurde aber ein vollkommen neuer Flügel konstruiert, der mit der Libelle nichts mehr gemeinsam hat. Der Rumpf und die Leitwerke wurden teilweise unverändert übernommen. Dabei gab es zwei Versionen mit 16,50 m und 18 m Spannweite, die den Flugzeugen auch den Namen gaben. Vom Diamant-16,5, der seinen Erstflug am 13. Mai 1967 durchführte, wurden bis 1969 insgesamt 41 Exemplare gebaut. Die 18-m-Version (Erstflug 3. Februar 1968) entstand bis 1971 in 21 Exemplaren.
Der Wölbklappen-Flügel von FFA für den Diamant hat Rechteck-Trapezform mit leicht nach vorne gepfeilter Flügelnase. Das Wortmannprofil FX62-K-153 ist ähnlich bereits bei der D-36 und später bei der ASW–12 beziehungsweise ASW–17 verwendet worden. Beim Diamant-18 ist das Seitenruder noch etwas vergrößert, so daß sich auch eine größere Rumpflänge ergibt. Bei diesen beiden größeren Versionen ist dann auch der Steuerknüppel wieder normal in der Rumpfmitte eingebaut. Alle drei Baureihen haben beidseitig wirkende Schempp-Hirth-Bremsklappen und ein Einziehfahrwerk.
Alle Baureihen des Diamant erhielten recht bald die amerikanische Musterzulassung, und die Mehrzahl aller Flugzeuge wurde nach den USA exportiert. Heute sind noch 36 Diamant in Amerika zugelassen, etwa 10 in der Schweiz und 4 in Österreich. In Deutschland gibt es nur noch einen Diamant-16,5 (D-0574) und wohl drei

Muster:	Diamant-18
Konstrukteur:	Bircher/Voornfeld/FFA
Hersteller:	Flug- und Fahrzeugwerke Altenrhein/Schweiz
Serienbau:	1968 bis 1971
Hergestellt insgesamt:	29
Zugelassen in Deutschland:	4
Anzahl der Sitze:	1
Spannweite:	18,00 m
Flügelfläche:	14,28 m^2
Streckung:	22,69
Flügelprofil:	FX 62-K-153 modifiziert
Rumpflänge:	7,72 m
Leitwerk:	Pendel-T-Leitwerk
Bauweise:	GFK
Rüstgewicht:	300 kp
Maximales Fluggewicht:	440 kp
Flächenbelastung:	30,81 kp/m^2
Geringstes Sinken:	0,52 m/s bei 70 km/h
Bestes Gleiten:	44 bei 100 km/h

Rumpfvorderteil eines Diamant-18.

Diamant-18 (D-0731, D-4415, D-6903). Zu erwähnen ist noch, daß es anfangs mit dem Diamant-16,5 und dem Diamant-18 Flatterprobleme gegeben hat, und bei der Erprobung im Hochgeschwindigkeitsbereich seinerzeit ein Diamant über dem Bodensee in der Luft zerstört wurde. Mit dem Diamant wurden in vielen Ländern nationale Rekorde geflogen und bei den Segelflugmeisterschaften 1958 in Polen belegten der Schweizer Rudolf Seiler und der Österreicher Dr. Adolf Schubert den 3. und 4. Platz in der Offenen Klasse.

Doppelraab

Die zweisitzigen Schul- und Übungsflugzeuge Doppelraab, die insgesamt in etwa 360 Exemplaren hergestellt wurden, sind die erfolgreichsten Konstruktionen des Gewerbeschullehrers Fritz Raab. Das Gesamtschaffen dieses wahrhaften Amateurflugzeugbauers reicht über diese Segelflugzeuge hinaus bis zu einem bereits 1954 entstandenen Motorsegler mit der Bezeichnung »Motorraab«, aus dem dann in den Jahren 1955/56 das zweisitzige Motorflugzeug Elster mit einem 150-PS-Motor weiterentwickelt wurde. 1957 entstand dann mit der Dohle ein weiterer Motorsegler, dem sich 1960 die Krähe anschloß, die ebenfalls eine Druckschraube hatte und in größerer Stückzahl gebaut wurde. Raabs Konstruktionsideen wurden weitergeführt in den österreichischen Motorseglern HB-3 und HB-21 (Brditschka), wobei letztere der erste Erprobungsträger für ein Elektrotriebwerk war.

Fritz Raab, der Konstrukteur der Doppelraab-Baureihe.

Fritz Raab wurde am 25. Januar 1909 in Riedering bei Rosenheim (Oberbayern) geboren. Nach Volksschule und Lehre beschäftigte er sich seit 1926 mit dem Flugmodellbau und seit dem Jahre 1931 mit dem Bau von Segelflugzeugen. 1936 entstand bereits sein erstes eigenes Segelflugzeug, der Übungseinsitzer R-2 »Kapitän Hoch« mit einer Spannweite von 10,80 Metern. In den letzten Kriegsjahren war Raab Technischer Leiter der Segelflugerprobungsstelle Trebbin. Fritz Raab starb am 10. Oktober 1989 im Alter von 80 Jahren in Unterföhring bei München, wo er seit 1950 gelebt hatte. Nach der Wiederzulassung des Segelfluges lebte dann die Diskussion über die grundsätzliche Methodik der Segelflugschulung wieder auf. Heute kaum mehr vorstellbar, fanden sich noch zahlreiche Anhänger der Einsitzerschulung. Auch wirtschaftliche Gründe ware dafür maßgebend. Die Doppelsitzer kosteten eben viel mehr Geld als die billigen Schulgleiter. Unter diesen Aspekten muß man den Kompromiß des Schulungsdoppelsitzers Doppelraab sehen. Ein Doppelsitzer mit den Kosten und Abmessungen eines Einsitzers, mit nur einem Steuerknüppel, den auch der Lehrer vom hinteren hochgesetzten Sitz aus erreichte, und nur einem Instrumentenbrett. Ferner sollte, zu jener Zeit wohl erheblich überbewertet, der Schüler immer sehen, wann sein Fluglehrer zumindest am Steuerknüppel eingriff, denn auf dem hinteren Sitz waren immerhin von oben zu tretende Seitenruderpedale. Dann war der Doppelraab vor allen Dingen auch ein Flugzeug für den Selbstbau, bewußt so ausgelegt von dem Praktiker Fritz Raab. Überlegungen dazu waren einfaches Material und wenig Materialsorten, anschauliche Zeichnungen und geringe Abmessungen auch für die Werkstatt. Da der Rumpf in zwei Bauabschnitten hergestellt wurde (Rumpfvorderteil als Stahlrohrkonstruktion und Leitwerksträger als dreieckige Holzröhre), war das längste Teil eine Tragflügelhälfte mit 6,10 m. Wie beim Grunau-Baby war die Flügeltiefe über einen größeren Bereich konstant, so daß fast die Hälfte aller Flügelrippen den gleichen Umriß hatten. Auf der Flügeloberseite befinden sich Störklappen, an der Endleiste der Wurzelrippe praktische Handgriffe zum Montieren. Flügel und Höhenleitwerk sind jeweils mit Stahlrohren abgestrebt. Die Höhenleitwerkshälften können zum Transport hochgeklappt werden. Die große einteilige Haube mit guter Sicht auch vom hinteren Sitz ist zum Abnehmen. Der Doppelraab hat außergewöhnlich harmlose Flugeigenschaften mit sehr geringen Normalfluggeschwindigkeiten, was natürlich auch Nachteile bei stärkerem Wind hat, wo man kaum mehr vorwärts kommt. Zu erwähnen ist auch noch die gewaltige Bodenfreiheit der Tragflügelenden.

Der allererste Doppelraab (V–0) wurde vom Aero-Club Dachau gebaut und führte seinen Erstflug am 5. August 1951 durch. Weitere Prototypen waren die V–1, V–1a

Muster:	Doppelraab IV
Konstrukteur:	Fritz Raab
Hersteller:	Amateurbau
Erstflug:	1952
Hergestellt insgesamt:	etwa 220
Zugelassen in Deutschland:	4
Anzahl der Sitze:	2
Spannweite:	12,76 m
Flügelfläche:	18,00 m^2
Streckung:	9,05
Flügelprofil:	Gö 550 + Gö 629 modifiziert
Rumpflänge:	6,90 m
Leitwerk:	normales Kreuzleitwerk abgestrebt
Bauweise:	Holz, Rumpfvorderteil Stahlrohr
Rüstgewicht:	185 kp
Maximales Fluggewicht:	350 kp
Flächenbelastung:	15,3 kp/m^2 bis 19,4 kp/m^2
Flugleistungen (Angaben gerechnet):	
Geringstes Sinken:	0,85 m/s bei 50 km/h
Bestes Gleiten:	20 bei 55 km/h

und die V–2, wobei die V–1 an der Rumpfunterseite zwei Räder hintereinander hatte. Die V–2 wurde wie der Doppelraab III und Doppelraab V mit zusammen etwa 75 Exemplaren bei Wolf Hirth in Nabern gebaut. Die meisten Exemplare erreichte die zum Nachbau

Der Doppelraab mit dem höher gelegten hinteren Führersitz.

zugelassene Baureihe Doppelraab IV mit einer Stückzahl von mehr als 200.

Doppelraab 6 + Doppelraab 7

Im Jahre 1954 flog der erste Doppelraab der Baureihe 6, die sich im Tragflügel von den vorhergehenden Mustern etwas unterschied. Die maximale Flügeltiefe wurde von 1,54 m auf 1,47 m verringert. Obwohl gleichzeitig die Spannweite auf 13,40 m vergrößert wurde, sank die Flügelfläche von 18 m² auf 17,20 m². Dieser Doppelraab 6 kam bereits in die auslaufende Doppelraab-Welle, so daß nur noch etwa 40 Flugzeuge gebaut wurden. Entscheidend war aber auch, daß wegen der höheren Gewichte im Vereinsbau die Zuladung vergrößert wurde, die jetzt 420 kp betrug. Vom Doppelraab 7 wurden dann nur noch etwa 20 Stück gebaut. Flügel und Leitwerke wurden vom Doppelraab 6 übernommen, während der Rumpf jetzt vollständig aus Stahlrohr konstruiert war. Wie bei allen anderen Mustern betrug auch hier die V-Form des Tragflügels an der Oberkante null Grad.

Muster:	Doppelraab 7
Konstrukteur:	Fritz Raab
Hersteller:	Amateurbau
Erstflug:	1957
Hergestellt insgesamt:	etwa 20
Zugelassen in Deutschland:	etwa 3
Anzahl der Sitze:	2
Spannweite:	13,40 m
Flügelfläche:	17,20 m²
Streckung:	10,44
Flügelprofil:	Gö 550 + Gö 629 modifiziert
Rumpflänge:	6,87 m
Leitwerk:	normales Kreuzleitwerk abgestrebt
Bauweise:	Holz, Rumpf Stahlrohr
Rüstgewicht:	210 kp
Maximales Fluggewicht:	420 kp
Flächenbelastung:	17,4 kp/m² bis 24,4 kp/m²
Flugleistungen (Angaben gerechnet):	
Geringstes Sinken:	0,85 m/s bei 50 km/h
Bestes Gleiten:	20 bei 55 km/h

Meistgebaute Baureihe war der Doppelraab IV.

Elfe S4

Der gelernte Architekt Albert Neukom aus Schaffhausen in der Schweiz befaßte sich schon seit etwa 1960 mit dem Bau von Segelflugzeugen. In den ersten Jahren war dies eine Freizeitbeschäftigung, die dann wie bei vielen anderen Segelfliegern zum Beruf wurde. In unmittelbarer Nähe des Fluggeländes Schmerlat der Segelfluggruppe Schaffhausen errichtete Albert Neukom im Jahre 1972 eine Fabrikationshalle mit Wohnhaus. Das erfolgreiche Schaffen dieses begeisterten Segelfliegers und ideenreichen Konstrukteurs wurde jäh beendet im September 1983, als Albert Neukom durch einen technischen Defekt eines von ihm gebauten Leichtmotorseglers einen tödlichen Flugunfall auf seinem Heimatflugplatz hatte. Viele interessante Segelflugzeuge gingen von Neukom aus, so eine ganze Anzahl Elfen verschiedener Baureihen (Elfe M, MN, MNR, Elfe S2 und S3). Bekannte Segelflugzeuge sind auch die AN66, die AN66C mit 23-Meter-Flügel und Fowler-Klappen sowie der Doppelsitzer An-66D.
Von der Stückzahl her erfolgreichstes Segelflugzeug ist die Elfe S4, die hauptsächlich in der 15-Meter-Version der Standard-Klasse gebaut wurde. Hier muß man zwischen der Elfe S4 und der Elfe S4A unterscheiden, wobei die A einen geänderten Rumpf mit einem etwas gepfeilten Seitenleitwerk hat. Von der Elfe S4 sind von Neukom ausgehend etwa 40 Flugzeuge gebaut worden, die hauptsächlich als Baukasten geliefert wurden und auch von Fliegergruppen in Deutschland vorwiegend mit Schweizer Kennzeichen fertiggestellt worden sind. Gerade in Deutschland nun war das Interesse an einem im Amateurbau herzustellenden Leistungssegelflugzeug der Standard-Klasse recht groß. Es ist das Verdienst der Jugendausbildungsstätte für Luftfahrt und Technik des DAeC-Landesverbandes Nordrhein-Westfalen in Oerlinghausen, die Musterzulassung für Deutschland vorbereitet zu haben, die im März 1978 kurz vor dem Abschluß stand. Im Laufe der Bearbeitung zeigten sich dabei aus Fertigungsgründen sowie aus Forderungen des Luftfahrt-Bundesamtes eine Reihe von erheblichen Veränderungen gegenüber dem Grundmuster, so daß sich die Musterbezeichnung Elfe S4D (D für Deutschland) ergab. Entsprechend dem Charakter der Jugendbildungsstätte werden nun keine kompletten Flugzeuge hergestellt, sondern es werden in verschiedenem Lieferumfang Bausätze angeboten, von denen bereits 21 Stück ausgeliefert wurden. Dabei

Muster:	Elfe S 4 D
Konstrukteur:	Albert Neukom
Hersteller:	Jubi Oerlinghausen (Bausätze)
Erstflug:	1972 (Elfe S 4 in der Schweiz)
Hergestellt insgesamt:	29 (in Deutschland)
Zugelassen in Deutschland:	16 (in Deutschland)
Anzahl der Sitze:	1
Spannweite:	15,00 m (Standard-Klasse)
Flügelfläche:	11,80 m^2
Streckung:	19,07
Flügelprofil:	FX 61-163 innen
	FX 60-126 außen
Rumpflänge:	7,30 m
Leitwerk:	Pendelruder etwas hochgesetzt
Bauweise:	GFK, Holz, Metall
Rüstgewicht:	255 kp
Maximales Fluggewicht:	350 kp
Flächenbelastung:	27,1 kp/m^2 bis 29,7 kp/m^2

Flugleistungen (Herstellerangaben):

Geringstes Sinken:	0,59 m/s bei 79 km/h
Bestes Gleiten:	37 bei 90 km/h

Der Pilot dieser Elfe S4D hat das Fahrwerk vergessen.

fliegen nun bereits vorwiegend im norddeutschen Raum 16 Exemplare der Elfe S4D mit deutschen Kennzeichen aufgrund einer vorläufigen Verkehrszulassung. Von der Bauweise her weicht die Elfe S4 von herkömmlichen Segelflugzeugen ab, es handelt sich gewissermaßen um eine Verquickung von Holz- und Kunststoffbauweise unter Verwendung eines Holmes aus Leichtmetall. Das Rumpfvorderteil bis zum Hauptspant ist in üblicher GFK-Sandwichbauweise ausgeführt, während die Rumpfröhre eine konventionelle Sperrholzkonstruktion allerdings mit GFK-Beschichtung ist. Die Ober- und Unterschalen des Tragflügels werden in einer Negativform hergestellt und bestehen an der Flügelwurzel aus einem Sandwich von 1 mm Sperrholz, 5 mm Tubuswaben und wieder 1 mm Sperrholz, das mit Harz verleimt ist. Die Holme sind aus Aluprofilen genietet und wiegen allein 50 kp. Der Hauptbeschlag ist ebenfalls aus Leichtmetall. Auch die Leitwerke werden im Negativ formverklebt. Die Höhenruderhälften werden nach Art der Ka6E mit einem Rohr verbunden. Als Landehilfe dienen Schempp-Hirth-Bremsen auf der Flügeloberseite.

Der Rechtecktrapezflügel der Elfe hat mit 11,80 m^2 eine große Flügelfläche, so daß bei einem Rüstgewicht von etwa 255 kp die Flächenbelastung recht niedrig ist. Gerade im langsamen Bereich ist somit die Elfe den neueren Kunststoff-Segelflugzeugen der Standard-Klasse mindestens ebenbürtig.

ES-49

Die ES-49 ist ein abgestrebter Doppelsitzer von Edmund Schneider, der vor dem Krieg in Grunau tätig war und nach dem Krieg auch das Grunau-Baby III konstruierte. Beide Flugzeuge wurden nach der Wiederzulassung des Segelfluges bei Alexander Schleicher in Poppenhausen gebaut, von der ES-49 allerdings nur etwa 8 Exemplare. Edmund Schneider wanderte später nach Australien aus, war nach 1960 wieder für einige Jahre bei Wolf Hirth in Nabern beschäftigt, wo er den Motorsegler ES-61 konstruierte, ging dann wie-

Nur in wenigen Exemplaren wurde der Doppelsitzer ES-49 gebaut.

Die schön restaurierte ES-49 des Oldtimer-Segelflug-Clubs Wasserkuppe.

der endgültig nach Australien, wo seine Söhne heute noch im Segelflugzeugbau tätig sind. Die ES-49 stammt, wie die Bezeichnung vermuten läßt, vom Entwurf her aus dem Jahre 1949. Der Erstflug fand im Jahre 1952 statt. Von der Bauweise wie auch vom Aussehen her hat die ES-49 einige Ähnlichkeit mit dem Baby. Der Rumpf ist eine Holzkonstruktion mit geraden Seitenwänden, der Flügel ist allerdings etwas eckiger als beim Baby. Auf Aufnahmen existieren verschiedene Cockpits, teilweise in halboffener Anordnung, teilweise auch voll verglast. Der Rumpf hat ein festes Rad mit einer Kufe. Der Flügel hat keine V-Form und als Landehilfe Schempp-Hirth-Bremsklappen. Im Jahre 1982 übernahm der Oldtimer-Segelflug-Club Wasserkuppe die D-5069 vom Luftsportverein Hegenscheid und nahm seit 1983 mit der schön restaurierten ES-49 an allen Internationalen Segelflug-Oldtimertreffen teil. Leider erlitt das Flugzeug 1990 einen größeren Schaden und wird vorerst nicht wieder aufgebaut.

Muster:	ES-49
Konstrukteur:	Edmund Schneider
Hersteller:	Alexander Schleicher
Erstflug:	1952
Hergestellt insgesamt:	8
Zugelassen in Deutschland:	1
Anzahl der Sitze:	2
Spannweite:	16,03 m
Flügelfläche:	21,80 m^2
Streckung:	11,79
Flügelprofil:	Gö 549 + Gö 676
Rumpflänge:	8,64 m
Leitwerk:	normales Kreuzleitwerk
Bauweise:	Holz
Rüstgewicht:	277 kp
Maximales Fluggewicht:	480 kp
Flächenbelastung:	17,3 kp/m^2 bis 22,0 kp/m^2
Flugleistungen (Herstellerangaben):	
Geringstes Sinken:	0,85 m/s bei 65 km/h
Bestes Gleiten:	24 bei 70 km/h

FK-3, Greif I + II

Vom Greif I, der noch eine Konstruktion in Holzbauweise (allerdings mit einer Rumpfröhre aus Aluminium) von Hans Hollfelder aus Rendsburg ist, geht eine Entwicklungslinie von Metallflugzeugen aus, die mit Konstruktionen von Otto Funk über den Greif Ia und den Greif II einmal zum Serienflugzeug FK-3 führt und zum anderen von der Firma Basten ausgehend durch das Konstruktionsteam Herbst/Küppers/Reinke mit der B-4 einen Abschluß findet. Die erste Linie läuft weiter zum Motorsegler AK-1 der Akaflieg Karlsruhe (FK-4) und endet im derzeitigen Projekt FK-5, welches ein Metallflugzeug der 15-Meter-Klasse ist. Zur besseren Übersicht ist diese Flugzeugfamilie noch einmal kurz zusammengestellt:

Greif I

Der Greif I von Oberingenieur Hans Hollfelder aus Rendsburg ist ein unmittelbar nach der Wiederzulassung des Segelfluges entstandenes Übungsflugzeug mit 13,60 m Spannweite. Der Flügel hat mit 14,65 m^2 eine recht große Fläche mit einer Streckung von nur 12,63. Das Leitwerk ist als konventionelles Kreuzleit-

Der Greif Ia von Otto Funk hatte bereits einen Metallflügel.

1954	Greif I	Hollfelder 13,60 m Greif-Flugzeugbau
1960	Greif Ia	Otto Funk 15,00 m Heinkel (FK-1, D-7142)
1962	Greif Ib	Otto Funk geplante Motorseglerversion
1962	Greif II	Otto Funk 15,00 Basten (FK-2, D-7014)
1966	B-4	Weiterentwicklung des Greif-II bei Basten
1968	FK-3	Otto Funk 17,40 m VFW Speyer
1970	AK-1	Akaflieg Karlsruhe, Motorsegler (FK-4)
1978	FK-5	Otto Funk 15,00 m VFW Speyer

werk ausgeführt. Beachtlich ist an dem Flugzeug der gewaltige Keulenrumpf, der eine hervorragende Sicht auch nach unten gestattet. Das Rumpfvorderteil ist eine Stahlrohrkonstruktion, mit Stoff bespannt, während die Rumpfröhre eine Aluminiumkonstruktion ist. Die Musterzulassung erfolgte am 26. Juli 1954, und es sind etwa 5 Flugzeuge beim Greif-Flugzeugbau in Rendsburg gebaut worden. 1958 baute Hollfelder noch einmal einen Greif-I in der Lehrwerkstatt der Firma Ernst Heinkel Fahrzeugbau in Speyer. Dieses Flugzeug mit dem Kennzeichen D-7074 gehörte von 1958 bis 1966 dem Flugsportverein Speyer und heute noch fliegt dieser Greif I bei der Segelfluggemeinschaft Erftstadt. Ein zweites Flugzeug mit dem Kennzeichen D-6223 aus der ersten Serie mit Baujahr 1965 war zuletzt beim Luftsportverein Hameln zugelassen und wurde nun für das Segelflugmuseum auf der Wasserkuppe zur Verfügung gestellt. Die Firma Greif-Flugzeugbau stellte wenigstens einen weiteren Typ von Hollfelder her, einen doppelsitzigen offenen Schulgleiter mit der Bezeichnung Greif V (D-3522). Dieser hatte einen Rechteckflügel mit 13 Meter Spannweite mit einer Flügelfläche von 21 m² und einer negativen Pfeilung von 7,5 Grad.

Muster:	Greif I
Konstrukteur:	Hans Hollfelder
Hersteller:	Greif-Flugzeugbau, Rendsburg
Erstflug:	1954
Hergestellt insgesamt:	etwa 6
Zugelassen in Deutschland:	1
Anzahl der Sitze:	1
Spannweite:	13,60 m
Flügelfläche:	14,65 m²
Streckung:	12,63
Flügelprofil:	Gö 404
Rumpflänge:	6,95 m
Leitwerk:	normales Kreuzleitwerk
Bauweise:	Holz, Rumpf Stahlrohr und Alu
Rüstgewicht:	170 kp
Maximales Fluggewicht:	275 kp
Flächenbelastung:	18,8 kp/m²
Flugleistungen (Herstellerangaben):	
Geringstes Sinken:	0,75 m/s bei 60 km/h
Bestes Gleiten:	23 bei 75 km/h

Greif Ia

Otto Funk kam im Frühjahr 1959 als Werkstudent zur Firma Heinkel nach Speyer. Dort hatte er Gelegenheit, unter der Leitung von Hollfelder ein Flugzeug der Standard-Klasse zu entwerfen, welches die Bezeichnung Greif Ia erhielt und im Jahr 1960 in der dortigen Lehrwerkstatt gebaut wurde. Das Rumpfvorderteil hatte wiederum einen etwas voluminösen Keulenrumpf. Die Stahlkonstruktion war diesmal mit einer nichttragenden GFK-Schale verkleidet. Das Flugzeug mit dem Kennzeichen D-7142 hatte ein gedämpftes V-Leitwerk, das von der Leichtmetallröhre getragen wurde. Der Metallflügel hatte Schempp-Hirth-Bremsklappen. Zum ersten Mal wurden zur Stützung der Alubeplankung Rippen aus Styropor verwendet. Der Erstflug fand am 24. Dezember 1960 statt und 1963 ging dieses Einzelstück nach einem Unfall im Windenstart zu Bruch. Zuvor wurde es 1962 auf der Luftfahrtschau in Hannover ausgestellt, wo der Greif Ia als Motorsegler eine BMW-Kleinturbine wie die Hütter H-30 TS bekommen sollte, im Gegensatz zu dieser aber nie geflogen ist.

Greif II

Noch während des Baus des Greif Ia ging Funk zu Basten und entwickelte dort das Flugzeug zum Greif-II weiter. Die Änderungen bestanden in erster Linie in einer Abmagerungskur des Rumpfvorderteiles. Flügel und Leitwerke blieben im Wesentlichen erhalten. Des weiteren bekam der Rumpf nun auch ein Einziehfahrwerk. Die beiden Prototypen entstanden im Jahre 1962.

Der Greif-II wurde bei Basten gebaut.

Der Erstflug der heute noch fliegenden V2 mit dem Kennzeichen D-7014 fand am 18. Februar 1963 in Koblenz statt, wo das Flugzeug auch heute wieder zu Hause ist. Die V1 ging ebenfalls bei einem Unfall im Windenstart verloren. In ihren Abmessungen und Leistungsdaten entspricht der Greif-II in etwa der bei Heinkel gebauten Greif-Ia.

Muster:	Greif Ia
Konstrukteur:	Otto Funk
Hersteller:	Heinkel, Speyer
Erstflug:	1960
Hergestellt insgesamt:	1 (D-7142)
Zugelassen in Deutschland:	keine mehr
Anzahl der Sitze:	1
Spannweite:	15,00 m
Flügelfläche:	13,70 m^2
Streckung:	16,42
Rumpflänge:	7,20 m
Leitwerk:	gedämpftes V-Leitwerk
Bauweise:	Metall, teilweise Kunststoff
Rüstgewicht:	216 kp
Maximales Fluggewicht:	326 kp
Flächenbelastung:	22,3 kp/m^2 bis 23,8 kp/m^2
Flugleistungen (Herstellerangaben):	
Geringstes Sinken:	0,70 m/s bei 75 km/h
Bestes Gleiten:	32,6 bei 85 km/h

Das Interesse der Segelflieger an beiden Flugzeugen war vorhanden. Darüber gerieten die beiden Firmen Heinkel und Basten in einen Rechtsstreit mit dem Ergebnis, daß keines der beiden Segelflugzeuge in Serie gebaut wurde.

FK-3

Bereits im Jahre 1963 entwarf Otto Funk in seiner Freizeit ein Segelflugzeug der Offenen Klasse mit der Bezeichnung FK-3. Die FK-3 wurde bewußt für einen niedrigen Geschwindigkeitsbereich ausgelegt. Nach den Erfahrungen mit den Greif-Flugzeugen wurde der Tragflügel wieder als einfacher Trapezflügel konzipiert. Mit den zweigeteilten Wölbklappen und dem Querruder jeder Tragflügelhälfte wurde eine Überlagerungskinematik entworfen, wie sie heute wieder bei den meisten

Der Prototyp der FK-3 führte seinen Erstflug im Jahre 1968 durch.

Wölbklappenflugzeugen der 15-Meter-Klasse zu finden ist. Die Möglichkeit, noch mit 60 km/h kurbeln zu können, erforderte ein extrem großes Seitenleitwerk. Leider konnte Otto Funk erst im Jahre 1967 den Entwurf der FK-3 verwirklichen, nachdem er selbst Leiter der Lehrwerkstatt von VFW in Speyer wurde, als Heinkel mit dieser neuen Firma fusioniert hatte. Zwischenzeitlich wurde noch für Rolf Spänig in der bekannten Bauweise ein Rumpf für seinen Zugvogel gebaut, mit dem er an der Weltmeisterschaft in Argentinien teilnehmen wollte. Leider wurde dieser formschöne Rumpf nicht mehr termingerecht fertig, so daß Spänig mit einem Zugvogel IIIb flog. Die Bauweise der FK-3 wurde vom Greif übernommen. Im Flügel wurde wieder Schaumstoff verwendet, und auch der Rumpf hatte wieder eine Aluröhre mit einem GFK-verkleideten Rumpfvorderteil. Bei dieser Gelegenheit muß erwähnt werden, daß auch die Stuttgarter Flugzeuge fs-25, fs-28 und fs-29 sowie die Braunschweiger SB-10 Alu-Rumpfröhren von VFW als Leitwerksträger verwenden.

Der Prototyp der FK-3 flog zum ersten Mal am 23. April 1968 und die Serie von 11 Segelflugzeugen wurde in

Muster:	FK-3
Konstrukteur:	Otto Funk
Hersteller:	VFW Speyer
Erstflug:	1968
Serienbau:	1969 und 1970
Hergestellt insgesamt:	11
Zugelassen in Deutschland:	7
Anzahl der Sitze:	1
Spannweite:	17,40 m
Flügelfläche:	13,80 m^2
Streckung:	21,94
Flügelprofil:	FX 61-K-153
Rumpflänge:	7,10 m
Leitwerk:	Normales Kreuzleitwerk, etwas hochgesetzt
Bauweise:	Metall, Kunststoff
Rüstgewicht:	260 kp
Maximales Fluggewicht:	400 kp
Flächenbelastung:	25,4 kp/m^2 bis 29,0 kp/m^2
Flugleistungen (gerechnet):	
Geringstes Sinken:	0,50 bei 64 km/h
Bestes Gleiten:	42 bei 88 km/h

den Jahren 1969/70 hergestellt. Die FK-3 war auf Wettbewerben gleich von Anfang an sehr erfolgreich. Rolf Spänig gewann 1968 die italienischen Meisterschaften in Rieti und Dr. Alf Schubert und Harro Wödl belegten 1969 die ersten beiden Plätze bei der Österreichischen Meisterschaft in Maria Zell. So gleicht es eher einem Trauerspiel, daß eine große Flugzeugfirma wie VFW mit Rücksicht auf andere Projekte (VFW 814) die Herstellung eines Segelflugzeuges einstellt, weil man wegen möglicher Unfälle negative Auswirkungen befürchtet und auch trotz großen Interesse eine Lizenzfertigung nicht vergibt. Als die FK-3 wegen eines geringfügigen Mangels einmal kurzzeitig gesperrt war, wurde aus den genannten Gründen ernsthaft erwogen, die Serienflugzeuge zurückzukaufen und zu verschrotten. Aus dieser Sicht heraus ist es geradezu Ironie des Schicksals, daß ausgerechnet der Prototyp der inzwischen eingestellten VFW 614 selbst bei einem Flugunfall verloren ging. Die sieben in Deutschland noch vertretenen FK-3 fliegen dagegen zur Zufriedenheit ihrer Besitzer weiter.

fs-24 bis fs-33 (Akaflieg Stuttgart)

Die Akademische Fliegergruppe Stuttgart hat in ihrer mehr als fünfzigjährigen Geschichte insbesondere nach dem Krieg mit einigen beachtlichen Konstruktionen einen wesentlichen Beitrag zur Gesamtentwicklung des Segelfluges geleistet. Hierbei müssen zwei Flugzeuge hervorgehoben werden, die fs-24 Phönix als erstes Kunststoff-Segelflugzeug der Welt und die fs-29, bei der zum ersten Mal durch ein teleskopartiges Verschieben von Außenflügeln eine Veränderung der Spannweite während des Fluges ermöglicht wurde.

fs-24 Phönix

Der Prototyp des nun schon bereits historischen Phönix führte als erstes GFK-Flugzeug seinen Erstflug im November 1957 durch. Für die Konstruktion zeichnen in erster Linie Hermann Nägele und der heute insbesondere für seine Profile in allen Segelfliegerkreisen bekannte Richard Eppler verantwortlich. Der eigentliche Prototyp entstand in den Jahren 1955 bis 1957 in Nabern, wobei jahrelange Vorarbeiten speziell zur Erforschung der neuen Bauweise erforderlich waren. Die Auslegung des Phönix zielt eindeutig auf den langsamen Geschwindigkeitsbereich, die das Ausfliegen auch schwächster Thermik ermöglichen soll. So ist die relativ große Flügelfläche von 14,36 m^2 zu erklären und vor allen Dingen das heute unerreichbar scheinende Rüstgewicht von 164 kp, das durch einen extremen Leichtbau unter Heranziehung des Balsaholzes zur tragenden Konstruktion realisiert werden konnte. Unter heutiger Sicht beinahe abenteuerlich mutet die Flächenbelastung von 18,5 kp/m^2 an, die deutlich unter der Ka 8 liegt und etwa bei einem Drittel des Wertes, mit dem heute dank des Wasserballastes bei sehr guten Tagen Überland geflogen wird. Dennoch hatte die Phönix bereits vor mehr als zwanzig Jahren ein geringstes Sinken von 0,49 m/s bei 68 km/h und eine beste Gleitzahl von 40 allerdings bei 79 km/h. Bei 120 km/h andererseits betrug das Sinken bereits 1,40 m/s bei einer Gleitzahl von nur noch 24, so daß ab diesem Geschwindigkeitsbereich z. B. die Ka 6, die es zu jener Zeit auch schon gab, dem Phönix bereits überlegen war.
So mußten die Konstrukteure damals feststellen, daß trotz der guten Leistungsdaten das Interesse an dem neuen Flugzeug gering war. Die extreme Auslegung auf den Langsamflugbereich und eine verständliche Skepsis gegenüber der neuen Bauweise, von der man nicht wußte, wie sie sich mit den Jahren bewähren würde, verhinderten eine größere Verbreitung des Phönix. So wurden von der Serienversion Phönix-T in den Jahren 1959 bis 1961 insgesamt nur sieben Exemplare gebaut, die einschließlich des Prototyps heute alle noch existieren.
Hersteller der Serienflugzeuge war natürlich nicht die Akaflieg Stuttgart, sondern die Flugzeuge wurden bei Bölkow in Nabern beziehungsweise die beiden letzten Flugzeuge in Laupheim gebaut. Hauptunterschied zwischen der Serie und dem Prototyp war das T-Leitwerk und ein einziehbares Fahrwerk sowie die Erhöhung des maximalen Fluggewichtes von 265 kp auf 330 kp, wobei auch das Rüstgewicht auf etwa 180 kp stieg. Der Prototyp war auch noch in Polyesterharz gebaut, während in der Serie das heute übliche Epoxyharz verwendet wurde. Als Landehilfe dient bei allen Flugzeugen eine Spreizdrehklappe auf der Flügelunterseite, die in ihrer Wirkung offensichtlich nicht ganz befriedigte, da teilweise später Bremsschirme eingebaut wurden.

D-8258

D-9217
D-0768
2B

Zumindest optisch nicht gelungen sehen die Vergrößerungen aller Ruder aus, die für den Alpenflug für die Werk-Nr. 404 in der Schweiz vorgenommen wurden.
Es ist klar, daß der Phönix als erster Kunststoffsegler auf Wettbewerben für Aufsehen sorgte. Bei der Deutschen Meisterschaft 1961 gingen gleich fünf Phönix an den Start, wobei Haase und Lindner den zweiten beziehungsweise dritten Platz belegten. Im Jahr zuvor hatte Ernst-Günther Haase mit dem Phönix-T an der Weltmeisterschaft in Köln teilgenommen. Bei der Deutschen Meisterschaft 1962 in Freiburg gewann Rudi Lindner mit dem Phönix in der Offenen Klasse und flog zusammen mit Karl Betzler und Otto Schäuble (beide auf Ka6) am 2. Juni 1963 den damaligen Weltrekord der freien Strecke mit 876 km von der Teck bis nach St. Nazaire an den Atlantik. Am gleichen Tag stellte Emil Bucher mit seinem Phönix einen neuen Zielflugrekord vom Hornberg nach Chartres mit 625 km auf.

Muster:	Phönix-T fs-24
Konstrukteur:	Akaflieg Stuttgart (Eppler/Nägele)
Hersteller:	Bölkow Apparatebau Nabern-Teck
Erstflug:	1959 (Prototyp 17. 11. 1957)
Serienbau:	1959 bis 1961
Hergestellt insgesamt:	7 (+ 1 Prototyp)
Zugelassen in Deutschland:	4
Anzahl der Sitze:	1
Spannweite:	16,00 m
Flügelfläche:	14,36 m^2
Streckung:	17,83
Flügelprofil:	Eppler 91
Rumpflänge:	6,90 m
Leitwerk:	gedämpftes T-Leitwerk
Bauweise:	GFK
Rüstgewicht:	etwa 180 kp
Maximales Fluggewicht:	330 kp
Flächenbelastung:	18,8 kp/m^2 bis 22,9 kp/m^2
Flugleistungen (vermessen in den USA):	
Geringstes Sinken:	0,59 m/s bei 68 km/h
Bestes Gleiten:	40 bei 79 km/h

fs-25

Die sehr elegante und zierliche fs-25 Cuervo geht auf die fs-23 zurück, die nach langer Konstruktions- und Bauzeit als ausgesprochenes Leichtflugzeug mit einem Rüstgewicht von 102 kp im Jahre 1966 zum ersten Mal flog. Von der fs-23 Hidalgo stammt nämlich der Flügel, der an der Wurzel um je einen Meter verlängert wurde, um auf die Spannweite von 15 Metern zu kommen. Das Profil ist das FX61–184, welches heute noch in der DG-100 und der ASW–19 verwendet wird. Der Flügel der fs-25 hat eine negative Pfeilung von drei Grad und eine Fläche von nur 8,53 m^2, so daß das Flugzeug mit 26,4 die höchste Streckung aller 15-Meter-Flugzeuge hat. Wegen der geringen Bauhöhe des Flügels konnten keine Schempp-Hirth-Bremsklappen verwendet werden, so daß DFS-Bremsklappen nach Art des Spatz allerdings an der Flügelhinterkante eingebaut wurden. Die Wirkung war unzureichend, weshalb später zusätzlich ein Bremsschirm installiert wurde, auf den man aber wieder verzichten konnte, nachdem die Klappen in Spannweitenrichtung auf die doppelte Länge gebracht wurden. Der Rumpf der fs-25 ist in Gemischtbauweise hergestellt. Als Rumpfröhre dient eine Aluminiumkonstruktion von VFW, wie sie später auch noch bei der fs-29 und der SB-10 verwendet wird.
Das Rumpfvorderteil ist eine Stahlkonstruktion, die mit GFK verkleidet ist. Beachtlich an der fs-25 ist auch das niedrige Rüstgewicht von 154 kp, welches bei dem kleinen Flügel die Flächenbelastung in Grenzen hält.

Linke Seite:

Oben: Der Prototyp des fs-24 Phönix aus dem Jahre 1957

Unten: Das Serienleitwerk Phönix-T hat Einziehfahrwerk und T-Leitwerk.

Muster:	fs-25 Cuervo
Konstrukteur:	Akaflieg Stuttgart
Hersteller:	Akaflieg Stuttgart
Erstflug:	1968
Hergestellt insgesamt:	1 (D-8141)
Zugelassen in Deutschland:	1
Anzahl der Sitze:	1
Spannweite:	15,00 m (Standard-Klasse)
Flügelfläche:	8,53 m^2
Streckung:	26,38
Flügelprofil:	FX 66-S-196 FX 61-168 von innen FX 61-147 nach außen FX 60-126
Rumpflänge:	6,48 m
Leitwerk:	Pendel-T-Leitwerk
Bauweise:	GFK, Rumpf mit Stahlrohr und Alu
Rüstgewicht:	154 kp
Maximales Fluggewicht:	250 kp
Flächenbelastung:	29,3 kp/m^2
Flugleistungen (DFVLR-Messung 1971):	
Geringstes Sinken:	0,60 m/s bei 79 km/h
Bestes Gleiten:	38,5 bei 87 km/h

Die fs-25 Cuervo hat eine Spannweite von 15 Metern.

Der Erstflug fand am 30. Januar 1968 in Schwäbisch Hall statt. Helmut Reichmann belegte mit der fs-25 bei den Deutschen Meisterschaften 1969 in Roth den 4. Platz in der Standard-Klasse. Heute ist das Flugzeug voll in den Vereinsbetrieb der Akaflieg Stuttgart integriert. Die fs-25 hat mittlerweile 660 Starts und 1160 Flugstunden.

fs-29

Die fs-26 ist ein nurflügelartiger Motorsegler mit Druckschraube, die fs-27 ein nicht fertiggestellter Motorsegler auf der Basis der fs-25 und die fs-28 ein interessantes zweisitziges Motorflugzeug in GFK-Bauweise. Im Rahmen dieser Arbeit soll nun als nächstes die bereits erwähnte fs-29 als das erste und bisher einzige Segelflugzeug mit Teleskopflügeln vorgestellt werden. Der Gedanke, die variable Geometrie des Tragflügels auf diese Weise zu realisieren, geistert schon lange in den Köpfen der Konstrukteure herum. Erst die Anwendung der faserverstärkten Kunststoffe ermöglichte nun die Verwicklichung dieser überaus sinnvollen Grundkonzeption. Die Spannweite läßt sich von 19 m auf 13,30 m verändern, wobei sich eine Variation der Flächenbelastung von 35,6 kp/m² bis 52,6 kp/m² ergibt. Bei der fs-29 läuft der Außenflügel als Manschette über dem Innenflügel. Dabei ist es grundsätzlich wünschenswert, für den Langsamflug einen Flügel hoher Streckung (28,5) zu haben und für den Schnellflug einen kleinen Flügel mit hoher Flächenbelastung. Die Spannweitenverstellung geschieht über einen zusätzlichen Handhebel im Cockpit. Zwischen Maximal- und Minimalspannweite

Muster:	fs-29
Konstrukteur:	Akaflieg Stuttgart
Hersteller:	Akaflieg Stuttgart
Erstflug:	15. Juni 1975
Hergestellt insgesamt:	1
Zugelassen in Deutschland:	1 (D-2929)
Anzahl der Sitze:	1
Spannweite:	13,30 m bis 19,00 m
Flügelfläche:	8,50 m² bis 12,65 m²
Streckung:	20,7 bis 28,5
Flügelprofil:	FX 73-170
Rumpflänge:	7,16 m
Leitwerk:	Pendel-T-Leitwerk (wie Nimbus II)
Bauweise:	GFK, KFK, Stahlrohr, Alu
Rüstgewicht:	365 kp
Maximales Fluggewicht:	450 kp
Flächenbelastung:	35,6 kp/m² bis 52,6 kp/m²

Flugleistungen (DFVLR-Messung 1975):

Geringstes Sinken:	0,56 m/s bei 81 km/h
Bestes Gleiten:	44 bei 98 km/h

sind bei einem Kraftaufwand von etwa 15 kp insgesamt 18 Hübe notwendig, wofür man etwa 30 Sekunden braucht. Die Querruderwirkung bei voll ausgefahrenen Flügeln ist relativ schwach, wobei man aber auch durchaus mit teilweise eingefahrenem Flügel starten kann. Durch die V-Form des Tragflügels sind die Handkräfte beim Ausfahren größer als beim Einfahren. Als Landehilfe hat die fs-29 Schempp-Hirth-Bremsklappen auf der Flügeloberseite, die sich aber nur betätigen lassen, wenn der Außenflügel ganz ausgefahren ist.

Rechte Seite:

Der Teleskopflügler fs-29 mit Maximalspannweite.

TF
D-2929

Aus diesem Grund ist zusätzlich im Seitenruder ein Bremsschirm untergebracht.

Flugleistungsmessungen anläßlich des Idafliegtreffens und Vergleiche im Wettbewerb haben ergeben, daß die fs-29 den anderen Flugzeugen mit 19 m Spannweite eigentlich nicht überlegen ist. Selten wurde auch im Wettbewerb die Spannweite unter 16 m verringert und bei schwachen Steigwerten oder in Blauthermik, wenn es ums Obenbleiben ging, wurde mit konstanter Spannweite geflogen. Immerhin konnte Eberhard Schott, der die Hauptarbeit an der fs-29 leistete, bei der Baden-Württembergischen Landesmeisterschaft des Jahres 1976 den dritten Platz hinter einer ASW–17 und einem Nimbus-II belegen.

Bei der fs-29 wurden teilweise Kohlefasern verwendet. Nachdem viel Aufwand für den Flügel betrieben werden mußte, wurden für die Leitwerke und den Rumpf möglichst Teile aus der Industrie übernommen. So stammt das komplette Leitwerk und praktisch auch das Rumpfvorderteil mit Einbauten vom Nimbus-II. Der weitere Rumpf ist ähnlich wie bei der fs-25 mit einem Stahlrohrgerüst und einer Rumpfröhre aus Aluminium aufgebaut.

fs-31

Im Jahre 1975 wandte sich die Akaflieg Stuttgart den Projekten fs-30 und fs-31 zu. Dabei kann auf eine nähere Beschreibung der fs-30 verzichtet werden, handelt es sich doch um den Bau einer Unterkunft(!) für die Akaflieg auf dem Fluggelände Bartholomä auf der Schwäbischen Alb östlich des Hornbergs. Die fs-31 dagegen ist wieder ein Segelflugzeug, der erste Doppelsitzer der Akaflieg Stuttgart nach dem Krieg. Wie bei anderen Akaflieg-Projekten werden teilweise Komponenten aus der Serienfabrikation verwendet. Die fs-31 hat eine der ersten Tragflügel des Twin-Astir von Grob, die noch im Gegensatz zur späteren Serie eine negative Pfeilung aufwiesen. Auch die Leitwerke stammen von einem Serienflugzeug, nämlich der berühmten Glasflügel 604. Sie wurden von der Akaflieg in den Original-Negativformen, allerdings in einer neuen Kevlar/Kohle-Bauweise hergestellt. Der Rumpf der fs-31 hat eine recht gefällige Form mit der üblichen relativ starken Einschnürung im Bereich des Tragflügels. Zum ersten Mal ist im Gegensatz zu den letzten drei Akaflieg-Konstruktionen die Rumpfröhre nicht aus Aluminium, sondern ebenfalls in Kevlar/Kohle gebaut. Die Sitze sind hintereinander angeordnet, die Haube ist einteilig und klappt nach der Seite auf, der Rumpf hat ein hochbeiniges Einziehfahrwerk als geschweißte Stahlkonstruktion. Der Erstflug fand am 30. Dezember 1981 in Karlsruhe-Forchheim statt, dem einzigen Platz in der näheren Umgebung von Stuttgart, der eine schneefreie Start- und Landebahn hatte. In späteren Jahren wurde dann noch der Flügel-Rumpf-Übergang optimiert und auf der Flügelunterseite ein Noppenband angebracht, was die ohnehin schon guten Flugleistungen weiter verbesserte.

Muster:	fs-31
Konstrukteur + Hersteller:	Akaflieg Stuttgart
Erstflug:	30. Dezember 1981
Hergestellt insgesamt:	1
Zugelassen in Deutschland:	1 (D-1131)
Anzahl der Sitze:	2
Spannweite:	17,50 m (Tragflügel des Twin-Astir)
Flügelfläche:	17,76 m²
Streckung:	17,24
Flügelprofil:	Eppler E603
Rumpflänge:	8,82 m
Leitwerk:	gedämpftes T-Leitwerk (Glasflügel 604)
Bauweise:	Faserverstärkte Kunststoffe
Rüstgewicht:	350 kg
Maximales Fluggewicht:	560 kg
Flächenbelastung:	24,6 kg/m² bis 32 kg/m²
Flugleistungen:	
Geringstes Sinken:	0,64 m/s bei 85 km/h
Bestes Gleiten:	38 bei 100 km/h

fs-32

Nach dem Teleskopflügel-Segelflugzeug fs-29 hat die Akaflieg Stuttgart mit der fs-32 wieder ein Segelflugzeug realisiert, das mit einem neuartigen Wölbklappen-Fowler-Flügel für die Gesamtentwicklung von einiger Bedeutung sein dürfte. Die fs-32 ist ein Flugzeug der FAI-15-Meter-Klasse, bei dem die Kombination eines »normalen« Wölbklappenprofils mit den Vorteilen eines Fowler-Flügels verwirklicht werden konnte. Dabei bewirkt nun der Fowler-Flügel nicht eine unerwünschte Vergrößerung der Flügelfläche mit beispielsweise verringerter Querruderwirksamkeit, sondern die Wölbklappe wird als Spaltklappe – ähnlich wie bei der berühmten Junkers JU-52 – als Doppelflügel unter dem Flügel ausgefahren. Das Profil stammt von Dieter Althaus. Die Oberseite des Tragflügels hinter dem Hauptholm ist als elastische Membran ausgeführt, welche den durch den Fowler-Flügel entstehenden Spalt ver-

Der Rumpf der fs-31 hat Segelfluggeschichte gemacht.

schließt. Bei ausgefahrenem Fowler-Flügel beträgt die Mindestgeschwindigkeit der fs-32 um 60 km/h, so daß sie in der Thermik sehr langsam im Zentrum steigen kann. Natürlich bietet dies auch Vorteile bei der Landung, insbesondere bei der Außenlandung. Nach Verlassen der Thermik wird der Fowler-Flügel wieder eingefahren, und für den normalen Streckenflugbereich steht ein modernes Wölbklappenprofil zur Verfügung. Der elastische Teil des Flügels ist aus Glasfaser aufgebaut, während Holm und Flügelschale aus Kohlefaser bestehen.

Der Rumpf wurde in der Form des Ventus b bei Schempp-Hirth eingelegt und besteht im hinteren Teil wieder aus Kohlefaser, während aus Sicherheitsgründen im Cockpitbereich wie üblich Glasfaser Verwendung fand. Das Höhenleitwerk erhielt mit Hilfe des Profilentwurfprogramms von Prof. Eppler ein neues Profil. Der beim Ausfahren der Fowler-Klappe entste-

Die Fowler-Wölbklappe der fs-32 in eingefahrenem und ausgefahrenem Zustand.

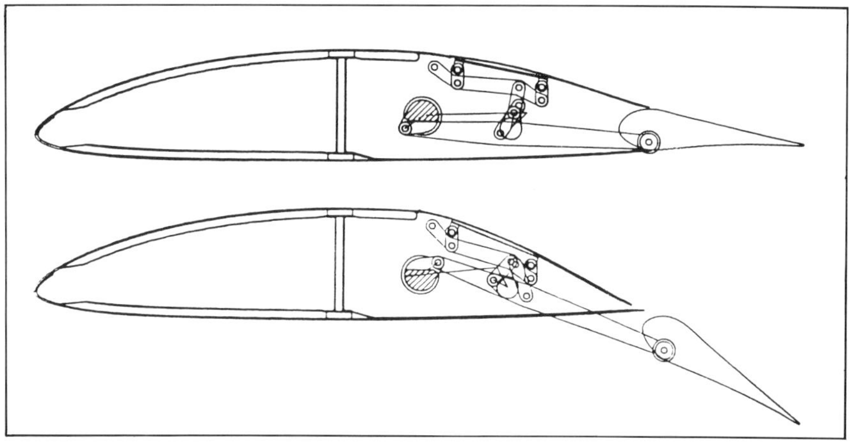

hende Anstellwinkelsprung wird mit einer speziellen Flossentrimmung kompensiert. Zum ersten Mal wird das Seitenruder mit GFK-Prepregs hergestellt, einem Glasfasergewebe also, das bereits werksseitig mit Harz getränkt ist und einer besonderen Verarbeitung bedarf. Werner Scholz führte den Erstflug mit der fs-32 am 27. 2. 1992 in Karlsruhe-Forchheim durch. Das Flugzeug trägt das Kennzeichen D-1632.

Muster:	fs-32
Konstrukteur + Hersteller:	Akaflieg Stuttgart
Erstflug:	27. 2. 1992
Hergestellt insgesamt:	1
Zugelassen in Deutschland:	1 (D-1632)
Anzahl der Sitze:	1
Spannweite:	15,00 m
Flügelfläche:	9,94 m^2
Streckung:	22,65
Flügelprofil:	FX 81 K 144/20
Rumpflänge:	6,62 m (Rumpf des Ventus b)
Leitwerk:	gedämpftes T-Leitwerk
Bauweise:	Faserverstärkte Kunststoffe
Rüstgewicht:	255 kg
Maximales Fluggewicht:	500 kg
Flächenbelastung:	35,7 kg/m^2 bis 50,3 kg/m^2
Flugleistungen (gerechnet):	
Geringstes Sinken:	0,60 m/s bei 85 km/h
Bestes Gleiten:	43 bei 105 km/h

fs-33

Die fs-33 wird wieder ein Doppelsitzer sein mit einem Flügel von etwa 20 Metern Spannweite, also praktisch eine fs-31 mit einem großen Flügel.

Bei der fs-32 wurde zum ersten Mal eine kombinierte Fowler-Wölbklappe realisiert.

Falcon

Der Falcon ist ein Segelflugzeug der Standard-Klasse, das als Einzelstück in nur einem halben Jahr Bauzeit (8. Januar bis 7. Juni 1981) von Hansjörg Streifeneder in seiner Freizeit in den Räumen der Firma Glasflügel fertig gestellt wurde. Hansjörg Streifeneder, der seit 1982 einen eigenen Luftfahrttechnischen Betrieb in Grabenstetten auf der Schwäbischen Alb unterhält, arbeitete bereits von 1967 bis 1969 bei Glasflügel, war dann fünf Jahre als Berufspilot in der Burda-Staffel tätig und ging dann wieder zu Glasflügel. Von 1975 bis 1980 war er bei Rolladen-Schneider, wo er die LS-3-Standard baute, die zum Vater des erfolgreichen Standard-Segelflugzeuges LS-4 wurde. Ab 1980 erlebte er die letzten Jahre von Glasflügel, in denen dann auch die Falcon entstand. Die erforderlichen Berechnungen und Nachweise führte Martin Hansen durch, der zu dieser Zeit ebenfalls bei Glasflügel tätig war. Der Falcon baut auf der SB-12 auf, die ihrerseits auf einem Glasflügel-Flugzeug, der Hornet C, basiert. Von den Braunschweiger Aerodynamikern Karlheinz Horstmann und Armin Quast stammt auch das Flügelprofil HQ-21/17,15. Völlig neu ist der etwas gewöhnungsbedürftige Flügelgrundriß, ein Rechteckdoppeltrapez. Der Rumpf und die Leitwerke der Falcon stammen von der Glasflügel 402, dem letzten Flugzeug des Traditionsbetriebes aus Schlattstall. Den Erstflug führte Hansjörg Streifeneder am 7. Juli 1981 in Braunschweig durch. Die Formen der Falcon gingen zuerst zu Glaser-Dirks, wo in Anlehnung

Muster:	Falcon
Konstrukteur:	Streifeneder/Hansen
Hersteller:	Streifeneder in Fa. Glasflügel
Erstflug:	7. Juli 1981
Hergestellt insgesamt:	1
Zugelassen in Deutschland:	1 (D-7775)
Anzahl der Sitze:	1
Spannweite:	15,00 m (Standard-Klasse)
Flügelfläche:	10,66 m^2
Streckung:	21,11
Flügelprofil:	HQ-21/17,15
Rumpflänge:	6,80 m
Leitwerk:	gedämpftes T-Leitwerk
Bauweise:	GFK
Rüstgewicht:	240 kg
Maximales Fluggewicht:	450 kg
Flächenbelastung:	29 bis 42 kg/m^2
Flugleistungen (Messung August 1981):	
Geringstes Sinken:	0,58 m/s bei 80 km/h
Bestes Gleiten:	41 bei 110 km/h

Hansjörg Streifeneder mit Sohn.

Die Falcon des Jahres 1981 hatte großen Einfluß auf die Entwicklung der Standard-Klasse.

an die Falcon der Flügel der DG-300 entstand, und später dann zur Akaflieg Karlsruhe, wo in den Falcon-Formen der Flügel der AK-5 gebaut wurde. Der Falcon, der heute noch Streifeneder gehört, wurde im August 1981 in Aalen vermessen und gehört heute noch zu den leistungsfähigsten Flugzeugen der Standard-Klasse. Seit 1991 entsteht in Grabenstetten bei Streifeneder eine weitere Neukonstruktion der Standard-Klasse.

Flugwissenschaftliche Vereinigung Aachen (FVA–20 und FVA–27)

FVA–20

Die FVA–20 ist ein Clubklasse-Segelflugzeug der Flugwissenschaftlichen Vereinigung Aachen, das nach 12 Jahren Bauzeit und mehr als 10000 Arbeitsstunden am 28. November 1979 seinen Erstflug durchführte. Der Flügel hat eine Rechtecktrapezform mit der relativ großen Flügelfläche von 12,80 m² und das weit verbreitete Wortmannprofil FX61–168. Als Landehilfe dienen Schempp-Hirth-Bremsklappen auf der Tragflügelober- und -unterseite. Das Höhenleitwerk ist gedämpft, das Fahrwerk gefedert und einziehbar. Der Rumpf ist nach der zuerst von der Akaflieg Braunschweig praktizierten Methode in Balsahalbsandwich-Bauweise unter Verwendung eines zentralen Hellingrohres als Positiv hergestellt worden, während Flügel und Leitwerke in Negativformen entstanden.

Die FVA–20 ist ein Segelflugzeug mit sehr gutmütigen Flugeigenschaften und wird nach einer umfassenden Grundüberholung mit vielen Detailverbesserungen wieder im Flugbetrieb der FVA eingesetzt.

Muster:	FVA–20
Konstrukteur + Hersteller:	Flugwissenschaftliche Vereinigung Aachen
Erstflug:	28. 11. 1979
Hergestellt insgesamt:	1
Zugelassen in Deutschland:	1 (D-6020)
Anzahl der Sitze:	1
Spannweite:	15,00 m
Flügelfläche:	12,80 m²
Streckung:	17,58
Flügelprofil:	FX61–168, FX60–126
Rumpflänge:	7,00 m
Leitwerk:	gedämpftes T-Leitwerk
Bauweise:	GFK, Rumpf mit Balsa
Rüstgewicht:	280 kg
Maximales Fluggewicht:	400 kg
Flächenbelastung:	29,7 kg/m² bei 100 kg Zuladung

FVA–27

Bei den vorangegangenen Projekten FVA–21 (Wölbklappenautomatik), FVA–22 (Papier-Rakete), FVA–23 (Lärmschalldämpfer für Schleppflugzeuge), FVA–24 (Wickelmimik), FVA–25 (Enten-Ultraleichtflugzeug) und FVA–26 (Wölbflügel) handelt es sich durchweg nicht um Segelflugzeuge, so daß hier nicht näher eingegangen wird. Das Projekt Enten-Segelflugzeug FVA–27 befindet sich zwar erst im Baubeginn, ist aber so vielversprechender, daß es erwähnt werden muß.

Nach der Erarbeitung der Entwurfsgrundlagen wurde mit der FVA–27 ein neuer Weg für den Entwurf von Entenflugzeugen beschritten. Aufwendige Optimierungsrechnungen für Grundriß und Verwindungsverteilung wurden durchgeführt, um die nachteiligen Auswirkungen des vorneliegenden Höhenleitwerks auf den Flügel

Die FVA–20 flog bereits im November 1979.

zu minimieren. Das Ergebnis war ein schwanzloses Entenflugzeug der Standard-Klasse mit am Flügelrandbogen angebrachten Seitenleitwerken (»Winglets«) und relativ weit vorn liegendem Höhenleitwerk.

Die wichtigsten Vorteile eines solchen Entwurfs sind das mittragende Höhenleitwerk, die streckungserhöhend wirkenden Seitenleitwerke und die kleine umspülte Oberfläche des Rumpfes.

Während der möglichen Widerstandseinsparung am Rumpf keine große Beachtung geschenkt wurde, lag das Hauptaugenmerk auf der Optimierung der Flügel/Höhenleitwerkskombination.

Dank des voll mittragenden Höhenleitwerks mit 1,8 m² Fläche konnte die Flügelfläche auf 7,7 m² reduziert werden. Durch die sehr aufwendige Optimierung der Höhenleitwerk/Flügel-Interaktion und die mit 1,5 m recht hohen Seitenleitwerke konnte der induzierte Widerstand gegenüber üblichen 15-Meter-Flugzeugen verringert werden, ohne den Reibungswiderstand durch die zusätzliche Fläche von Winglets zu erhöhen.

Insgesamt werden mit der FVA–27 Leistungssteigerungen vor allem im Langsamflug erwartet.

Dreiseitenansicht des Projekts FVA–27.

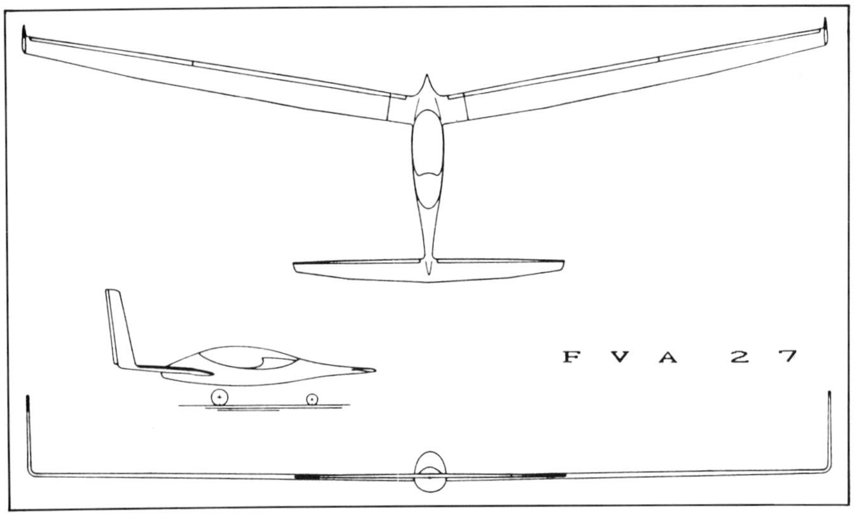

Muster:	FVA–27
Konstrukteur + Hersteller:	Flugwissenschaftliche Vereinigung Aachen
Beginn der Arbeiten:	1990
Anzahl der Sitze:	1
Spannweite:	15,00 m
Flügelfläche:	7,70 m²
+ Fläche Höhenleitwerk:	1,80 m²
Streckung Hauptflügel:	29,20
Flügelprofil:	HQ21 M2
Leitwerk:	Entenflügel, Winglets
Rumpflänge:	4,00 m
Pfeilwinkel Hauptflügel:	10°
Landehilfe:	Hinterkantendrehbremsklappe
Spannweite Höhenleitwerk:	5,00 m
Bauweise:	Faserverstärkte Kunststoffe
Rüstgewicht:	ca. 230 kg
Flächenbelastung bei 100 kg Zuladung:	ca. 34,7 kg/m²
Wasserballast:	ca. 150 kg

Geier-I, Geier-II, Geier-II B

Zu den seltenen Typen unte den deutschen Segelflugzeugen gehören die Geier, welche von Josef Allgaier in Wank bei Nesselwang im Allgäu konstruiert und teilweise auch gebaut worden sind. Allgaier betrieb ab 1951 Flugzeugbau, baute zuerst Grunau-Baby und später Teile der Mü-13 für Scheibe. 1955 folgte die erste Eigenentwicklung, der Geier-I mit einer Spannweite von 17,76 m und einer Flügelfläche von 15,70 m². Dieser Geier-I hatte noch kein Laminarprofil, sondern ein Gö-Profil ähnlich der Weihe. Es sind nur zwei oder drei Flugzeuge gebaut worden.

Der Geier-II behielt die Spannweite, erhielt aber das Laminarprofil NACA 633–618 wie die Ka6 und bekam einen schlankeren Flügel mit 14 m² Fläche und der damals beachtlichen Streckung von 22,53. Der Rumpf fiel mit 8,20 m recht lang aus und hat sicher nicht eine optimale Einstellung zum Tragflügel, da er schon im Langsamflug stark nach unten geneigt ist. Im März 1973 war der Geier-II zeitweise gesperrt, weil sich nach mehreren z. T. schweren Unfällen herausgestellt hatte, daß durch einen Fehler in der Schwerpunktsberechnung in manchen Fällen die hintere Schwerpunktslage überschritten wurde. Von Josef Allgaier wurde nur der Prototyp des Geier-II gebaut und die Firma stellte dann 1956 den Flugzeugbau ein. Etwa zehn Flugzeuge wurden dann von der Firma Rock in Inzell/Oberbayern hergestellt. Der Geier-II B ist eine Version mit vergrößerten Querrudern.

Die ursprüngliche Bauausführung des Geier-II hatte eine Kufe mit abwerfbarem Fahrwerk, während dann später die meisten Flugzeuge mit einem festen bremsbaren Rad unter Wegfall der Kufe umgebaut worden sind. Der Geier-II war in den ersten Jahren seines Entstehens eines der leistungsfähigsten Flugzeuge, allerdings mit nicht ganz harmlosen Flugeigenschaften.

Muster:	Geier-II
Konstrukteur:	Josef Allgaier
Hersteller:	Allgaier/Nesselwang Rock/Inzell
Erstflug:	1955
Serienbau:	1955 bis 1957
Hergestellt insgesamt:	etwa 10
Zugelassen in Deutschland:	4
Anzahl der Sitze:	1
Spannweite:	17,76 m
Flügelfläche:	14,00 m²
Streckung:	22,53
Flügelprofil:	NACA 633-618
Rumpflänge:	8,20 m
Leitwerk:	konventionelles Kreuzleitwerk
Bauweise:	Holz
Rüstgewicht:	255 kp
Maximales Fluggewicht:	370 kp
Flächenbelastung:	26,43 kp/m²
Geringstes Sinken:	0,60 m/s bei 70 km/h
Bestes Gleiten:	35 bei 80 km/h

Nächste Seite:

Oben: Die ursprüngliche Version des Geier-II hatte ein Abwurffahrwerk.

Unten: Einer der wenigen noch erhaltenen Geier-II.

D-8865

D-9129

Glasflügel

Die Firma Glasflügel mit ihrem wohlklingenden Namen und dem Firmenzeichen einer Libelle hatte ihre Fabrikationsräume in Schlattstall, einem kleinen Ort in einem engen Seitental der Schwäbischen Alb südlich von Kirchheim/Teck. Eugen Hänle gründete den Betrieb im Jahre 1962. Finanzielle Schwierigkeiten führten im Mai 1975 zu einer Kooperation mit Schempp-Hirth. Bis 1979 firmierte Glasflügel unter der Bezeichnung Holighaus & Hillenbrand GmbH, bis zur völligen Auflösung im Jahre 1982 als Deutsch-Brasilianische Flugzeug- und Fahrzeugbau GmbH. Immer wieder beklagen Segelflieger das Ende dieser Firma, waren doch von Glasflügel und Eugen Hänle sehr oft entscheidende Impulse für den modernen Segelflugzeugbau ausgegangen. Der Firmenchef selbst kam bei einem Flugunfall am 21. September 1975 ums Leben.

Glasflügel begann 1963 den Bau von Serienflugzeugen mit der H-301 Libelle, einem 15-Meter-Wölbklappenflugzeug, das der 1975 neugeschaffenen Renn-Klasse um viele Jahre voraus war. Von dieser »Offenen« Libelle sind in den Jahren 1964 bis 1969 zum ersten Mal in der Geschichte des Kunststoff-Flugzeugbaus mehr als 100 Serienmaschinen gefertigt worden. Außer der Libelle stammen von Glasflügel andere berühmte Segelflugzeuge: BS-1, Standard-Libelle, Kestrel, Glasflügel 604, Club-Libelle, Hornet, Mosquito, Glasflügel 304 und Glasflügel 402. Dazwischen gibt es noch einige Prototypen wie die Club-Libelle- beziehungsweise Hornet-Vorläufer 202, 203 und 204 sowie einen interessanten, aber nie fertig gestellten Doppelsitzer mit nebeneinanderliegenden Sitzen und der Projektbezeichnung Glasflügel 701. Dieses Flugzeug sollte wie der Calif ein Zweibeinfahrwerk, ein gedämpftes T-Leitwerk und einen dreiteiligen Wölbklappenflügel mit 19 Metern Spannweite bei einer Fläche von 18,76 m² bekommen.

Hier eine Übersicht der Hänle/Glasflügel-Flugzeuge mit Fertigungsdaten und Stückzahlen bis zum Jahre 1982:

H-30 GFK	1962	1
H-30 TS	1960	1
H-301 Libelle	1964 bis 1969	111
Glasflügel BS-1	1966 bis 1968	18
Standard-Libelle	1967 bis 1974	601
Kestrel	1968 bis 1975	129
Glasflügel 604	1970 bis 1973	10
Standard-Libelle 202	1970	1
Standard-Libelle 203	1972 bis 1973	2
Standard-Libelle 204	1973	1
Club-Libelle 205	1973 bis 1976	176
Hornet	1974 bis 1979	89
Hornet C	1979	12
Mosquito	1976 bis 1980	200
Glasflügel 304	1980 bis 1982	62
Glasflügel 402	1981	1

H-30-GFK

Die H-30-GFK geht auf einen Entwurf von Wolfgang Hütter zurück, der das Holzflugzeug H-30 bereits im Jahre 1948 in Nonnenhorn am Bodensee konstruiert hatte. Das gewünschte Gewicht ließ sich aber nicht verwirklichen, so daß der 1955 begonnene Bau aufgegeben wurde. Dafür entstand dann Ende der fünfziger Jahre die H-30-GFK, allerdings als Heimarbeit von Eugen und Ursula Hänle zum größten Teil in der Wohnung in Schlattstall. Zum ersten Mal wurde ein Holm aus GFK-Rovings verwendet. Der Flügel hat zwar noch Balsa-Rippen und eine Beplankung aus Balsa mit GFK armiert. Der hintere Teil des Flügels und die Ruder sind

Die H-30-GFK flog bereits im Jahre 1962.

sogar noch stoffbespannt. Aber beachtlich ist das Leergewicht von 120 kp, und das maximale Fluggewicht von 210 kp liegt einiges unter dem Rüstgewicht heutiger Flugzeuge der Standard-Klasse.
Die H-30-GFK ist im Jahre 1989 liebevoll restauriert worden und ist heute noch im Flugbetrieb. Sie ist mit der Spannweite von 13,60 m zwar ein Einzelstück geblieben, aber bei einem flüchtigen Blick könnte man sie mit einem Salto von Start+Flug verwechseln. Der Flügel des Salto stammt aber von der Standard-Libelle und hat vierteilige Bremsdrehklappen, während die gelb lackierte H-30-GFK Schempp-Hirth-Bremsklappen und einen Rumpf mit Kufe hat. Rudi Lindner führte den Erstflug am 5. Mai 1962 auf der Hahnweide durch.

Muster:	H-30-GFK
Kennzeichen:	D-8415
Entwurf:	Wolfgang Hütter
Hersteller:	Eugen und Ursula Hänle
Erstflug:	5. Mai 1962
Zugelassen in Deutschland:	1
Anzahl der Sitze:	1
Spannweite:	13,60 m
Flügelfläche:	8,34 m²
Streckung:	22,17
Flügelprofil:	Hütter-Eigenentwicklung
Rumpflänge:	5,56 m
Leitwerk:	gedämpftes V-Leitwerk
Bauweise:	GFK, teilweise stoffbespannt
Rüstgewicht:	120 kp
Maximales Fluggewicht:	210 kp
Flächenbelastung:	25,17 kp/m²
Geringstes Sinken:	0,64 m/s bei 65 km/h
Bestes Gleiten:	30,4 bei 85 km/h

H-301 Libelle

Die H-301 Libelle stammt von der H-30-TS ab, die von Wolfgang Hütter ebenfalls aus der H-30 konstruiert, dann aber bei der Firma Allgaier in Uhingen bei Göppingen gebaut wurde. Die H-30-TS wurde ursprünglich als Motorsegler mit einer BMW-Turbine von 40 kp Schub ausgelegt, hatte auch zuerst ein V-Leitwerk, bekam später den Libelle-ähnlichen Rumpf und machte ihren ersten Turbinen-Segler-Eigenstart im Jahre 1960. Ab dem Jahre 1961 wird sie dann wieder als Segelflugzeug betrieben, bis das Flugzeug im August 1968 bei einem Unfall im Windenstart auf dem Klippeneck zerstört wird.
Die H-301 Libelle hat den leicht geänderten Flügel der H-30-TS mit einer Spannweite von 15 m und bekommt dann im Jahre 1962 einen neuen Rumpf. Der Schweizer Segelflieger Eugen Aeberli ist der Initiator der industriellen Herstellung der Libelle, da es ihm zusammen mit Wolfgang Hütter gelingt, in Eugen Hänle einen Mann zu finden, der das Flugzeug in Serie bauen will. Nach Überarbeitung des Entwurfes durch Hänle entsteht der Prototyp in den Jahren 1963/64. Eugen Aeberli führt dann den Erstflug am 7. März 1964 auf der Hahnweide durch.
Bis 1969 werden insgesamt 111 H-301 Libelle gebaut, von denen mehr als die Hälfte in die USA geht. Vorwiegend nach Amerika gehen auch Flugzeuge mit jeweils zwei unterschiedlich großen Hauben, die je nach Pilotengröße aufgesetzt werden. Heute noch fliegen mehr

Rechte Seite:

Oben: Der Prototyp der H-301 Libelle.

Unten: Eine der wenigen noch in Deutschland zugelassenen BS-1.

37
D-5747

als 50 »offene« Libellen in den USA. Zu erwähnen ist noch, daß in den Jahren 1966/67 für den HBV-Diamant 13 Flügel der Libelle an die Firma FFA in Altenrhein am Bodensee geliefert werden. Besonders in Amerika kann die H-301 einige Rekorde in Zielrückkehr- und Dreiecksflügen erringen.

Muster:	H-301 Libelle
Entwurf:	Wolfgang Hütter
Konstruktion + Hersteller:	Eugen Hänle, Glasflügel
Erstflug:	7. März 1964
Serienbau:	1963 bis 1969
Hergestellt insgesamt:	111 (+ 13 Diamant-Flügel)
Zugelassen in Deutschland:	15
Anzahl der Sitze:	1
Spannweite:	15,00 m
Flügelfläche:	9,53 m^2
Streckung:	23,61
Flügelprofil:	Hütter
Rumpflänge:	6,20 m
Leitwerk:	gedämpftes Kreuzleitwerk
Bauweise:	GFK
Rüstgewicht:	185 kp
Maximales Fluggewicht:	300 kp
Flächenbelastung:	31,6 kp/m^2
Flugleistungen (vermessen DFVLR 1971):	
Geringstes Sinken:	0,58 m/s bei 82 km/h
Bestes Gleiten:	40,5 bei 94 km/h

Glasflügel BS-1

Eine etwas schwierige Geburt war die Entstehung der Glasflügel BS-1. Ein gutes Jahr vor dem Erstflug der Libelle war nämlich auch die erste BS-1 von Björn Stender zu ihrem Jungfernflug gestartet. Nach diesem Erstflug der BS-1 am 23. Dezember 1962 folgte dann aber der tödliche Absturz von Björn Stender bei der Erprobung des zweiten Flugzeuges am 4. Oktober 1963. 16 Segelflieger hatten bei Björn zu diesem Zeitpunkt bereits eine BS-1 bestellt und auch erhebliche Anzahlungen geleistet, damit die Fertigung beginnen konnte. Nun schien die Herstellung dieses »Wunderflugzeuges« in Frage gestellt. Die 16 Piloten schlossen sich in einer Interessengemeinschaft zusammen. Verhandlungen mit der Familie von Björn Stender und den Herstellern Schempp-Hirth und Hänle liefen an. Martin Schempp lehnte ab und endlich konnte mit Eugen Hänle eine Einigung erzielt werden. Die Firma Glasflügel war aber mit der Herstellung der Libelle ziemlich ausgelastet. Nach den Erkenntnissen aus der Fertigung der Libelle konstruierte dann Eugen Hänle die BS-1 vollständig um, so daß diese schließlich nur noch die äußeren Abmessungen mit dem Prototyp gemeinsam hatte. Auch Teile aus der Libelle-Fertigung wie Fahrwerk und Rudergelenke wurden verwendet. So zog sich der Bau der Glasflügel-BS-1 ziemlich in die Länge, bis fast drei Jahre nach dem Absturz von Björn Stender die erste neue BS-1 am 24. Mai 1966 in Karlsruhe-Forchheim in die Luft kam. Insgesamt wurden dann nur 18 BS-1 bei Glasflügel gebaut. Während die zwei Prototypen von Björn Stender nur einen Bremsschirm hatten, bekamen die Serienflugzeuge zusätzlich Schempp-Hirth-Bremsklappen.

Rolf Spänig wurde dann eine Woche nach dem Erstflug mit sieben Tagessiegen gleich überlegener Sieger der Deutschen Meisterschaft in Roth und auch mit weiteren spektakulären Flügen wurde die BS-1 in der Folgezeit ihrem Ruf gerecht. Auch 1968 gewannen mit Dr. Wolfgang Groß und Emil Bucher zwei BS-1 die Deutsche Meisterschaft, nachdem im Jahre 1967 Alfred Röhm von der Hahnweide aus einen neuen Weltrekord über das 300-km-Dreieck mit 138,3 km/h aufgestellt hatte. Etwa 5 BS-1 sind heute noch in Deutschland zugelassen, drei Flugzeuge gibt es noch in Amerika. Klaus Keim modifizierte seine BS-1 (D-8249) durch Vergrößerung der Spannweite und ein einziehbares Spornrad. Nachfolger der BS-1 sollte bei Glasflügel eine BS-1b mit dreiteiligem Flügel und 0,70 m mehr Spannweite, kleinere Flügelfläche (14 m^2) und damit höherer Strek-

Muster:	Glasflügel BS-1
Entwurf:	Björn Stender
Hersteller:	Glasflügel
Erstflug:	24. Mai 1966
Serienbau:	1966 bis 1968
Hergestellt insgesamt:	18
Zugelassen in Deutschland:	5
Anzahl der Sitze:	1
Spannweite:	18,00 m
Flügelfläche:	14,20 m^2
Streckung:	22,81
Flügelprofil:	Eppler 348 K
Rumpflänge:	7,50 m
Leitwerk:	Pendel-T-Leitwerk
Bauweise:	GFK
Rüstgewicht:	335 kp
Maximales Fluggewicht:	460 kp
Flächenbelastung:	32,39 kp/m^2
Flugleistungen (vermessen DFVLR 1967):	
Geringstes Sinken:	0,56 m/s bei 83 km/h
Bestes Gleiten:	44 bei 91 km/h

kung (24,97) werden sowie einem etwas geräumigeren Rumpf nach Art der Kestrel, wobei allerdings dieses Flugzeug nie gebaut wurde und Arbeiten teilweise in der späteren 604 aufgingen.

Standard-Libelle

Wie schon der Name sagt, ist die Standard-Libelle eine auf die Regeln der Standard-Klasse zugeschnittene Version der offenen H-301 Libelle. Der Rumpf und die Leitwerke wurden fast unverändert übernommen und auch der einfache Trapezflügel blieb in seinen Abmessungen fast erhalten. Neu ist zum ersten Mal bei Glasflügel ein Wortmann-Profil, nämlich das FX66–17 AII-182, das eigentlich bei anderen Flugzeugen kaum mehr auftaucht, später aber bei der Club-Libelle und dem Hornet erhalten bleibt. Die ersten Flugzeuge haben noch das ursprünglich für die Standard-Klasse vorgeschriebene feste Rad und der Prototyp mit dem Kennzeichen D-8080 hat als interessantes Detail eine Höhenflossentrimmung nach der Art von Motorflugzeugen (PA18 oder Do27), die aber nicht die Gnade des Luftfahrt-Bundesamtes fand. Später wurde dann die Bauweise geändert, als zugunsten von Hartschaum auf das Balsa verzichtet wurde. Es wurden ein Einziehfahrwerk und Wassertanks vorgesehen. Auch die Schempp-Hirth-Bremsklappen öffnen nur noch auf der Flügeloberseite. Diese Baureihe mit der Bezeichnung Standard-Libelle 201 B hat dann auch eine höhere Zuladung und ein maximales Fluggewicht von 350 kp. Die Standard-Libelle mit dem relativ kleinen Flügel ist recht handlich und leicht, wiegt aber immerhin noch mehr als die auf Leichtbau ausgelegte Klappen-Libelle.
Lange Zeit war die Standard-Libelle das Kunststoff-Segelflugzeug mit der größten Stückzahl überhaupt, ehe sie hier im Sommer 1975 von Standard-Cirrus überholt wurde. Insgesamt 601 Exemplare sind in den Jahren 1967 bis 1974 gebaut worden. Die Standard-Libelle ging hauptsächlich in den Export, denn in Deutschland rangiert sie in den Stückzahlen hinter dem Standard-Cirrus und der LS-1 und neuerdings auch hinter dem Astir.
Im Cockpit der Standard-Libelle geht es etwas eng zu, dennoch ist einiges für den Komfort des Piloten getan worden. Interessant auch die Haubenverriegelung, die gestattet, auch während des Fluges an sehr heißen Tagen die Haube vorne am Rumpf etwas aufstehen zu lassen. Huldreich Müller führte den Erstflug am 25. Oktober 1967 in Ulm-Schwaighofen durch.

Muster:	Standard-Libelle 201 B
Konstrukteur:	Hütter/Hänle
Hersteller:	Glasflügel
Erstflug:	25. Oktober 1967
Serienbau:	1967 bis 1974
Hergestellt insgesamt:	601 (201 + 201 B)
Zugelassen in Deutschland:	100
Anzahl der Sitze:	1
Spannweite:	15,00 m
Flügelfläche:	9,80 m²
Streckung:	22,96
Flügelprofil:	FX 66-17 A II-182
Rumpflänge:	6,20 m
Leitwerk:	normales Kreuzleitwerk
Bauweise:	GFK
Rüstgewicht:	200 kp
Maximales Fluggewicht:	350 kp
Flächenbelastung:	28,6 kp/m² bis 35,7 kp/m²

Flugleistungen (DFVLR-Messung 1970):

Geringstes Sinken:	0,68 m/s bei 81 km/h
Bestes Gleiten:	34,5 bei 92 km/h

Kestrel

Die Offene Klasse ist von den Segelfliegern in Deutschland in den Jahren 1970 bis 1980 eigentlich etwas stiefmütterlich behandelt worden. Gott und die Welt flog Kunststoff-Segelflugzeuge der Standard-Klasse und dann gab es einen starken Zulauf für die neue 15-Meter-Klasse. Die Offenen blieben zahlenmäßig etwas im Hintertreffen. Auch bei Meisterschaften läßt sich dies deutlich sehen. In erster Linie mag für diese Entwicklung der stolze Preis der großen Schiffe schuld sein, vielerorts ist es aber wohl auch eine Hallenfrage, das Problem der Startmöglichkeit (nur Winde) und ganz einfach die Handlichkeit am Boden.
Nun gibt es aber ausgesprochen umworbene Flugzeuge mit mehr als 15 Meter Spannweite, und dazu muß man die Kestel rechnen.

S4
D-1097

D-3694

Zwei Kestrels warten auf den Start.

Die Kestrel, deren Namen aus dem Amerikanischen kommt und »Turmfalke« bedeutet, wurde ursprünglich als Weiterentwicklung der H-301 Libelle propagiert. Mit dieser hat sie aber so gut wie nichts gemeinsam, vielmehr ist die Kestrel eine grundlegend neue Konstruktion, für die hauptsächlich Josef Prasser und Dieter Althaus verantwortlich zeichnen. Der Rumpf mit seiner relativ starken Einschnürung ist wie die fs-25 beeinflußt von Windkanaluntersuchungen, die von Mitgliedern der Akaflieg Stuttgart gemacht worden sind. Die nach heutigen Erkenntnissen etwas zu starke Verjüngung rührt daher, daß die damaligen Rumpfmodelle ohne Flügelanschlüsse vermessen worden sind. Auch das Seitenleitwerk hat einige Ähnlichkeit mit der ein Jahr älteren fs-25. Das Höhenleitwerk mit einer Spannweite von 2,85 m ist gedämpft. Der Flügel hat dasselbe Profil wie der Nimbus. Im Cockpit der Kestrel ist es recht geräumig, das hintere Haubenteil wird zum Einstieg nach oben geklappt. Als Landehilfe dienen Schempp-Hirth-Klappen auf der Flügeloberseite in Verbindung mit einer Landestellung der Wölbklappen. Zusätzlich ist ein Bremsschirm eingebaut. Zu erwähnen ist ferner das relativ leichte Rüstgewicht von 260 kp, so daß das 17-m-Flugzeug kaum schwerer als die meisten neuen 15-m-Flieger ist.

Von der Kestrel sind in verschiedenen Abschnitten insgesamt 129 Exemplare bei Glasflügel gebaut worden, wo die Formen heute noch vorhanden sind. In Lizenz baute die Firma Slingsby in England ebenfalls zuerst die 17-Meter-Version, dann hauptsächlich eine 19-m-Kestrel mit der Bezeichnung T 59 D, von der in Deutschland auch etwa 5 Flugzeuge zugelassen sind, und zuletzt noch eine 22-m-Version, bei der die Spannweite des vierteiligen Flügels durch ein zusätzliches Mittelstück vergrößert wurde.

Muster:	Kestrel (401)
Hersteller:	Glasflügel
Erstflug:	9. August 1968
Serienbau:	1968 bis 1975
Hergestellt insgesamt:	129
Zugelassen in Deutschland:	74
Anzahl der Sitze:	1
Spannweite:	17,00 m
Flügelfläche:	11,58 m²
Streckung:	24,96
Flügelprofil:	FX 67-K-170 innen FX 67-K-150 außen
Rumpflänge:	6,72 m
Leitwerk:	gedämpftes T-Leitwerk
Rüstgewicht:	260 kp
Maximales Fluggewicht:	400 kp
Flächenbelastung:	29,4 kp/m² bis 34,5 kp/m²

Flugleistungen (DFVLR-Messung 1971):

Geringstes Sinken:	0,63 m/s bei 87 km/h
Bestes Gleiten:	41,5 bei 102 km/h

Linke Seite:

Oben: Von der Standard-Libelle wurden mehr als 600 Stück gebaut.

Unten: Eine Kestrel im Flugzeugschlepp.

Glasflügel 604

Die Glasflügel 604 ist ein exklusives Superschiff, das unter starkem Zeitdruck in nur vier Monaten Bauzeit für Walter Neubert und die Weltmeisterschaft 1970 in Marfa

Die Glasflügel 604 von Walter Neubert anläßlich des Weltrekordfluges in Kenia.

hergestellt wurde. Walter Neubert lag sehr gut in Marfa, bis er einen ganzen Wertungstag verlor, weil er nach einer Außenlandung in unwegsamem Gelände erst am anderen Tag gefunden wurde. Dennoch belegte er den 6. Platz in der Gesamtwertung. Die Glasflügel 604 hat einen dreiteiligen Flügel von 22 Metern Spannweite. Die Außenflügel stammen von der Kestrel und sind etwas gekürzt. Das ergibt ein Mittelstück von 7 m Länge, für das aus konstruktiven Gründen das ursprünglich 17% dicke Profil auf 20% aufgedickt wurde. Aus Festigkeitsgründen wurde dieses Mittelstück mit 168 kp (etwa das Gewicht eines L-Spatz) recht schwer, so daß das Flugzeug nur mit einem Spezialhänger geliefert wurde, der mittels einer Kran-Schwenk-Vorrichtung das problemlose Aufsetzen dieses Mittelstücks gestattete. Das Rüstgewicht des gesamten Flugzeuges beträgt 440 kp, so daß die 604 nach dem Doppelsitzer SB-10 das zweitschwerste Segelflugzeug in Deutschland überhaupt ist und auch über den neueren Doppelsitzern aus Kunststoff liegt. Rumpf und Leitwerke entstanden ebenfalls in Anlehnung an die Kestrel, nur mußten eben die Dimensionen noch etwas vergrößert werden. So ist der Rumpf um 0,88 m länger und auch das gedämpfte T-Leitwerk erhielt größere Flächeninhalte.

Von der Glasflügel 604 entstanden in den Jahren 1970 bis 1973 nur 10 Exemplare. Der Prototyp hatte das Kennzeichen D-0604 und führte seinen Erstflug am 30. April 1970 durch. Heute sind nur noch drei 604 in Deutschland im Flugbetrieb. Weitere fünf 604 fliegen in den USA. Dick Butler wurde mit einer 604 auch amerikanischer Meister der Offenen Klasse im Jahre 1977. Auch auf Weltmeisterschaften war die 604 immer vorne mit dabei, und auch Walter Neubert hielt lange den Weltrekord über das 300-km-Dreieck, den er mit 153,43 km/h im März 1972 in Kenia geflogen hat.

Muster:	Glasflügel 604
Hersteller:	Glasflügel
Erstflug:	30. April 1970
Serienbau:	1970 bis 1973
Hergestellt insgesamt:	10
Zugelassen in Deutschland:	3
Anzahl der Sitze:	1
Spannweite:	22,00 m
Flügelfläche:	16,23 m²
Streckung:	29,82
Flügelprofil:	FX 67-K-170 aufgedickt auf 20 % innen FX 67-K-170 normal 17 % am Innenflügel FX 67-K-150 außen
Rumpflänge:	7,60 m
Leitwerk:	gedämpftes T-Leitwerk
Rüstgewicht:	440 kp
Maximales Fluggewicht:	650 kp
Flächenbelastung:	32,7 kp/m² bis 40,1 kp/m²

Flugleistungen (Angaben Glasflügel):

Geringstes Sinken:	0,50 m/s bei 72 km/h
Bestes Gleiten:	49 bei 98 km/h

Standard-Libellen 202, 203, 204

Man muß Glasflügel bescheinigen, daß einige Anstrengungen unternommen worden sind, die Leistungen und Flugeigenschaften der Serienflugzeuge zu verbessern. In diesem Sinne darf man die Prototypen 202, 203 und

Der Prototyp der Standard-Libelle 203 in Saulgau.

Von der Standard-Libelle 204 wurde nur ein Prototyp gebaut.

204 sehen, welche als Vorbereitung der späteren Flugzeuge Club-Libelle 205, Hornet (206) und Mosquito (303) dienten.

Im Jahre 1970 bereits, als noch die Serienfertigung der Standard-Libelle voll lief, entstand unter dem Einfluß von Eugen Aeberli eine Standard-Libelle mit geändertem Rumpf und einem T-Leitwerk. Das Rumpfvorderteil mit der nicht eingestrakten Haube stammt noch von der Standard-Libelle, während die Rumpfröhre hinter dem Flügel nicht die kielförmige Zuspitzung nach oben hat, sondern rund gebaut ist. Zum ersten Mal wird bei einem Glasflügel-15-m-Flugzeug ein T-Leitwerk verwendet, das praktisch über die Club-Libelle und den Hornet bis zum Mosquito erhalten bleibt. Diese Standard-Libelle 202 trug zuerst das deutsche Kennzeichen D-0649 und war anschließend in der Schweiz unter HB-1062 immatrikuliert. Eugen Aeberli machte mit der 202 von Bergamo aus einen rechten Bruch, das Flugzeug hat aber heute noch einen Besitzer in Zürich. Der Flügel war original von der Standard-Libelle übernommen, bei der die V1 übrigens auch ein anderes Flügelprofil als die spätere Serie hatte. Der Erstflug fand am 6. November 1970 statt.

Im Jahre 1972 folgte dann die Standard-Libelle 203, von der zwei Exemplare gebaut worden sind. Die V1 mit dem Kennzeichen D-0603 sollte ursprünglich Otto Schäuble bekommen, der aber mit dem Flugzeug nicht ganz zufrieden war. Zu Unrecht offensichtlich, denn der Zweitbesitzer, der zweifache Deutsche Meister Ernst-Gernot Peter, konnte mit diesem Flugzeug eine ganze Anzahl hervorragender Wettbewerbsplazierungen erringen. Im Jahre 1976 verkaufte Peter diese 203 an seinen Freund Hans J. Lott aus Auggen in der Nähe von Freiburg. Die V2 mit dem Kennzeichen D-3017 wurde im Jahre 1973 für den vielfachen italienischen Meister und Weltmeisterschaftsteilnehmer Pronzati gebaut. Die V2 trug immer das deutsche Kennzeichen und wurde im März 1977 ebenfalls von H. J. Lott für seine Frau gekauft. So dürfte der seltene Fall eingetreten sein, daß die beiden einzigen Prototypen einer Segelflugzeugbaureihe in Familienbesitz sind. Die V2 unterscheidet sich vom ersten Muster durch eine einteilige Haube, durch ein dickeres Profil im Höhenruder und durch die Kestrel-Rädchen an den Flügelspitzen. Die 203 hat auch den normalen Flügel der Standard-Libelle, aber den neuen Rumpf mit der eingestrakten Haube wie später Hornet und Mosquito.

Ein weiterer Prototyp ist die Standard-Libelle 204. Nur ein Flugzeug mit dem Kennzeichen D-2044 wurde im Jahre 1973 gebaut. Der Erstflug fand am 14. Januar 1973 statt. Die 204 sieht wie die Standard-Libelle 203 aus, nur hat sie die neuen Endkanten-Bremsklappen, wie sie später bei der Club-Libelle verwendet werden.

Muster:	Standard-Libelle 203
Hersteller:	Glasflügel
Erstflug:	7. April 1972
Herstellung:	1972 und 1973
Hergestellt insgesamt:	2
Zugelassen in Deutschland:	2
Anzahl der Sitze:	1
Spannweite:	15,00 m (Standard-Klasse)
Flügelfläche:	9,80 m^2
Streckung:	22,96
Flügelprofil:	FX 66-17 A II-182
Rumpflänge:	6,40 m
Leitwerk:	gedämpftes T-Leitwerk
Bauweise:	GFK
Rüstgewicht:	235 kp
Maximales Fluggewicht:	380 kp
Flächenbelastung:	33,2 kp/m^2 bis 38,8 kp/m^2

Club-Libelle 205

Von der Club-Libelle wurden in den Jahren 1973 bis 1976 insgesamt 171 Exemplare gebaut. Wie schon dem Namen zu entnehmen ist, zielte die Auslegung in erster Linie auf eine Verwendung in den Vereinen hin. Das Preislimit der eigentlichen Club-Klasse wurde aber

Muster:	Club-Libelle 205
Hersteller:	Glasflügel
Erstflug:	14. 9. 1973
Serienbau:	1973 bis 1976
Hergestellt insgesamt:	176
Zugelassen in Deutschland:	73
Anzahl der Sitze:	1
Spannweite:	15,00 m
Flügelfläche:	9,80 m^2
Streckung:	22,96
Flügelprofil:	FX 66-17 A II-182
Rumpflänge:	6,40 m
Leitwerk:	gedämpftes T-Leitwerk
Bauweise:	GFK
Rüstgewicht:	217 kp
Maximales Fluggewicht:	350 kp
Flächenbelastung:	29,0 kp/m^2 bis 35,7 kp/m^2
Flugleistungen (DFVLR-Messung 1976):	
Geringstes Sinken:	0,67 m/s bei 75 km/h
Bestes Gleiten:	33,5 bei 88 km/h

Serienflugzeug der Entwicklungsreihe 202/203/204 war die Club-Libelle.

Der Prototyp der Hornet hat einen hoch angesetzten Flügel.

D-2399

nie ganz erreicht. Der Flügel stammt wie bei den zuletzt erwähnten Prototypen eigentlich von der Standard-Libelle, zum ersten Mal aber wurden in einer größeren Serie Hinterkanten-Bremsklappen im Serienflugzeugbau verwendet. Den Vereinsbedürfnissen wurde Rechnung getragen mit dem hoch angesetzten Tragflügel, der zusammen mit dem T-Leitwerk bei Außenlandungen einen größeren Schutz bietet. Aus Kostengründen wurde eine kurze, nicht eingestrakte Haube und ein nicht einziebares aber gefedertes Rad gewählt. Trimmung und Parallelogramm-Knüppel wurden von der Kestrel übernommen. Wieder wurden zwei getrennte Kupplungen für Winden- und Flugzeugschlepp eingebaut.

Der Prototyp mit dem Kennzeichen D-9229 führte seinen Erstflug am 14. September 1973 mit Jörg Renner in Saulgau durch. Dieser Prototyp unterschied sich noch von der Serie durch einen knapperen Haubenausschnitt, der den Einstieg in das Cockpit noch etwas behinderte. Auch wurde noch einmal der Einstellwinkel des Flügels geändert.

Hornet

Der eigentliche Nachfolger der Standard-Libelle als Leistungsflugzeug der Standard-Klasse ist die Hornet. Sie wurde unmittelbar nach Auslaufen der Libelle-Serie in die Produktion genommen, wobei aber in den ersten drei Jahren von 1975 bis Ende 1977 nur 89 Flugzeuge gebaut wurden. Den Erstflug mit dem Kennzeichen D-9432 hatte A. Metzler am 21. Dezember 1974 in Saulgau durchgeführt. Dieser Prototyp unterscheidet sich noch erheblich von der Serie, denn der Flügel ist wie bei der Club-Libelle ziemlich hoch angesetzt. Das erste Flugzeug aus der eigentlichen Serie trug dann das Kennzeichen D-2399, wobei die Haube dann auch noch einmal geändert wurde, weil wie bei der Kestrel der hintere Teil der zweiteiligen Haube nach oben geklappt wird.

Die Hornet mit der firmeninternen Kurzbezeichnung 206 hat den Flügel der Club-Libelle, dessen Struktur wegen der größeren Höchstgeschwindigkeit und der Aufnahmemöglichkeit von 60 Litern Wasser verstärkt wurde, was ein Mehrgewicht von 10 kp erforderte. Der Rumpf und die Leitwerke stammen von der 203 und sind dann wieder beim Mosquito anzutreffen. Von der Club-Libelle hat die Hornet natürlich die Hinterkanten-Bremsklappen. Das Fahrwerk ist hier wieder einziehbar und zum ersten Mal gibt es nicht eine zusätzliche Bugkupplung für den Flugzeugschlepp.

Besonderes Lob finden die gegenüber der Standard-Libelle verbesserten Flugeigenschaften und beachtlich ist auch die Mindestgeschwindigkeit mit ausgefahrenen Klappen von etwa 65 km/h, die sehr kurze Landungen ermöglicht, wenn man sich erst einmal an die neuen Klappen gewöhnt hat.

Linke Seite:

Eine Hornet über dem Federsee in Oberschwaben.

Muster:	Hornet
Hersteller:	Glasflügel
Erstflug:	21. 12. 1974
Serienbau:	1974 bis 1979
Hergestellt insgesamt:	101
Zugelassen in Deutschland:	38
Anzahl der Sitze:	1
Spannweite:	15,00 m (Standard-Klasse)
Flügelfläche:	9,80 m^2
Streckung:	22,96
Flügelprofil:	FX 66-17 A II-182
Rumpflänge:	6,40 m
Leitwerk:	gedämpftes T-Leitwerk
Bauweise:	GFK
Rüstgewicht:	232 kp
Maximales Fluggewicht:	420 kp
Flächenbelastung:	30,3 kp/m^2 bis 42,9 kp/m^2
Flugleistungen (Angaben Glasflügel):	
Geringstes Sinken:	0,60 m/s bei 75 km/h
Bestes Gleiten:	38 bei 103 km/h

Mosquito

Der Mosquito mit der Glasflügel-Kurzbezeichnung 303 ist das zweite deutsche Flugzeug der neuen 15-Meter-Klasse, das gerade 14 Tage nach der LS-3 am 20. Februar 1976 von Josef Prasser auf der Hahnweide zum ersten Mal geflogen wurde. Gleichzeitig ist der Mosquito auch das erste Glasflügel-Flugzeug, das Eugen Hänle nach seinem Unfall im September 1975 nicht mehr erlebt hat. Andererseits wirkte sich beim Mosquito zum ersten Mal die Zusammenarbeit von Schempp-Hirth mit Glasflügel in der Praxis aus, denn der Mini-Nimbus von Holighaus hat den Flügel des Mosquito übernommen. Das Besondere an diesem Wölbklappenflügel ist die kombinierte Wölb-Brems-Klappe, die noch auf eine Initiative von Eugen Hänle

Der Prototyp der Mosquito flog zum ersten Mal im Februar 1976.

zurückgeht. Hänle hatte beruflich öfters in Italien zu tun (Tochterfirma Glasflügel Italiana) und kam dort mit dem Wölbklappensystem des Calif in Berührung. Allerdings unterscheidet sich das neue System wesentlich von der Konstruktion des Calif, weil es gestattet, die Bremsklappe in einem bestimmten Bereich zu verändern, ohne die Wölbklappe zu beeinflussen. Bei der Landestellung ist dann die Bremsklappe voll nach oben geöffnet und die Wölbklappe voll nach unten ausgeschlagen. Normale Wölbklappenausschläge mit überlagerten Querrudern sind bei der geschlossenen Hinterkanten-Drehbremsklappe von 7 Grad negativ bis 10 Grad nach unten möglich. Auf das komplizierte und aufwendige mechanische Differenzier- und Überlagerungssystem von Wölbklappe, Querruder und Bremsklappe für das im Cockpit neben dem Knüppel zwei Klappenhebel notwendig sind, soll hier nicht näher eingegangen werden. Die Bedienung während des Fluges ist jedenfalls wesentlich einfacher, als dies nach der Beschreibung vermutet werden könnte.
Wie bereits erwähnt, stammen der Rumpf und die Leitwerke des Mosquito vom Hornet beziehungsweise von der 203. Neu ist, daß die Haube nach Art der LS-1f

Muster:	Mosquito
Hersteller:	Glasflügel
Erstflug:	20. 2. 1976
Serienbau:	1976 bis 1980
Hergestellt insgesamt:	200
Zugelassen in Deutschland:	61
Anzahl der Sitze:	1
Spannweite:	15,00 m (FAI-15-m-Klasse)
Flügelfläche:	9,86 m^2
Streckung:	22,82
Flügelprofil:	FX 67-K-150
Rumpflänge:	6,40 m
Leitwerk:	gedämpftes T-Leitwerk
Bauweise:	GFK
Rüstgewicht:	242 kp
Maximales Fluggewicht:	450 kp
Flächenbelastung:	31,3 kp/m^2 bis 45,9 kp/m^2
Flugleistungen (Angaben Glasflügel):	
Geringstes Sinken:	0,58 m/s bei 79 km/h
Bestes Gleiten:	42 bei 114 km/h

nach vorne oben öffnet. Wie alle 15-Meter-Flugzeuge dieser Jahre hat die Mosquito das Nimbus-Profil FX 67-K-150. Von Anfang 1976 bis Mai 1980 sind insgesamt 201 Mosquitos gebaut worden.

Glasflügel 304

Nachfolger der Mosquito wurde vier Jahre nach deren Erstflug die Glasflügel 304. Die Entwicklung begann im Herbst 1979 unter der Leitung von Martin Hansen, der bei der Akaflieg Braunschweig maßgeblich am Bau der SB-11 beteiligt war. Der Erstflug der 304 mit dem Kennzeichen D-9304 fand im Mai 1980 statt. Neu war an der Glasflügel 304 in erster Linie der Doppeltrapezflügel mit dem dafür speziell entwickelten Wölbklappenprofil HQ 10–1642.

Die Leistungen konnten sich sehen lassen, lag doch die beste Gleitzahl bei annähernd 43. Ferner waren gegenüber der Mosquito höhere Zuladung mit Wasserballast und höhere Geschwindigkeitsforderungen realisierbar. Rumpf und Leitwerke stammten von der 303. Noch einmal wurden die Endkantendrehbremsklappen übernommen. Bei den Ansteckflügeln für eine Spannweite von 17 m wurde Kohlefaser verwendet. Selbstverständlich waren bereits die automatischen Anschlüsse für alle Ruder. Beim Hauptfahrwerk konnte man zwischen einem 5-Zoll- und einem 4-Zoll-Rad wählen. Nach Einstellung der Mosquito wurden in den Jahren 1980 bis 1982 noch einmal 62 Exemplare der Glasflügel 304 gebaut, die ausgesprochene Liebhaber-Flugzeuge wurden und auf dem Gebrauchtflugzeugmarkt kaum erhältlich sind.

Muster:	Glasflügel 304
Enwurf:	Martin Hansen
Hersteller:	Glasflügel
Erstflug:	Mai 1980
Serienbau:	1980 bis 1982
Hergestellt insgesamt:	62
Zugelassen in Deutschland:	43
Anzahl der Sitze:	1
Spannweite:	15,00 m (17 m)
Flügelfläche:	9,88 m^2
Streckung:	22,78
Flügelprofil:	HQ 10–1642
Rumpflänge:	6,45 m
Leitwerk:	gedämpftes T-Leitwerk
Bauweise:	GFK
Rüstgewicht:	240 kg
Maximales Fluggewicht:	450 kg
Flächenbelastung:	33,9 bis 45,6 kg/m^2
Flugleistungen (Werksangaben):	
Geringstes Sinken:	0,57 m/s bei 77 km/h
Bestes Gleiten:	42,7 bei 96 km/h

Die Glasflügel 304 ist Nachfolger der Mosquito.

Glasflügel 402

Letztes Glied in der stolzen Kette von Glasflügel-Segelflugzeugen ist das Einzelstück Glasflügel 402, das mit dem Kennzeichen D-2611 und der Wettbewerbsnummer 17 M seinen Erstflug im Jahre 1981 durchgeführt hat. Als Weiterentwicklung der 304 war sie von vorne herein auf eine Spannweite von 17 m ausgelegt. Der Rumpf wurde verlängert und die Leitwerksflächen vergrößert. Die 402 sollte die Nachfolge der legendären Kestrel antreten, wobei durch den Einsatz von Kohlefasern in den Holmgurten deren Leergewicht deutlich unterschritten werden konnte. Für Flüge in der 15-Meter-Klasse konnten die Außenflügel abgenommen werden. Spannweitenunabhängig durfte stets mit vollem Wasserballast (maximales Fluggewicht 500 kg), allen Wölbklappenstellungen und der Höchstgeschwindigkeit von 270 km/h geflogen werden. Wie die Mosquito und die 304 hatte die 402 das kombinierte Wölbklappen-/Bremsklappensystem. Die Glasflügel 402 existiert heute nicht mehr, da die Flügel später an eine 304 montiert und der Rumpf für die Falcon von Hansjörg Streifeneder verwendet wurde.

Muster:	Glasflügel 402
Hersteller:	Glasflügel Flugzeugbau
Erstflug:	1981
Hergestellt insgesamt:	1
Zugelassen in Deutschland:	nicht mehr zugelassen
Anzahl der Sitze:	1

Spannweite:	17,00 m (15,00 m)
Flügelfläche:	10,60 m^2 (9,88 m^2)
Streckung:	27,26 (22,77)
Flügelprofil:	HQ 10–1642
Rumpflänge:	6,80 m
Leitwerk:	gedämpftes T-Leitwerk
Bauweise:	GFK, Holmgurte GFK
Rüstgewicht:	240 kg
Maximales Fluggewicht:	500 kg
Flächenbelastung:	31,1 bis 47,2 kg/m^2

Flugleistungen (Werksangaben):

Geringstes Sinken:	0,52 m/s bei 74 km/h
Bestes Gleiten:	45 bei 105 km/h

Letztes Glasflügel-Segelflugzeug war die 402.

Gö-1 Wolf

Bei Segelfliegern, die noch vor 1945 geflogen sind, hat das Flugzeug Göppingen-1 (Gö-1)»Wolf« einen etwas schlechten Ruf. Der Wolf, im Jahre 1935 von der jungen Firma Sportflugzeugbau Göppingen konstruiert, gebaut und musterzugelassen, ist nach einigen schweren Unfällen durch Steiltrudeln im Jahre 1940 vollständig gesperrt worden. Danach erfolgten zwei wesentliche Modifikationen: Im Flügel wurden Schlitze vor den Querrudern eingebaut und das Seitenruder verkleinert(!), letzteres wohl deshalb, weil beim Trudeln bei einem vollen Gegenseitensteuerausschlag der Wolf »mit einem Satz in das sofortige Trudeln nach der Gegenseite gesprungen ist«. (Zitat »Luftsport« vom 30. 5. 1935). Im Jahre 1944 wurde der Wolf dann wieder zugelassen.

Es mutet nun wirklich beinahe abenteuerlich an, daß rund 50 Jahre später der Beweis erbracht wurde, daß die damaligen Mängel nicht durch einen Konstruktionsfehler, sondern durch einen Baufehler entstanden sind. Offensichtlich waren bei Lizenzbauten des Wolf die Querruder falsch gebaut oder eingebaut worden, jedenfalls zeigte die Oberseite des Querruderprofils nach unten. In den Jahren 1987 und 1988 ist der Wolf sowohl in der ursprünglichen als auch in der modifizierten Version ausführlich erprobt worden (Trudelerprobung durch H. Laurson), ohne daß Probleme aufgetaucht sind. Heute ist der Wolf ein angenehm zu fliegendes Segelflugzeug mit geringsten Geschwindigkeiten um 50 km/h.

Der »Wolf« wurde von Wolf Hirth in Zusammenarbeit mit Reinhold Seeger konstruiert. Ursprünglich war der Name »Star« für das Baumuster Göppingen-1 vorgesehen, doch Mitinhaber Martin Schempp setzte den Namen Wolf durch. In den Jahren 1935 bis 1940 sind wohl mehr als 100 Exemplare des Wolf gebaut worden; genauere Zahlen sind aber nicht mehr verläßlich aufzutreiben. Das Übungssegelflugzeug Wolf gilt als Weiterentwicklung des Grunau-Baby, war aber für Kunstflug zugelassen. Die Leitwerke und die Querruder verraten deutlich die Handschrift von Wolf Hirth. Der Rumpf hat ein fest eingebautes Rad mit einem Durchmesser von 32 Zentimetern. Der Flügel hat im Mittelteil das Profil Gö 535 (wie das Grunau-Baby), das außen in ein symmetrisches Profil übergeht. Die Kabinenverkleidung ist offen mit einer kleinen Windschutzscheibe aus Cellophan, Flügel und Höhenleitwerk sind abgestrebt. Das erste Muster Wolf wurde von einer englischen Segelflie-

Muster:	Göppingen-1 (Gö-1) Wolf
Konstrukteur:	Wolf Hirth/Reinhold Seeger
Hersteller:	Sportflugzeugbau Göppingen
Erstflug Prototyp:	1935
Serienbau:	1935 bis 1940
Hergestellt insgesamt:	mehr als 100
Zugelassen in Deutschland:	1 (D-9026, Baujahr 1987)
Anzahl der Sitze:	1
Spannweite:	14,00 m
Flügelfläche:	14,50 m^2
Streckung:	13,52
Flügelprofil:	Gö 535, außen symmetrisch
Rumpflänge:	6,30 m beziehungsweise 6,11 m (kleines Seitenruder)
Leitwerk:	normales Kreuzleitwerk
Bauweise:	Holz
Rüstgewicht:	165 kg
Maximales Fluggewicht:	280 kg
Flächenbelastung:	19,31 kg/m^2
Flugleistungen:	
Geringstes Sinken:	0,96 m/s bei 45 km/h
Bestes Gleiten:	17 bei 60 km/h

gervereinigung in London angekauft und von der englischen Segelfliegerin Joan Meakin im Flugzeugschlepp hinter einer von Wolf Hirth pilotierten Klemm-25 nach London überführt. Der Wolf kostete damals flugfertig 1500 Reichsmark; die Pläne kosteten 45 Reichsmark. Das heute weltweit einzig flugfähige Exemplar des Wolf wurde in den Jahren 1983 bis 1987 in etwa 3500 Arbeitsstunden von Otto Grau aus Ludwigsburg gebaut. Otto Grau wollte ursprünglich ein Grunau-Baby bauen, wurde dann aber von mehreren Segelfliegern auf den Wolf aufmerksam gemacht. Otto Grau, Jahrgang 1923, machte sich als erstes auf die mühsame Suche nach Bauzeichnungen. Nach und nach sind dann die Pläne aus sechs verschiedenen Quellen aufgetaucht, unter anderem auch nach jahrelangem Zögern von Mitkonstrukteur Reinhold Seeger, der im Jahre 1987 im Alter von 80 Jahren in Weilheim/Teck verstarb. Otto Grau baute den Wolf hauptsächlich in einer Behelfswerkstatt bei sich zu Hause entsprechend der Auflage des Luftfahrt-Bundesamtes in der Bauausführung der modifizierten Version des Jahres 1944. Zusätzlich baute Otto Grau in Abweichung vom Original Bremsklappen nach Art des Grunau-Baby ein, da der Wolf ursprünglich überhaupt keine Klappen hatte. 1987 flog zuerst die Version mit dem kleineren Seitenruder und nach der erfolgreichen Trudelerprobung dann im Jahr darauf die ursprüngliche Bauausführung mit dem der Minimoa ähnlichen großen Seitenruder. Das Flugzeug trägt das Kennzeichen D-9026 und ist auf dem Flugplatz in Aalen-Elchingen stationiert.

Der Gö-1 Wolf hat einige Ähnlichkeit mit dem Grunau-Baby.

Gö-3 Minimoa

Von der Minimoa gibt es heute wohl nur noch ein flugfähiges Exemplar in Deutschland, die D-1163 aus Münster in Westfalen. Dieses Flugzeug ist ein echter Oldtimer, im Jahre 1938 gebaut bei Schempp-Hirth in Göppingen. Diese Minimoa war wohl auf dem Hornberg stationiert und wurde bei Kriegsende von einem französischen Offizier nach Frankreich »entführt« und dort noch einige Jahre geflogen. Bis im Juli 1972 hing sie dann verstaubt im hintersten Eck einer Flugzeughalle in Frankreich und wurde dort von Segelfliegern aus Münster entdeckt. Unter der fachkundigen Leitung von Max Müller wurde sie dann in vier Monaten grundüberholt und am 1. November 1972 wieder zugelassen. Seither wird die neue Minimoa viel und gerne geflogen und hat

Wolf Hirth im Cockpit einer Minimoa.

bereits wieder 305 Starts und 209 Stunden. Bei einigen Oldtimertreffen war sie der Star unter den teilnehmenden Flugzeugen.

Die Minimoa ist eine Konstruktion von Wolf Hirth und Wolfgang Hütter aus dem Jahre 1935. Der Name ist abgeleitet von der »Moazagotl«, einem abgestrebten Hochdecker von 20 Meter Spannweite, die wiederum ihre Bezeichnung von einer Lenticularis-Wellenwolke im Riesengebirge hat. Bei der »Mini-Moazagotl« wurde die Spannweite auf 17 Meter verringert, und der Flügel wurde freitragend gestaltet. Die Minimoa hat einen charakteristischen Knickflügel mit nach hinten auslaufenden Querrudern. Der Rumpf in Holzschalenbauweise hat ein festes Rad mit einer Kufe. Während die Moazagotl ein Pendelruder hatte, hat nun die Minimoa ein gedämpftes Höhenruder. Von der Minimoa wurden in den Jahren 1936 bis 1939 insgesamt 110 Exemplare bei Schempp-Hirth gebaut, so daß die Minimoa das erste Leistungssegelflugzeug mit einer größeren Serie war. Die Flugleistungen entsprechen ziemlich jenen der Ka8. Nach dem Krieg tauchten etwa 7 Minimoas aus Verstecken wieder auf.

Muster:	Gö-3 Minimoa
Konstrukteur:	Wolf Hirth/Wolfgang Hütter
Hersteller:	Schempp-Hirth, Göppingen
Erstflug:	1936
Serienbau:	Juli 1936 bis August 1939
Hergestellt insgesamt:	110
Zugelassen in Deutschland:	1
Anzahl der Sitze:	1
Spannweite:	17,00 m
Flügelfläche:	19,00 m^2
Streckung:	15,21
Flügelprofil:	Gö 681, Gö 693, außen symmetrisch
Rumpflänge:	7,00 m
Leitwerk:	konventionelles Kreuzleitwerk
Bauweise:	Holz
Rüstgewicht:	250 kp
Maximales Fluggewicht:	350 kp
Flächenbelastung:	18,42 kp/m^2
Geringstes Sinken:	0,65 m/s bei 60 km/h
Bestes Gleiten:	26 bei 70 km/h

Ein seltener Oldtimer ist die Gö-3 Minimoa.

Gö-4 (Goevier III)

Die Gö-4 ist eine der wenigen Segelflugzeug-Doppelsitzer mit nebeneinanderliegenden Sitzen. Von der ersten Baureihe Gö-4 I wurden nur zwei Exemplare gebaut, während von der Vorkriegsserienversion Gö-4 II in den Jahren 1937 bis 1943 mehr als 100 Flugzeuge hergestellt wurden. Wolf Hirth nahm im Jahre 1951 mit der

Der Doppelsitzer Goevier wurde auch noch nach dem Krieg gebaut.

Nachkriegsversion Gö-4 III den Segelflugzeugbau wieder auf. Von 1951 bis 1954 wurden 21 Gö-4 III in Nabern hergestellt, von denen die letzten sechs Flugzeuge nach Holland geliefert wurden. Diese neue Baureihe hatte einen verkürzten Rumpf und einen stärkeren Holm. Der Name des Flugzeuges ist die Abkürzung für Göppingen-4, wo die Firma Schempp-Hirth zuerst beheimatet war, bevor man ins benachbarte Kirchheim/Teck umzog. Der Entwurf der Gö-4 stammt von Wolf Hirth und Wolfgang Hütter. Die Firma Wolf Hirth, die während des Krieges den Betrieb nach Nabern verlegte, beschäftigte sich viel früher als die Schwester-Firma Schempp-Hirth wieder mit dem Flugzeugbau. Außer der Gö-4 wurden Mü-13 E in Lizenz von Scheibe und eine größere Anzahl Doppelraab hergestellt. Zu erwähnen ist noch die Fertigung der Lo-100 und der Lo-150 sowie des Kunststoffseglers Kria (Hi-25). Ferner wurde an einem Motorsegler Hi-26 gearbeitet, unter der Leitung von Edmund Schneider im Jahre 1961 ein weiterer Motorsegler mit der Bezeichnung ES-61 fertiggestellt und dann wieder mit neun Exemplaren die Kunstflugmaschine Akrostar gebaut. Heute ist Wolf Hirth in erster Linie Wartungsbetrieb.

Auffallend ist an der Gö-4 neben der Sitzanordnung der sehr kurze Rumpf. Bei einsitzigem Fliegen mußte in der Rumpfspitze Ballast mitgenommen werden. Die Gö-4 hat ein festes Ballonrad mit einer kurzen Bugkufe. Die einteilige Haube ist zum Abnehmen. Das etwas hochgesetzte Höhenleitwerk ist mit dünnen Stahlrohren abgestrebt. Die Version Gö-4 III ist auch am großen Hornausgleich des Seitenruders zu erkennen. Charakteristisch ist auch die ausladende Form der Querruder ähnlich wie bei der Minimoa. Zugelassen sind wohl noch drei Gö-4 III in Deutschland. Die D-1080 und die D-1084 befinden sich in Bayern (Friesener Warte), während die D-6623 in Oldenburg beheimatet ist.

Muster:	Gö-4 III
Konstrukteur:	Wolf Hirth/Wolfgang Hütter
Hersteller:	Wolf Hirth, Nabern
Erstflug:	1938 (Gö-4 II)
Serienbau:	1951 bis 1954 (Gö-4 III)
Hergestellt insgesamt:	etwa 130 (alle Baureihen zusammen)
Zugelassen in Deutschland:	3
Anzahl der Sitze:	2
Spannweite:	14,84 m
Flügelfläche:	19,00 m²
Streckung:	11,53
Flügelprofil:	Joukowsky
Rumpflänge:	6,24 m
Leitwerk:	normales Kreuzleitwerk
Bauweise:	Holz
Rüstgewicht:	235 kp
Maximales Fluggewicht:	410 kp
Flächenbelastung:	17,1 kp/m² bis 21,6 kp/m²
Flugleistungen:	
Geringstes Sinken:	0,90 m/s bei 60 km/h
Bestes Gleiten:	20 bei 70 km/h

Grob Flugzeugbau

Zu Beginn der siebziger Jahre war die Firma Grob Flugzeugbau in Mindelheim eigentlich nur Eingeweihten ein Begriff. Man wußte, daß in dem kleinen Städtchen östlich von Memmingen der Standard-Cirrus in Lizenz der Firma Schempp-Hirth gebaut wurde. Damals war noch nicht vorauszusehen, daß Grob einmal zu

Der Astir CS hat noch das bauchige Rumpfvorderteil.

einem der führenden Hersteller von Kunststoff-Segelflugzeugen und -Motorseglern werden würde. Neben einer Vielzahl von Prototypen wurden auch 100 Motorflugzeuge der Typen G115 und G115A hergestellt. Nach den Erfahrungen durch den Bau von mehr als 2000 Segelflugzeugen konnte mit dem Höhenforschungsflugzeug Egrett ein Großprojekt realisiert werden. Was den Bau von Segelflugzeugen angeht, ist es bei Grob in den letzten Jahren ruhiger geworden. Die letzten Einsitzer sind 1986 entstanden; von der neuesten Version des Doppelsitzers G-103 Twin III sind 1989 noch einmal 70 Exemplare auf dem Flugplatz in Mattsies hergestellt worden. Dort entstand nach 1974 eine vorbildliche Fabrikationsanlage mit optimalen Möglichkeiten, die sich alle anderen etablierten Segelflugzeughersteller nur wünschen können: Wenn das Hallentor der Endmontage aufgeschoben wird, steht das neue Flugzeug auf dem Vorfeld des Fluggeländes mit befestigten Flugbetriebsflächen.
Noch während der Fertigung der 200 Standard-Cirrus von Dezember 1971 bis Juni 1975 entstanden in Mindelheim ein zweisitziger GFK-Motorsegler mit Schubtriebwerk und V-Leitwerk (Hermann Nägele) mit der Bezeichnung G101 und der Prototyp des G102 AstirCS mit Erstflug am 19. Dezember 1974. Zur besseren Übersicht sind die einzelnen Baureihen mit Fertigungsjahren und Stückzahlen aufgeführt:

Astir CS	1975 bis 1977	536
Astir CS 77	1977 bis 1979	244
Jeans-Astir	1977 bis 1979	248
Club-Astir II	1979 bis 1981	61
Club-Astir III	1981 bis 1986	152
	Summe:	1241
Twin-Astir	1977 bis 1980	291
Twin-Astir II	1980 bis 1986	578
Twin-Astir III	1989	70
Speed-Astir	1979	27
Speed-Astir IIB	1979 bis 1980	79
	Summe:	1045
Motorsegler G109	1981 bis 1983	159
Motorsegler G109B	1983 bis 1986 und 1990	320
	Summe:	479

Von Grob sind also an eigenen Konstruktionen in den Jahren 1974 bis 1990 insgesamt 2286 Segelflugzeuge und 479 Motorsegler hergestellt worden. Dazu kommen von 1987 bis 1990 die 100 zweisitzigen Motorflugzeuge G115 und G115A.

Astir CS, Astir CS77, Standard-Astir

Man muß Professor Richard Eppler, dem geistigen Vater des Astir, bescheinigen, daß er mit seiner Auslegung des Flugzeuges im Hinblick auf den Vereinsflugbetrieb genau ins Schwarze traf. Wenn auch der Standard-Astir mit den führenden Wettbewerbsflugzeugen der Standard-Klasse leistungsmäßig nicht ganz mithalten kann, so hat er doch so viele Merkmale eines gutmütigen und problemlosen Leistungssegelflugzeuges für die Ansprüche einer Vielzahl von Fliegergruppen, daß der Astir zu Recht auch von der Stückzahl her als Nachfolger der Ka6 angesehen werden kann. Der Rumpf ist recht geräumig, insbesondere bei der ursprünglichen Version des Astir CS. Dafür ist der neuere Rumpf etwas eleganter in der Linienführung und hat darüber hinaus ein neues Profil im Seitenleitwerk, das besonders im höheren Geschwindigkeitsbereich die Richtungsstabilität verbessert. Der Flügel hat das inzwischen sehr bewährte Profil Eppler 603, das zusammen mit der relativ niedrigen Flächenbelastung und den groß dimensionierten Leitwerken für die guten Langsamflugeigenschaften verantwortlich ist. Die Flügelfläche ist mit 12,40 m² sehr groß bemessen, so daß sich trotz des recht beachtlichen Rüstgewichtes von etwa 270 kp eine geringste Flächenbelastung von 29 kp/m² ergibt. Mit Wasserballast ist ein maximales Fluggewicht von 450 kp möglich. Gut wirksam sind die reichlich bemessenen Schempp-Hirth-Bremsklappen

Muster:	Standard-Astir
Konstrukteur:	Eppler/Grob Flugzeugbau
Hersteller:	Grob Flugzeugbau, Mindelheim
Erstflug:	19. Dezember 1974 (Astir CS)
Serienbau:	1975 bis 1979
Hergestellt insgesamt:	631 (Astir CS bis Standard-Astir)
Zugelassen in Deutschland:	373 (Astir CS bis Standard-Astir)
Anzahl der Sitze:	1
Spannweite:	15,00 m (Standard-Klasse)
Flügelfläche:	12,40 m²
Streckung:	18,15
Flügelprofil:	Eppler 603
Rumpflänge:	6,70 m
Leitwerk:	gedämpftes T-Leitwerk
Bauweise:	GFK
Rüstgewicht:	270 kp
Maximales Fluggewicht:	450 kp
Flächenbelastung:	29,0 kp/m² bis 36,3 kp/m²
Flugleistungen (Werksangaben):	
Geringstes Sinken:	0,60 m/s bei 75 km/h
Bestes Gleiten:	37,3 bei 95 km/h

Seit dem Astir CS77 ist der Rumpf schlanker gestaltet.

aus Metall auf der Flügeloberseite. Grundsätzlich bewährt haben sich auch die Beschlagsteile aus Aluminiumguß. Auch der neuartige Hauptbeschlag des Tragflügels, der anstelle der üblichen Holmbolzen mit vier Drehverschlüssen am Rumpf ausgeführt ist, bietet keinerlei Schwierigkeiten in der Praxis des täglichen Flugbetriebes.

Club-Astir

Der Club-Astir unterscheidet sich äußerlich vom Standard-Astir nur durch das feste Fahrwerk, das mit einer GFK-Schale verkleidet ist. Außerdem steht das Rad nicht so weit aus dem Rumpf heraus, wie das Einziehfahrwerk, so daß der geringere Abstand des Rumpfes vom Boden auffallend ist. Nach dem Reglement der Club-Klasse sind im Flügel auch keine Wassertanks untergebracht. Nach übereinstimmenden Berichten ist der Club-Astir noch einmal einfacher und problemloser zu fliegen als der Standard-Astir. Wenn der Standard-Astir vielerorts als Ka6-Nachfolger angesehen wird, so

Muster:	Club-Astir (Jeans-Astir)
Konstrukteur:	Eppler/Grob-Flugzeugbau
Hersteller:	Grob-Flugzeugbau, Mindelheim
Erstflug:	18. Mai 1977
Serienbau:	1977 bis 1986
Hergestellt insgesamt:	453
Zugelassen in Deutschland:	216
Anzahl der Sitze:	1
Spannweite:	15,00 m (Club-Klasse)
Flügelfläche:	12,40 m^2
Streckung:	18,15
Flügelprofil:	Eppler 603
Rumpflänge:	6,70 m
Leitwerk:	gedämpftes T-Leitwerk
Bauweise:	GFK
Rüstgewicht:	265 kp
Maximales Fluggewicht:	380 kp
Flächenbelastung:	28,6 kp/m^2 bis 30,7 kp/m^2

Flugleistungen (Werksangaben):

Geringstes Sinken:	0,65 m/s bei 80 km/h
Bestes Gleiten:	35,2 bei 92 km/h

kann der Club-Astir gar als Nachfolgemuster der Ka 8 gelten. Ist dann in der Vereinsschulung der Twin-Astir zur Verfügung, so wird ein problemloses Umsteigen vom Doppelsitzer zum ähnlich ausgestatteten Club-Astir möglich sein. Offensichtlich wird der Club-Astir auch von vielen Vereinen in Deutschland so gesehen, denn zumindest von den ersten 100 Flugzeugen blieben die meisten im Lande. Bei der Deutschen Clubklassemeisterschaft 1977 belegte der Club-Astir den 2. Platz. In der Indexwertung wird er mit dem Faktor 98 gerechnet.

Twin-Astir

Nach der LSD-Ornith, der Braunschweiger SB-10 und dem Janus von Schempp-Hirth war der Twin-Astir der vierte Kunststoff-Doppelsitzer in Deutschland. Nachdem die ersten beiden Flugzeuge reine Einzelstücke blieben, und vom auch preislich recht exklusiven Janus in den ersten vier Jahren nur etwa 60 Flugzeuge gebaut wurden, ging der Twin-Astir, wie von Grob nicht anders zu erwarten war, gleich in eine Großserie. Der Prototyp des Twin-Astir mit dem Kennzeichen D-7398 führte seinen Erstflug am Silvestertag des Jahres 1976 durch. Die Fertigung wurde Mitte 1977 aufgenommen, und im ersten Jahr sind bereits mehr als 130 Exemplare gebaut worden. Die Nachfrage hält unvermindert an, und nachdem der Twin-Astir beinahe ausschließlich im Vereinsflugbetrieb eingesetzt wird, sind in den kommenden Jahren bemerkenswerte Fortschritte in der Leistungsschulung zu erwarten. Wiederum wurde das Flugzeug bewußt auf die Bedürfnisse der Fliegergruppen zugeschnitten. Von den Einsitzern wurde das bewährte Profil übernommen, die Flügelfläche wurde wieder recht groß gewählt, und auch die Leitwerke sind reichlich dimensioniert. Die großen Abmessungen und die etwas schwergewichtige Bauweise von Grob ließen für den Twin-Astir eine beachtliche Rüstmasse erwarten. Mit etwa 400 kp hielt sich das Rüstgewicht allerdings in Grenzen. Das Montieren läßt sich mit entsprechendem Personal in vernünftigen Grenzen bewerkstelligen, und auch die Handlichkeit am Boden ist durchaus noch zufriedenstellend. Auch fliegerisch bietet der Twin keine Probleme, Start und Landung bereiten keine Schwierigkeiten. Selbst mit der Super-Cup von 150 PS ist der Flugzeugschlepp harmlos und die Bedenken wegen des Windenstarts waren unbegründet. Die Erfahrungen mit den relativ starken Winden des Klippenecks zeigen, daß die Schlepphöhen im Vergleich zu den bisherigen Doppelsitzern wie ASK-13 oder Bergfalke durchaus ebenbürtig sind. Beide Sitze des Rumpfes sind recht geräumig, wobei allerdings die Sitzposition im hinteren Sitz nicht ideal ist. Schwierigkeiten gab es mit dem Einziehfahrwerk aus Aluguß, so daß ab Juni 1978 eine Stahlrohrkonstruktion eingebaut wurde. Allerdings wird das Fahrwerk nach wie vor quer in den Rumpf eingefahren. Auch die Fahrwerksklappen bekommen nun durch eine neue Anordnung mehr Bodenfreiheit. Die Lösung mit dem hohen Gummisporn ist ebenfalls verbesserungsfähig, so daß auch hier ein Spornrad nicht allzu lange auf sich warten lassen wird. Außer diesen Kleinigkeiten ist der Twin-Astir aber ein durchaus gelungenes Flugzeug mit guten Leistungen und vor allen Dingen auch noch guten Steigflugeigenschaften. Seit Frühsommer 1978 wird noch eine Version Twin-Astir Trainer angeboten, die sich durch ein festes gefedertes Rad und den Verzicht auf Wassertanks unterscheidet. Im Rahmen der Flugerprobung des Prototyps wurde die negative Pfeilung des Tragflügels herausgenommen, so daß nun die Serienflugzeuge alle eine gerade Flügelvorderkante haben. Ein

Muster:	Twin-Astir
Konstrukteur:	Eppler/Grob-Flugzeugbau
Hersteller:	Grob-Flugzeugbau, Mindelheim
Erstflug:	31. Dezember 1976
Serienbau:	1977 bis 1980
Hergestellt insgesamt:	291
Zugelassen in Deutschland:	163
Anzahl der Sitze:	2
Spannweite:	17,50 m
Flügelfläche:	17,80 m²
Streckung:	17,21
Flügelprofil:	Eppler 603
Rumpflänge:	8,10 m
Leitwerk:	gedämpftes T-Leitwerk
Bauweise:	GFK
Rüstgewicht:	400 kp
Maximales Fluggewicht:	650 kp
Flächenbelastung:	27,5 kp/m² bis 36,5 kp/m²
Flugleistungen (Werksangaben):	
Geringstes Sinken:	0,62 m/s bei 75 km/h
Bestes Gleiten:	38 bei 110 km/h

Rechte Seite:

Oben: Der Prototyp des Twin-Astir hatte noch einen negativ gepfeilten Tragflügel.

Unten: Der Club-Astir hat ein festes Rad.

TWIN-ASTIR

ASTIR CS
D-2541
JEANS
SJ

Ein Twin-Astir auf dem Klippeneck.

noch gepfeiltes Tragflügelpaar des Twin-Astir verwendete die Akaflieg Stuttgart für ihren neuen Doppelsitzer fs-31.

Speed-Astir

Von der Wölbklappenversion des Astir, dem Speed-Astir, sind in den Jahren 1979 bis 1980 nur insgesamt 106 Exemplare gebaut worden. Der Entwurf wurde mehrfach überarbeitet, nachdem auch ein Prototyp mit dem Kennzeichen D-7644 nicht die erwünschten Flugleistungen brachte. Ein neuer Rumpf wurde gebaut und die Haube zweiteilig ausgeführt. Gegenüber dem ersten Entwurf wurde die Flügelfläche von 11,90 m^2 auf 11,50 m^2 verringert, was immer noch einen recht hohen Wert bedeutet. Das Eppler-Profil 662 hat eine Dicke von 14%. Neu für ein Serienflugzeug ist die schlitzfreie Flügeloberseite, die durch ein Spezialgelenk zur Aufhängung der Wölbklappe und des Querruders möglich ist. Demnach läuft im ganzen Tragflügelbereich die oberste Schicht des GFK-Laminats von der Nase bis zur Endleiste durch. Beim Speed-Astir II wurden zum

Muster:	Speed-Astir
Konstrukteur:	Eppler/Grob-Flugzeugbau
Hersteller:	Grob-Flugzeugbau, Mindelheim
Erstflug:	3. April 1978
Serienbau:	1979 bis 1980
Hergestellt insgesamt:	106
Zugelassen in Deutschland:	56
Anzahl der Sitze:	1
Spannweite:	15,00 m (15-m-FAI-Klasse)
Flügelfläche:	11,50 m^2
Streckung:	19,57
Flügelprofil:	Eppler 662
Rumpflänge:	6,80 m
Leitwerk:	gedämpftes T-Leitwerk
Bauweise:	GFK
Rüstgewicht:	265 kp
Maximales Fluggewicht:	515 kp
Flächenbelastung:	30,9 kp/m^2 bis 44,8 kp/m^2
Flugleistungen (Werksangaben):	
Geringstes Sinken:	0,57 m/s bei 75 km/h
Bestes Gleiten:	41,5 bei 120 km/h

Vom Speed-Astir wurden insgesamt nur 106 Exemplare gebaut.

ersten Mal Holmgurte aus CFK-Rovings verwandt; ein Speed-Astir II b wurde als Versuchsflugzeug vollständig in Kohlefaser gebaut. Nach 27 Exemplaren des Speed-Astir II wurde beim II B das Rumpfvorderteil vergrößert, nachdem es im Cockpit doch recht eng zuging. Dem Speed-Astir wird angelastet, daß er im Steigen den Konkurrenzmustern unterlegen ist.

Twin Astir III

Im Jahre 1989 brachte Grob den neuen Twin III Acro heraus, der leicht an seinem charakteristischen Flügel zu erkennen ist. Wie beim Discus ist der Dreifachtrapezflügel bei einer Flügelfläche von 17,50 m² und einem neuen Profil an der Vorderkante mehrfach gepfeilt. Wie einige andere Doppelsitzer ist der Twin III ein »Dreirad« mit dem Hauptfahrwerk im Leergewichtsschwerpunkt, einem Bugrad und einem Spornrad. Die Haube ist nach wie vor zweigeteilt. Der Twin III mit einer Maximalgeschwindigkeit von 280 km/h ist für den Kunstflug und die Kunstflugschulung zugelassen. Das Flugzeug erhielt seine Zulassung am 26. Mai 1989. Zur Aero 1991 in Friedrichshafen wurde eine Selbststarterversion vorgestellt.

Muster:	G 103 C Twinn III Acro
Hersteller:	Grob Flugzeugbau
Erstflug:	1989
Serienbau:	1989
Hergestellt insgesamt:	70
Zugelassen in Deutschland:	28
Anzahl der Sitze:	1
Spannweite:	18,00 m
Flügelfläche:	17,50 m²
Streckung:	18,50
Rumpflänge:	8,18 m
Leitwerk:	gedämpftes T-Leitwerk
Bauweise:	Faserverstärkte Kunststoffe
Rüstgewicht:	380 kg
Maximales Fluggewicht:	800 kg
Flächenbelastung:	26,9 bis 34,3 kg/m²
Flugleistungen (Messungen vom August 1989 in Aalen):	
Geringstes Sinken:	0,57 m/s bei 71 km/h
Bestes Gleiten:	38 bei 97 km/h

Der Twin-III hat eine neue Flügelgeometrie nach Art des Discus.

Grunau-Baby II bis Grunau-Baby V

Der Entwurf des Grunau-Baby in seiner ersten Version stammt bereits aus dem Jahre 1932 von Edmund Schneider und Wolf Hirth aus der gemeinsamen Zeit an der Segelflugschule in Grunau. Ziel der Konstruktion war ein einfaches, leichtes und billiges Übungsflugzeug. Vorläufer des Grunau-Baby waren die Wiesen-

Ein Grunau-Baby II mit offenem Führersitz und Kufe.

baude II und die ESG-31 Stanavo. Der Rumpf war mit seiner sechseckigen Form ohne Schwierigkeiten herzustellen, auch 12 von 22 Rippen einer Tragflügelhälfte waren gleich groß. Gutmütige Flugeigenschaften und dennoch ansprechende Leistungen begründeten die weite Verbreitung dieses Übungsseglers, dessen Einsatzspektrum mit der Ka 8 unserer Tage zu vergleichen ist. Kein Wunder, daß auch nach dem Krieg das Grunau-Baby III wieder neue Liebhaber fand. Insgesamt sind nach Brütting zusammen mit der Fertigung im Ausland mehr als 5000 Grunau-Baby verschiedener Baureihen hergestellt worden, so daß wohl kaum mehr Segelflugzeuge eines anderen Musters gebaut wurden.

Grunau-Baby IIb

Das Grunau-Baby IIb entstand im Jahre 1936 und ist auch nach 1950 unter anderem wieder von der Firma Meschenmoser in Pforzheim hergestellt worden. Die Spannweite beträgt 13,57 Meter bei einer Flügelfläche von 14,20 m². Das Zweier-Baby hat nur eine Kufe ohne Rad, einen offenen Führersitz und ab der Baureihe IIb auch Schempp-Hirth-Bremsklappen. Tragflügel und Höhenleitwerk sind mit Stahlrohren abgestrebt, und die V-Form des Tragflügels beträgt nur ein Grad. Die Flosse des Höhenleitwerkes liegt noch vor der Seitenflosse auf dem Rumpf auf.

Muster:	Grunau-Baby IIb
Konstrukteur:	Schneider/Hirth
Hersteller:	Industrie- + Amateurbau
Erstflug:	1936
Zugelassen in Deutschland:	29
Anzahl der Sitze:	1
Spannweite:	13,57 m
Flügelfläche:	14,20 m²
Streckung:	12,97
Flügelprofil:	Gö 535, außen symmetrisch
Rumpflänge:	6,05 m
Leitwerk:	normales Kreuzleitwerk
Bauweise:	Holz
Rüstgewicht:	160 kp
Maximales Fluggewicht:	250 kp
Flächenbelastung:	17,6 kp/m²
Flugleistungen:	
Geringstes Sinken:	0,85 m/s bei 50 km/h
Bestes Gleiten:	17 bei 55 km/h

Grunau-Baby III

Das Dreier-Baby ist eine Nachkriegskonstruktion von Edmund Schneider. Spannweite und Rumpflänge wurden etwas vergrößert. Auffallendes Unterscheidungsmerkmal zum Zweier-Baby ist das feste Rad in Verbindung mit der Kufe. Auch wurde das Baby III hauptsächlich mit einer geschlossenen Haube geflogen. Die Querruder fielen etwas kleiner aus. Das Seitenleitwerk ist dafür etwas höher und größer und wie das Höhenleitwerk mehr ausgerundet. Verschiedene Firmen stellten das Grunau-Baby III industriell her (z. B. Schleicher und Meschenmoser), und es läßt sich natürlich heute nicht mehr feststellen, wieviel Flugzeuge innerhalb der Fliegergruppen gebaut wurden. Immerhin waren im Jahre 1960 fast 400 Exemplare des Baby II + III zugelassen, und die Liste der Einsitzer wurde von dieser einfachen Konstruktion angeführt vor den verschiedenen Spatzen und der SG-38. Obwohl es einige Oldtimer-Vereinigungen gibt, welche diese älteren Flugzeuge pflegen, werden die Babys im Segelflugzeugbau langsam aussterben. Immerhin waren Anfang 1978 noch etwa 20 Exemplare des Baby III zugelassen, die aber wohl auch zu einem Teil in einer hinteren Ecke einer Flugzeughalle ein eher geruhsames Dasein führen. Unbestritten ist aber auch, daß das Baby in vielen Vereinen seinen Beitrag zum Aufschwung des Segelfluges geleistet hat.

Muster:	Grunau-Baby III
Konstrukteur:	Edmund Schneider
Hersteller:	Industrie- + Amateurbau
Erstflug:	1951
Hergestellt insgesamt:	nicht feststellbar
Zugelassen in Deutschland:	20
Anzahl der Sitze:	1
Spannweite:	13,55 m
Flügelfläche:	14,40 m²
Streckung:	12,75
Flügelprofil:	Gö 535, außen symmetrisch
Rumpflänge:	6,36 m
Leitwerk:	normales Kreuzleitwerk
Bauweise:	Holz
Rüstgewicht:	160 kp
Maximales Fluggewicht:	260 kp
Flächenbelastung:	18,1 kp/m²
Flugleistungen:	
Geringstes Sinken:	0,90 m/s bei 55 km/h
Bestes Gleiten:	18 bei 60 km/h

Das Grunau-Baby III mit festem Rad und geändertem Seitenleitwerk.

Das Grunau-Baby V ist ein Doppelsitzer mit Stahlrohrrumpf.

Grunau-Baby V

Wenig bekannt ist, daß es, allerdings in einer geringen Stückzahl, auch eine doppelsitzige Version des Baby gibt. Dabei handelt es sich um Rumpf und Leitwerk des Grunau-Baby III mit einem Stahlrohrrumpf, der einige Ähnlichkeit mit der Rhönlerche hat. Der Rumpf hat ein festes Rad mit einer Holzkufe und eine nach oben aufstellbare Haube, ebenfalls nach Rhönlerche-Manier. Die Konstruktion stammt von Herbert Gomolzig aus Wuppertal mit dem Entstehungsjahr um 1955. In Abänderung des Baby III hat der Doppelsitzer Baby V eine Flettnertrimmung im Höhenleitwerk. Die Flächenbelastung dieses Doppelsitzers ist etwas hoch, so daß wegen des relativ mächtigen Sinkens das Flugzeug einer Luxemburger Fliegergruppe, die ein Ferienlager auf dem Klippeneck durchführte, nach dem Windenstart immer gleich wieder am Boden war. Dieses Flugzeug gehörte früher dem CLVV Useldingen aus Esch/Luxemburg und hat heute den Segelflugverein Südeifel in Bitburg als Besitzer (D-7346). Auch die Tatsache, daß dieses Flugzeug mit 4300 Starts bisher 408 Stunden geflogen hat, spricht für die Gleitflugeigenschaften. Ein zweites Flugzeug mit dem Kennzeichen D-6218 gehörte bis vor einigen Jahren einer Luftwaffensportfluggruppe und wurde dann nach England verkauft.

Muster:	Grunau-Baby V
Konstrukteur + Hersteller:	Herbert Gomolzig, Wuppertal
Erstflug:	1955
Hergestellt insgesamt:	nicht bekannt
Zugelassen in Deutschland:	1 (D-7346)
Anzahl der Sitze:	2
Spannweite:	14,00 m
Flügelfläche:	15,00 m^2
Streckung:	13,06
Flügelprofil:	Gö 535, außen symmetrisch
Rumpflänge:	6,36 m
Leitwerk:	normales Kreuzleitwerk
Bauweise:	Holz, Rumpf aus Stahlrohr
Rüstgewicht:	202 kp
Maximales Fluggewicht:	420 kp
Flächenbelastung:	19,5 kp/m^2 bis 28,0 kp/m^2
Flugleistungen:	
Geringstes Sinken:	0,90 m/s bei 62 km/h
Bestes Gleiten:	19 bei 70 km/h

Habicht

Das Segelflugzeug Habicht wurde 1936 im Auftrag der Deutschen Forschungsanstalt für Segelflug (DFS) von Hans Jacobs konstruiert. Mit dem Habicht, einem Knickflügler mit offenem Führersitz, sollte sowohl uneingeschränkter Kunstflug als auch Leistungssegelflug möglich sein. Insbesondere aber durch Kunstflug-

Ein berühmtes Vorkriegsflugzeug ist der DFS-Habicht.

vorführungen wurde dieses Segelflugzeug in der ganzen Welt bekannt. Vor dem Krieg sind mit dem Habicht verschiedene Spannweiten bis herunter zu 6 Meter (Stummelhabicht) erprobt worden. Der Habicht ist für eine maximale Fluggeschwindigkeit von 250 km/h zugelassen; es sind aber im Rahmen der Flugerprobung Geschwindigkeiten bis 420 km/h erreicht worden. In Deutschland war nach 1945 nur noch ein Exemplar zugelassen, das von den Göppinger Segelfliegern über das Kriegsende gerettet wurde. Leider wurde dieses Flugzeug mit dem Kennzeichen D-8002 bei einem Einsturz der Flugzeughalle in Innsbruck völlig zerstört. In den Jahren 1984 bis 1987 baute nun der Oldtimer-Segelflug-Club Wasserkuppe (OSC) unter der Leitung von Josef Kurz in 3500 Arbeitsstunden einen Habicht neu auf. Mühsam war die Beschaffung der Bauunterlagen, die außer von den Göppinger Segelfliegern auch aus England und der Türkei, wo der Habicht in Lizenz gebaut worden war, beigebracht werden konnten. Der neue Erstflug fand am 20. Juni 1987 durch Josef Kurz auf der Wasserkuppe statt.

Der Flügel des Habicht ist ein freitragender Knickflügel mit einer Spannweite von 13,60 Metern. Der Knick ist relativ kurz, die Unterkante des Außenflügels liegt horizontal. Das Flügelprofil wurde aus dem Gö420 und Gö693 entwickelt, im Außenflügel wird das Profil M6 verwandt. Alle Ruder, auch die Querruder, sind gewichtsausgeglichen, das Höhenleitwerk ist abgestrebt. Der Rumpf hat eine Kufe mit Abwurffahrwerk und einen gefederten Sporn. Das Flugzeug ist in der damals üblichen Holzbauweise hergestellt worden; Flügel und Leitwerke sind stoffbespannt. Bei der Firma Eichelsdörffer in Bamberg erhielt der Habicht das »Design« der Originallackierung; und auch das ursprüngliche Göppinger Kennzeichen war noch nicht weiter vergeben. Bei vielen Oltimertreffen war der Habicht der Star unter den teilnehmenden Flugzeugen.

Muster:	DFS-Habicht
Konstrukteur:	Hans Jacobs
Hersteller des Nachbaus:	OSC Wasserkuppe
Erstflug:	1936 beziehungsweise 20. 6. 87
Zugelassen in Deutschland:	1 (D-8002)
Anzahl der Sitze:	1
Spannweite:	13,60 m
Flügelfläche:	15,82 m^2
Streckung:	10,70
Flügelprofil:	Gö420, Gö693, M6
Rumpflänge:	6,35 m
Leitwerk:	normales Kreuzleitwerk
Bauweise:	Holz, stoffbespannt
Rüstgewicht:	190 kg
Maximales Fluggewicht:	280 kg
Flächenbelastung:	etwa 20 kg/m^2
Flugleistungen (Vorkriegsdatenblatt):	
Geringstes Sinken:	0,80 m/s
Bestes Gleiten:	21

Hi-25 Kria

Als zweites Segelflugzeug aus Kunststoff erhob sich kaum mehr als ein Jahr nach dem Erstflug des Prototyps des Phönix der Kleinsegler Kria in die Luft. Die Spannweite des einteiligen Flügels beträgt nur 11,90 m und das zierliche Flugzeug kann man beinahe aus »der Hand« starten, denn das Rüstgewicht beträgt nur

Die zierliche Kria ist das zweite Kunststoff-Segelflugzeug.

120 kp. Leider ist es auch ziemlich eng und sehr kurz im Cockpit, so daß einige Anforderungen an die Abmessungen der Piloten gestellt werden müssen. Entworfen wurde die Kria von Hermann Nägele, Richard Eppler und Wolf Hirth, und auch die Bauweise lehnt sich sehr an jene des Phönix an. Gebaut wurde das Flugzeug in den Jahren 1957/58 nicht bei der Akaflieg Stuttgart, wie gelegentlich zu vernehmen ist, sondern bei Wolf Hirth in Nabern. 1960 allerdings bekam die Akaflieg Stuttgart das Flugzeug von der Familie Hirth geschenkt. Den Erstflug hatte Rudi Lindner am letzten Tag des Jahres 1958 auf der Hahnweide durchgeführt. Der Rumpf hat eine recht eigenwillige Form mit einer Kufe, wobei zum Bodentransport ein kleiner Kuller verwendet wird. Die Querruder sind sehr klein und wenig wirksam, und als Landehilfe dienen wie beim Phönix Spreizdrehklappen auf der Flügelunterseite, die mit einer Kurbel bedient werden. Das gedämpfte V-Leitwerk hat einen Öffnungswinkel von 110 Grad. Der einfache Trapezflügel hat eine gerade Vorderkante und keine V-Form. Die Kria wurde in den letzten Jahren kaum noch geflogen, soll aber wohl als interessantes Einzelstück noch einige Jahre im Flugbetrieb bleiben.

Muster:	Hi-25 Kria
Konstrukteur:	Nägele, Eppler, Hirth
Hersteller:	Wolf Hirth, Nabern
Erstflug:	1958
Hergestellt insgesamt:	1
Zugelassen in Deutschland:	1 (D-8308)
Anzahl der Sitze:	1
Spannweite:	11,90 m
Flügelfläche:	9,88 m^2
Streckung:	14,33
Flügelprofil:	Eppler 27
Rumpflänge:	6,85 m
Leitwerk:	gedämpftes V-Leitwerk
Bauweise:	GFK
Rüstgewicht:	120 kp
Maximales Fluggewicht:	220 kp
Flächenbelastung:	22,3 kp/m^2

Flugleistungen (Herstellerangaben):

Geringstes Sinken:	0,70 m/s bei 68 km/h
Bestes Gleiten:	30 bei 92 km/h

HKS-Familie (HKS-1 und HKS-3)

Obwohl von den drei Flugzeugen der HKS-Familie keines mehr im Flugbetrieb steht, wobei zumindest die HKS-3 noch flugbereit wenn auch nicht mehr zugelassen ist, soll im Rahmen dieser Arbeit doch näher auf diese berühmten Segelflugzeuge eingegangen werden. Die zwei Exemplare des Doppelsitzers HKS-1 und der

Ernst-Günter Haase nach einer Außenlandung mit der HKS-1.

Prototyp des Einsitzers HKS-3 haben ganz sicher einen großen Einfluß auf die Entwicklung des Segelfluges nach dem Krieg. Dabei sei nur an die spaltlose Wölbklappe mit einer elastischen Verwölbung der Profilhinterkante erinnert, die in unseren Tagen mit dem Speed-Astir von Grob in einer allerdings anderen technischen Lösung wieder zu neuen Ehren kommt. Die HKS-Flugzeuge werden gelegentlich von der Bezeichnung her mit der SHK (Schempp-Hirth-Kirchheim) verwechselt, mit der sie aber außer einer gewissen äußeren Ähnlichkeit überhaupt nichts zu tun haben. Das HKS steht als Abkürzung für die drei Konstrukteure Ernst-Günter Haase, Heinz Kensche und Ferdinand Bernhard Schmetz, in dessen Betrieb in Herzogenrath bei Aachen die drei Flugzeuge auch gebaut wurden. Bei Schmetz wurden während des Krieges bereits Segelflugzeuge des Typs Olympia Meise und Rheinland und nach der Wiederzulassung des Segelfluges auch einige Condor IV gebaut.

HKS-1

Die beiden Doppelsitzer des Musters HKS-1 entstanden in den Jahren 1953/54. Den Erstflug mit der V1 (Kennzeichen D-5300) führte Ernst-Günter Haase am 19. Juli 1953 auf dem Flughafen in Düsseldorf durch. Im selben Jahr belegte Hasse beim Deutschen Segelflug-Wettbewerb in Oerlinghausen hinter einem Franzosen den zweiten Platz. Im Jahre 1957 erhielt Rolf Kuntz von der Akaflieg Braunschweig die HKS-1 für ein Jahr überlassen und nahm auch ein Jahr später an der Weltmeisterschaft in Polen teil. Hier wurde nach einem Zielstreckenflug von über 500 km die HKS-1 beim Rücktransport auf der Straße so schwer beschädigt, daß sie nicht wieder aufgebaut werden konnte. Das zweite Flugzeug mit dem Kennzeichen D-5555 wurde wesentlich älter und machte lange mit einigen Rekordflügen von sich reden.

Die beiden Prototypen unterschieden sich geringfügig in der Streckung und in der Pfeilung. Besonderheiten außer der Wölbklappe waren die Verwendung eines PVC-Schaumstoffes in einem Sperrholz-Sandwich der Flügelschale sowie die Verwendung eines Bremsschirmes im Rumpfheck als einzige Landehilfe. Die HKS-1 hatte ein Einziehfahrwerk mit einer ebenfalls einziehbaren Bugkufe. Die V-Form des Tragflügels betrug 1,5 Grad. Der Rumpf war eine übliche Sperrholzschalen-Holzkonstruktion und das gedämpfte V-Leitwerk hatte einen Massenausgleich in den Ruderhörnern. Viel Aufwand wurde für die Oberflächengüte des Tragflügels getrieben.

Muster:	HKS-1
Konstrukteur:	Haase/Kensche/Schmetz
Hersteller:	Schmetz, Herzogenrath
Erstflug:	1953
Hergestellt insgesamt:	2 (D-5300 + D-5555)
Zugelassen in Deutschland:	keine mehr
Anzahl der Sitze:	2
Spannweite:	19,00 m (Daten für die V1)
Flügelfläche:	18,30 m²
Streckung:	19,73
Flügelprofil:	NACA 652-714
Rumpflänge:	8,40 m
Leitwerk:	gedämpftes V-Leitwerk
Bauweise:	Holz, teilweise Kunststoff
Rüstgewicht:	408 kp
Maximales Fluggewicht:	588 kp
Flächenbelastung:	27,2 kp/m² bis 32,1 kp/m²

Flugleistungen (Herstellerangaben):

Geringstes Sinken:	0,65 m/s bei 75 km/h
Bestes Gleiten:	38 bei 90 km/h

HKS-3

Aus den Erfahrungen der beiden Doppelsitzer mit 19 Metern Spannweite entstand im Jahre 1955 ein Einsitzer, der zuerst 16 Meter Spannweite hatte, dann aber

Muster:	HKS-3
Konstrukteur:	Haase/Kensche/Schmetz
Hersteller:	Schmetz, Herzogenrath
Erstflug:	1955
Hergestellt insgesamt:	1 (D-6426)
Zugelassen in Deutschland:	nicht mehr
Anzahl der Sitze:	1
Spannweite:	17,20 m
Flügelfläche:	15,00 m²
Streckung:	19,72
Flügelprofil:	NACA 652-714
Rumpflänge:	7,20 m
Leitwerk:	gedämpftes V-Leitwerk
Bauweise:	Holz, teilweise Leichtmetall
Rüstgewicht:	300 kp
Maximales Fluggewicht:	414 kp
Flächenbelastung:	27,6 kp/m²

Flugleistungen (Herstellerangaben):

Geringstes Sinken:	0,56 m/s bei 75 km/h
Bestes Gleiten:	40 bei 90 km/h

Der Prototyp des Doppelsitzers HKS-1.

Vom Einsitzer HKS-3 wurde nur ein Prototyp gebaut.

auf 17,20 m vergrößert wurde. Viele Konstruktionsmerkmale sowie die grundlegende Bauweise wurden übernommen. Die HKS-3 hatte aber einen Holm aus Leichtmetall. Wieder wurde ein Bänderbremsschirm von 1,3 m Durchmesser gewählt.
Selbstverständlich war schon das Einziehfahrwerk. Der Erstflug fand im Sommer 1955 statt, und Ernst-Günter Haase gewann mit der HKS-3 im Juni 1958 nicht nur die Weltmeisterschaft der Offenen Klasse in Leszno/Polen, sondern wurde auch im darauffolgenden Jahr Deutscher Meister in Karlsruhe. Von 1960 bis 1970 war die HKS-3 bei der Akaflieg in Braunschweig, wo Rolf Kuntz noch einmal einige beachtliche Flüge absolvierte. Anschließend war die HKS-3 noch einmal für zwei Jahre bei Ernst-Günter Haase in München, wo er allerdings nur noch wenige Flüge damit machen konnte. Jetzt steht das Flugzeug mit dem Kennzeichen D-6426 im Deutschen Museum in München, wo es im Neubau der Luftfahrtabteilung einen verdienten Ehrenplatz bekommen soll.

IS-28 B2 und IS-29 D

IS-28 B2

Ein Metall-Doppelsitzer, der nur in wenigen Exemplaren in Deutschland fliegt, ist das rumänische Flugzeug IS-28 B2. Die Firma Aerosport GmbH aus dem bayerischen Fürstenzell führte nach 1980, wo die deutsche Musterzulassung erteilt wurde, 7 Exemplare nach Deutschland ein. Davon stehen wohl noch vier Flugzeuge im Flugbetrieb. Die auf dem Foto abgebildete D-2843 von Hartmut Bandemehr fliegt in Blumberg, ist

Nur wenige Exemplare fliegen vom rumänischen Metall-Doppelsitzer IS-28 B2.

aber inzwischen unter dem Schweizer Kennzeichen HB-1852 zugelassen. Diese Maschine hat jetzt ein Rüstgewicht von 406 kg, trägt die Werk-Nr. 320 und ist Baujahr 1982. Ein Flügel wiegt etwa 114 kg, der Rumpf 161 kg und das Höhenleitwerk 17 kg. Das maximale Fluggewicht liegt bei 590 kg. Die Sitze der IS-28 liegen hintereinander; die Haube ist einteilig und klappt nach der Seite. Das Flugzeug ist ganz aus Metall aufgebaut, lediglich die Ruder sind stoffbespannt. Das T-Leitwerk hat leichte V-Form. Das gefederte Fahrwerk ist wie beim Blanik halb einziehbar. Der Flügel mit dem älteren Wortmann-Profil FX 61–163 hat Wölbklappen und beidseitige Bremsklappen. Die IS-28 ist für Kunstflug zugelassen, die Höchstgeschwindigkeit beträgt 230 km/h. Die Gleitzahl mit 34 ist eher bescheiden. Die Lebensdauer beträgt laut deutschem Flug- und Betriebshandbuch 8000 Flugstunden oder 2500 Landungen. Von der IS-28 gibt es auch eine Motorseglerversion.

Muster:	IS-28 B2
Hersteller:	ICA in Brasov/Rumänien
Erstflug in Deutschland:	1980
Zugelassen in Deutschland:	4
Anzahl der Sitze:	2
Spannweite:	17,00 m
Flügelfläche:	18,24 m²
Streckung:	15,84
Flügelprofil:	FX61–163, FX60–126
Leitwerk:	gedämpftes T-Leitwerk
Bauweise:	Metall, Ruder stoffbespannt
Rüstgewicht:	etwa 400 kg
Maximales Fluggewicht:	590 kg
Flächenbelastung:	26,6 kg/m² bis 32,1 kg/m²
Flugleistungen (Herstellerangaben):	
Geringstes Sinken:	0,60 m/s bei 80 km/h (einsitzig)
Bestes Gleiten:	34 bei 100 km/h (doppelsitzig)

Der rumänische Ganzmetall-Einsitzer IS-29D.

IS-29 D

Ein etwas rares Segelflugzeug am deutschen Himmel ist der rumänische Ganzmetall-Einsitzer IS-29D. Drei Flugzeug waren bisher in Deutschland zugelassen, wovon eine Maschine bei einem Unfall zerstört wurde. Das zweite Flugzeug hat das Kennzeichen D-2428 und ist in Hamburg stationiert. Das dritte in Deutschland zugelassene Muster der IS-29D gehört einer Eigentümergemeinschaft in Delmenhorst. Insgesamt sind 24 Flugzeuge gebaut worden, wovon zwei Maschinen in der Schweiz und eine größere Anzahl in England zugelassen ist. Hersteller ist die Firma ICA (Intreprindera de Constructii Aeronautice) in Brasov/Rumänien. In Deutschland wurden die Flugzeuge von Atlas-Air in Ganderkesee eingeführt. Der Einsitzer IS-29 hat einen Wölbklappenflügel mittlerer Flügelfläche. Als Landehilfe dienen DFS-Bremsklappen auf der Flügelunter- und -oberseite. Die V-Form beträgt 1,5 Grad und die Wölbklappen gehen von minus 5 bis plus 15 Grad. Das Pendel-Höhenruder hat Flettnertrimmung und einen außenliegenden Massenausgleich. Die in der Schweiz zugelassenen Flugzeuge mit der Bezeichnung IS-29 D2 haben übrigens ein gedämpftes T-Leitwerk. Der leicht nach unten geknickte Rumpf hat eine seitliche Klapphaube, ein Einziehfahrwerk mit Tost-Rad und eine Tost-Schwerpunktkupplung. Wahlweise ist eine Lieferung mit einem Federsporn oder einem Spornrad möglich. Der Hauptbeschlag des Tragflügels hat einen senkrechten Konusbolzen nach Art des Bergfalken. Nach 400 Flugstunden, jedoch mindestens alle vier Jahre, ist eine Generalinspektion in einem Fachbetrieb vorgeschrieben.

Muster:	IS-29 D
Hersteller:	ICA in Brasov/Rumänien
Erstflug in Deutschland:	1975
Hergestellt insgesamt:	etwa 24
Zugelassen in Deutschland:	1
Anzahl der Sitze:	1
Spannweite:	15,00 m (15-m-Klasse)
Flügelfläche:	10,40 m²
Streckung:	21,63
Flügelprofil:	FX 61-163, FX 60-126
Rumpflänge:	7,28 m
Leitwerk:	Pendel-T-Leitwerk
Bauweise:	Metall, Ruder teilweise stoffbespannt
Rüstgewicht:	238 kp
Maximales Fluggewicht:	360 kp
Flächenbelastung:	31,5 kp/m² bis 34,6 kp/m²

Flugleistungen (Herstellerangaben):

Geringstes Sinken:	0,58 m/s bei 78 km/h
Bestes Gleiten:	37 bei 93 km/h

Kranich II + Kranich III

Der Kranich-II ist ein im Jahre 1935 entstandener Leistungsdoppelsitzer, der vor und während des Krieges in großer Stückzahl gebaut wurde. Der mächtige Flügel mit 18 Metern Spannweite und einer Fläche von 22,70 m² hat einen charakteristischen Knick nach etwa einem Drittel der Halbspannweite. Die Außenflügel haben keine V-Form. Beim Kranich-Ii sitzt der hintere Pilot hinter dem Hauptholm genau im Schwerpunkt, weshalb der Flügel auch leicht rückwärts gepfeilt wurde. Der Rumpf hat eine recht beachtliche Höhe, so daß man zum Einsteigen in den vorderen Sitz immer zuerst auf den Flügel klettern muß. Für den hinteren Sitz sind ähnlich wie bei Motormaschinen Tritte auf der Flügeloberseite angebracht, so daß man von der Endleiste über den Flügel das Cockpit besteigt. Die aus vielen einzelnen Plexiglasstücken zusammengesetzte Haube besteht aus drei Teilen, wobei das Mittelstück über dem Holm fest ist, und das vordere und hintere Teil nach der Seite geklappt werden. Dabei war es auch möglich, ohne das hintere Haubenteil zu fliegen und gelegentlich sind aus dem zweiten Sitz des Kranich-II auch Fallschirmspringer abgesetzt worden. Aus dem hinteren Sitz war für den Fluglehrer gerade bei der Landung die Sicht nach unten sehr bescheiden, so daß als weiteres Kuriosum in den Flügel zu beiden Seiten des Rumpfes Fenster eingebaut wurden. Der Rumpf hat eine lange Kufe mit einem Abwurffahrwerk, welches für den Start beziehungsweise für den Bodentransport in zwei verschiedene Bohrungen in der Kufe eingehängt werden kann. Wegen des beachtlichen Gewichts des Kranich-II sind die zu beiden Seiten des Rumpfendes für diesen Zweck je zwei Haltegriffe fest eingebaut. Die Leitwerke des Kranich-II sind konventionell aufgebaut. Die langen und breiten Querruder gehen über zwei Drittel der Spannweite und im Flügel sind gut wirksame Schempp-Hirth-Bremsklappen eingebaut. Der Kranich-II hat anerkannt gute und harmlose Flugeigenschaften. Derzeit sind wohl noch zwei Kranich-II zugelassen, die D-9019 bei der Luftwaffensportfluggruppe in Landsberg und die D-8505 in Hockenheim. Mit der D-1768 war noch lange ein Kranich-II auf Burg Feuerstein. Die D-8838 der Segelfliegergruppe Singen

Muster:	Kranich-II
Konstrukteur:	Hans Jacobs, DFS
Hersteller:	Schweyer, Mannheim + weitere
Erstflug:	1935
Serienbau:	1936 bis Kriegsende
Hergestellt insgesamt:	nicht bekannt
Zugelassen in Deutschland:	etwa 2
Anzahl der Sitze:	2
Spannweite:	18,00 m
Flügelfläche:	22,70 m²
Streckung:	14,27
Flügelprofil:	Gö 535, außen symmetrisch
Rumpflänge:	7,70 m
Leitwerk:	normales Kreuzleitwerk
Bauweise:	Holz
Rüstgewicht:	290 kp
Maximales Fluggewicht:	465 kp
Flächenbelastung:	16,7 kp/m² bis 20,5 kp/m²
Flugleistungen:	
Geringstes Sinken:	0,69 m/s bei 65 km/h
Bestes Gleiten:	23,6 bei 75 km/h

Rechte Seite:

Oben: Der Kranich-II einer Luftwaffen-Sportgruppe.

Unten: Ein Kranich-III mit Bugrad auf dem Hornberg.

D-9019
TG 61

D-8142

Dieser Kranich-III hat neben dem festen Rad eine Bugkufe.

wurde 1943 in Böhmen gebaut und kam über Samedan und das Birrfeld in der Schweiz im Jahre 1960 nach Deutschland.

Kranich-III

Der Dreier-Kranich ist die einzige Nachkriegskonstruktion von Hans Jacobs und seine letzte Segelflugkonstruktion überhaupt. Der Kranich-III entstand in den Jahren 1951/52 unter der Mitarbeit von Richard Koitzsch bei Focke-Wulf in Bremen, wo bis 1957 insgesamt 37 Exemplare gebaut wurden. Mit dem Kranich-II hat der Nachkriegs-Kranich nicht mehr viel zu tun. Der Rumpf ist zum ersten Mal bei Jacobs eine Stahlrohrkonstruktion und der Tragflügel ist ziemlich genau, lediglich um zwei Quadratmeter Flügelfläche vergrößert, von der bewährten Weihe übernommen. Dieser Flügel hat einfache Trapezform, im Gegensatz zur Weihe aber eine gerade Flügelvorderkante, was eine negative Pfeilung des Holmes erforderlich macht. Da der Flügel sehr tief am Rumpf angesetzt ist, wird eine V-Form von 5 Grad notwendig. Der Flügel erhält charakteristische Endkeulen. Als Landehilfe dienen Schempp-

Muster:	Kranich-III
Konstrukteur:	Hans Jacobs/Richard Koitzsch
Hersteller:	Focke-Wulf, Bremen
Erstflug:	1. Mai 1952
Serienbau:	1952 bis 1957
Hergestellt insgesamt:	37
Zugelassen in Deutschland:	24
Anzahl der Sitze:	2
Spannweite:	18,10 m
Flügelfläche:	21,06 m^2
Streckung:	15,56
Flügelprofil:	Gö 549/Gö 676 (wie Weihe)
Rumpflänge:	9,12 m
Leitwerk:	normales Kreuzleitwerk
Bauweise:	Holz, Rumpf aus Stahlrohr
Rüstgewicht:	330 kp
Maximales Fluggewicht:	550 kp
Flächenbelastung:	19,9 kp/m^2 bis 26,1 kp/m^2
Flugleistungen (Herstellerangaben):	
Geringstes Sinken:	0,70 m/s bei 70 km/h
Bestes Gleiten:	30 bei 80 km/h

Hirth-Klappen, welche beim Ausfahren ein für den Kranich-III typisches Pfeifgeräusch entwickeln. Der relativ lange Rumpf hat recht geräumige Sitze und verschieden Versionen von Haupträdern, Bugkufen und Bugrädchen. Für Winden- und Flugzeugschlepp wird die DFS-Seitenwandkupplung verwendet. Der Prototyp des Kranich-III mit dem Kennzeichen D-3002 wird in weniger als einem halben Jahr gebaut. Doch der Erstflug am 1. Mai 1952 durch Hanna Reitsch auf dem Flughafen in Bremen bringt einige Schwierigkeiten. Der Kranich-III fliegt nicht, weil er viel zu schwanzlastig ist. 15 kp Ballast in der Rumpfspitze beseitigen dieses Übel. Beim nächsten Versuch blockiert das Seitenruder aerodynamisch. Es kann nur einmal auf eine Seite bedient werden und ist dann nicht mehr in Normallage zurückzubringen, der Nasenausgleich ist zu groß. Über Nacht wird ein neues Seitenruder gebaut, und am nächsten Morgen klappt alles bestens. Ende Juni 1952 fahren Hanna Reitsch und Ernst Frowein mit den beiden ersten Kranichen zur Weltmeisterschaft nach Spanien und belegen dort den dritten und den zweiten Platz in der Doppelsitzerklasse. Von den Kranich-III gehen einige ins Ausland, nach Spanien und Frankreich, wo die Franzosen Dauvin und Couston bei Mistral im Rhonetal vom 6. bis 8. April 1954 mit 57 Stunden und 10 Minuten den letzten registrierten Dauerweltrekord für Doppelsitzer aufstellen. Focke-Wulf muß mit dem Kranich-III auch gute handwerkliche Arbeit geleistet haben, denn von den mehr als 30 Jahre alten Flugzeugen sind immer noch 24 in Deutschland zugelassen. Wieder verdient der Kranich-III eine besondere Note für seine Flugeigenschaften. In einem ruhigen Bart schön ausgetrimmt kann man den Kranich ruhig für einige Kreise ohne Steuerausschläge seinem Element überlassen.

L-10Libelle

Die L-10 Libelle hat ebenso wie die Lom-57 Libelle aus der DDR, über die in einem späteren Kapitel ebenfalls ausführlich berichtet wird, nichts mit der berühmten Glasflügel-Libelle von Hütter-Hänle zu tun. Die L-10 Libelle ist vielmehr mit dem A-Spatz von Scheibe verwandt, von dem der Tragflügel mit geringfügigen Änderungen an der Flügelspitze übernommen wurde. Im Gegensatz zum Spatz ist der Rumpf eine Holzkonstruk-

Die L-10 Libelle hat einen aus dem Scheibe-Spatz abgeleiteten Tragflügel.

tion mit etwas heruntergezogenem Rumpfvorderteil und einer geblasenen Haube. Der Rumpf hat eine Kufe ohne Rad mit einem zweirädrigen Transportkuller. Auch die Leitwerke sind eigene Konstruktionen. Das L-10 steht für den Konstrukteur namens Langhammer. Die L-10 ist ein Einzelstück, welches im Jahre 1956 gebaut wurde. Der Rohbau entstand bei Josef Bitz in Haunstetten bei Augsburg. Fertiggestellt wurde das Flugzeug bei Linner und Adolf Zöller aus der Gegend von Karlsruhe, wo die Libelle heute noch zu Hause ist. Ursprünglich hatte das Flugzeug doppelte Spreizklappen auf der Flügelunterseite (eine Hälfte nach vorn und die andere Hälfte nach hinten ausfahrend), deren Wirkung aber ungenügend waren. Später wurden auf der Flügeloberseite jeweils dreiteilige Störklappen eingebaut, die zwischen den Rippen nach vorne angetrieben werden, womit nun eine problemlose Landung möglich ist. Die gelb und rot lackierte L-10 mit dem Kennzeichen D-8564 war in den letzten Jahren auf einigen Oldtimertreffen zu sehen.

Muster:	L-10 Libelle
Konstrukteur:	Langhammer
Hersteller:	Bitz/Linner/Zöller
Erstflug:	April 1957
Hergestellt insgesamt:	1
Zugelassen in Deutschland:	1 (D-8564)
Anzahl der Sitze:	1
Spannweite:	13,28 m (Tragflügel vom A-Spatz)
Flügelfläche:	10,90 m^2
Streckung:	16,18
Flügelprofil:	Scheibe
Rumpflänge:	6,50 m
Leitwerk:	normales Kreuzleitwerk
Bauweise:	Holz
Rüstgewicht:	156 kp
Maximales Fluggewicht:	244 kp
Flächenbelastung:	22,4 kp/m^2
Flugleistungen (geschätzt):	
Geringstes Sinken:	0,65 m/s bei 65 km/h
Bestes Gleiten:	28 bei 70 km/h

LCF-2

Die LCF-2 ist eine Konstruktion von Mitgliedern des Luftsport-Clubs Friedrichshafen, die speziell auf den Kunstflug ausgerichtet war. Das Team besteht aus den Ingenieuren Brunbauer, Friedel, Görgl, Hensinger und Herold, während für die Herstellung im Verein noch der Werkstattleiter Kramper hinzukam. Die ersten Arbeiten wurden 1971 geleistet und die LCF-2 (die LCF-1 war ein Bergfalke-II) konnte sich nach 4000 Arbeitsstunden im März 1975 in die Luft erheben. Flugleistungen und Flugeigenschaften orientierten sich an der Ka6, die der bis dahin zur Verfügung stehende Lo-100 doch deutlich überlegen war. Ursprünglich war das Leergewicht auf 170 kp veranschlagt, das dann um 20 kp überzogen wurde. Die Flugerprobung verlief sehr zufriedenstellend. Die LCF-2 mußte zur Flattererprobung bis 305 km/h geflogen werden, und auch bis zu 280 km/h waren die Bremsklappen auszufahren. Vor allem auch die Kunstflugtauglichkeit wurde ohne Schwierigkeiten

Die LFC-2 ist ein kunstflugtauglicher Amateurbau des Luftsportclubs Friedrichshafen.

Die LCF-2 in neuem Gewand nach dem Wiederaufbau im Jahre 1988.

nachgewiesen. H. Laurson gewann 1976 die Bayrischen Kunstflugmeisterschaften in Alt-Ötting und Günter Cichon erreichte den 5. Platz bei der Deutschen Meisterschaft 1977 in Linkenheim. Nach einigem Interesse aus Kunstfliegerkreisen war eine Serienfertigung der LCF-2 beim Scheibe-Flugzeugbau geplant, was sich aber dann doch zerschlug. Die LCF-2 hat einen Trapezflügel von 13 Metern Spannweite mit einer Flügelfläche von 10 Quadratmetern. Im Flügel sind Schempp-Hirth-Bremsklappen eingebaut. Der Rumpf ist eine Stahlrohrkonstruktion, und für das Rumpfvorderteil wurde die Schale der SF-27 verwendet, wie überhaupt eine enge Verbindung zur Firma Scheibe bestand, bei der Franz Friedel viele Jahre beschäftigt war. Die Leitwerke sind konventionell ausgeführt. Für die gute Bauausführung der LCF-2 bekam der Luftsport-Club Friedrichshafen im Jahre 1975 einen Preis der Oskar-Ursinus-Vereinigung.

Im Juni 1985 erlitt die LCF-2 nach dem Start bei der Allgäuer Segelflugwoche von Füssen aus einen schweren Schaden in den Allgäuer Alpen. Dabei wurde das Rumpfvorderteil vollkommen zerstört, während der in konventioneller Holzbauweise gefertigte Flügel kaum beschädigt wurde. Das Flugzeug wurde an Hanspeter Schmid in Biberach verkauft, der es von Anfang 1986 bis Frühjahr 1988 mit Unterstützung des Luftfahrttechnischen Betriebes Leo Meeder in Biberach wieder aufrüstete. Hanspeter Schmid bescheinigt der LCF-2 Flugleistungen ähnlich der Ka6. Er hat auch mehrere Dreihunderter geflogen; setzt das Flugzeug aber auch im Kunstflug ein. Die LCF-2 hat weiterhin das Kennzeichen D-6466 und ist auf dem Landeplatz in Biberach stationiert.

Anläßlich eines Fluglagers in Ungarn bestand Interesse an einem Nachbau des Segelflugzeuges. Im Mai 1988 wurde vom Luftsportclub Friedrichshafen ein Zeichnungssatz der LCF-2 nach Ungarn geliefert.

Muster:	LCF-2
Konstrukteur:	Luftsport-Club Friedrichshafen
Hersteller:	Luftsport-Club Friedrichshafen
Erstflug:	22. März 1975
Hergestellt insgesamt:	1
Zugelassen in Deutschland:	1 (D-6466)
Anzahl der Sitze:	1
Spannweite:	13,00 m
Flügelfläche:	10,00 m²
Streckung:	16,90
Flügelprofil:	S 01, S 02, FX 60-126
Rumpflänge:	6,35 m
Leitwerk:	normales Kreuzleitwerk
Bauweise:	Holz, Rumpf aus Stahlrohr
Rüstgewicht:	190 kp
Maximales Fluggewicht:	300 kp
Flächenbelastung:	30,0 kp/m²

Flugleistungen (DFVLR-Messung 1975):

Geringstes Sinken:	0,70 m/s bei 68 km/h
Bestes Gleiten:	30 bei 85 km/h

Lo-100 bis Lo-170 (Alfred Vogt)

Von den Flugzeugen von Alfred Vogt ist besonders der Kunstflug-Einsitzer Lo-100 mit 10 Metern Spannweite verbreitet. Wenig bekannt ist allerdings, daß Alfred Vogt eigentlich sein ganzes Leben in den Dienst der Fliegerei gestellt hat, daß sein erstes Flugzeug bereits im Jahre 1935 entstanden ist und viele Konstruktionen von seiner Mitarbeit beeinflußt sind. Dabei ist dem seit dem Jahre 1960 in Villingen am Rande des Schwarzwaldes lebenden Alfred Vogt nie der ganz große Durchbruch gelungen.

Alfred Vogt wurde am 12. August 1917 in Lundenburg im Sudetengau, einem Grenzort zwischen der heutigen CSFR und Österreich, geboren. Seine Ingenieurprüfung legte er 1940 an der Technischen Hochschule in Brünn ab. Bereits im Jahre 1935 baute Alfred Vogt zusammen mit seinem 1938 verstorbenen Bruder Lothar sein erstes Segelflugzeug mit der Bezeichnung Lo-105. Dieses Flugzeug, das schon einige Ähnlichkeit mit der späteren Lo-100 hat, leitet seinen Namen von der Spannweite von 10,50 m her sowie von den Anfangsbuchstaben des Vornamens des Bruders von Alfred Vogt, dem zu Ehren er die Bezeichnung beibehält. Nach dem Krieg zieht Alfred Vogt zusammen mit einem Kriegskameraden nach Peißenberg in Oberbayern, wo in den Jahren von 1948 bis 1952 in einem eigenen Betrieb die erste Lo-100 entsteht. 1955 bis 1959 ist Vogt bei Schempp-Hirth in Kirchheim, anschließend bei Binder-Aviatik in Donaueschingen, wo ein interessantes Ringflügelflugzeug entsteht, danach wieder bis 1962 bei Schempp-Hirth. In dieser Zeit entsteht unter Vogts Leitung die Standard-Austria S, ein Segelflugzeug M-1 mit 15 Metern Spannweite für den Amerikaner Matteson, die viersitzige Motormaschine Milan, ferner Teile eines Luftschiffes (Trumpf) sowie abmontierbare Attrappen von Kampfflugzeugen für die Amerikaner, Teile militärischer Flugzeuge und vieles mehr. Aus dieser Zeit stammt auch der Entwurf der Lo-170, die dann allerdings erst 1968 zum Fliegen kommt. Von 1962 bis 1971 ist Vogt bei Wagner-Helikopter in Friedrichshafen beschäftigt. Anschließend arbeitet Vogt freiberuflich an der Motorisierung von Segelflugzeugen (Blanik, Lo-170, GFK-Motorsegler in Jugoslawien), dann drei Jahre an der Entwicklung eines 26sitzigen Verkehrsflugzeuges in Landshut. Seit 1977 ist Vogt dann wieder freiberuflich tätig.

Konstrukteur der Lo-Flugzeuge ist Alfred Vogt.

Lo-100

Die Lo-100 war mindestens für 20 Jahre das Spezialflugzeug für Segelkunstflug in Deutschland. Obwohl es kaum mehr als 50 Flugzeuge dieses Typs auf der ganzen Welt gegeben hat, tauchte die kleine Maschine mit nur 10 Metern Spannweite immer wieder auf Flugtagen und bei der Kunstflugschulung auf. Um das Einsatzspektrum der Lo-100 zu erhöhen, gab es für Rumpf und Leitwerk der Lo-100 einen zweiten Flügel mit 15 Metern Spannweite, wobei diese Version dann die Bezeichnung Lo-150 hat. Offensichtlich war die Auslegung der Lo-100 für den Bereich des Segelkunstfluges sehr gelungen, denn 24 Jahre nach dem Erstflug der Lo-100 wurde zur Beteiligung an Wettbewerben von Fritz Steinlehner in Neuötting noch einmal ein Exemplar nachgebaut. Die Lo-100 hat einen einteiligen Flügel ohne V-Form mit einem Spezialprofil, das wegen seiner geraden Unterseite für den Rückenflug ausgewählt wurde. Für die Landung stehen nur Wölbklappen zur Verfügung, dafür läßt sich das Flugzeug aber sehr gut slippen. Auch damals gab es schon Querruder, die den Wölbklappen überlagert waren. Bei einem Maximalausschlag der Wölbklappen von 58 Grad gingen die Querruder bis auf 12 Grad mit. Das Flugzeug ist in konventioneller Holzbauweise gefertigt. Den Prototyp mit dem Kennzeichen D-1016, der seinen Erstflug im August 1952 anläßlich eines von Wolf Hirth veranstalteten Treffens auf dem Klippeneck durchführte, bekam der bekannte Kunstflieger Albert Falderbaum. Später ging der Prototyp nach Innsbruck. Herbert Tiling erhielt seinerzeit das zweite Flugzeug. Die ersten 22 Flugzeuge baute Alfred Vogt in seinem eigenen Betrieb in Peißenberg selbst. Der Preis lag damals unter 7000,– DM. Eine Anzahl Flugzeuge, hauptsächlich aber Lo-150 sind neben einigen Amateurbauten bei Wolf Hirth in Nabern in Lizenz hergestellt worden.

Lo-150/Lo-150b

Im Jahre 1953 entwickelte Alfred Vogt aus der Lo-100 das 15-m-Wölbklappenflugzeug Lo-150. Die Grundidee war, zum Rumpf des Kunstflug-Segelflugzeuges einen zweiten Flügel für den Leistungsflug zu bauen. Leider läßt sich heute nur noch schwer feststellen, wieviel Lo-150 tatsächlich gebaut worden sind. Bei Hirt jedenfalls sind in den Jahren von 1953 bis 1959 etwa 15 Lo-150 hergestellt worden, die hauptsächlich ins Ausland geliefert wurden. Eine Lo-150 war lange in Freiburg (Victor de Beauclair), der wegen des kurzen Rumpfes der Lo-100 die Seitenflosse auf die doppelte Fläche vergrößerte, was diesem Einzelstück die Baureihenbezeichnung Lo-150b einbrachte. 1977 wurde diese Seitenflosse wieder verkleinert, um das Flugzeug voll im Kunstflug fliegen zu können und »Salzmann« Düerkop hat diese Lo mit dem Kennzeichen D-8849 seit Frühjahr 1978 auf dem Klippeneck. Dann gibt es wohl nur noch eine zweite Lo-150 mit dem Kennzeichen D-5624 von Aribert Klaue aus Wuppertal. Der Flügel der Lo-150 hat interessanterweise dieselbe Flügelfläche wie die Lo-

Muster:	Lo-100
Konstrukteur:	Alfred Vogt
Hersteller:	Vogt, Wolf Hirth, Amateurbau
Erstflug:	2. August 1952
Serienbau:	1952 bis 1955
Hergestellt insgesamt:	etwa 45
Zugelassen in Deutschland:	22
Anzahl der Sitze:	1
Spannweite:	10,00 m
Flügelfläche:	10,90 m²
Streckung:	9,17
Flügelprofil:	Clark Y, Dicke 11,6 %
Rumpflänge:	6,15 m
Leitwerk:	gedämpftes Kreuzleitwerk
Bauweise:	Holz
Rüstgewicht:	143 kp
Maximales Fluggewicht:	265 kp
Flächenbelastung:	24,3 kp/m²
Flugleistungen (Herstellerangaben):	
Geringstes Sinken:	0,80 m/s bei 72 km/h
Bestes Gleiten:	25 bei 85 km/h

Muster:	Lo-150
Konstrukteur:	Alfred Vogt
Hersteller:	Wolf Hirth + Amateurbau
Erstflug:	1953 in Nabern
Serienbau:	1953 bis 1959
Hergestellt insgesamt:	etwa 20
Zugelassen in Deutschland:	etwa 2
Anzahl der Sitze:	1
Spannweite:	15,00 m
Flügelfläche:	10,90 m²
Streckung:	20,64
Flügelprofil:	Clark Y, Dicke 11,6 %
Rumpflänge:	6,15 m
Leitwerk:	gedämpftes Kreuzleitwerk
Bauweise:	Holz
Rüstgewicht:	200 kp
Maximales Fluggewicht:	310 kp
Flächenbelastung:	28,4 kp/m²
Flugleistungen (Herstellerangaben):	
Geringstes Sinken:	0,68 m/s bei 86 km/h
Bestes Gleiten:	34 bei 105 km/h

D-1016

FLUGGRUPPE ALT-NEUÖTTING E.V.
Kiebitz
D-4433

Linke Seite:

Oben: Der Prototyp der Lo-100 wurde beim Klippeneck-Treffen 1952 eingeflogen.

Unten: Ein Lo-100-Neubau des Jahres 1976 von Fritz Steinlehner mit einigen Modifikationen.

100 trotz der fünf Meter größeren Spannweite. Auch das Profil wurde übernommen. Wegen der wesentlich geringeren Flügeltiefe mußte der Flügel zum Rumpf hin stark ausgerundet werden. Wegen der geringen Profildicke ist der Flügel auch ziemlich weich und im Schnellflug biegen sich die Flügelenden deutlich nach unten. Die Wölbklappen gehen von minus 6 Grad bis plus 45 Grad und zur Landung befinden sich auf der Flügeloberseite zusätzlich Störklappen. Die meisten Lo-100/150 haben die DFS-Seitenwandkupplung und eine schmale Kufe mit einem kleinen festen Rad. Eine Lo-150 war es übrigens auch, mit der Wolf Hirth am 25. Juli 1959 in Nabern tödlich abstürzte.

Lo-170

Die Lo-170 ist für ihre Entstehungszeit um 1960 ein sehr fortschrittliches Leistungsflugzeug von 17 Metern Spannweite. Ursprünglich war eine Serienproduktion bei Schempp-Hirth geplant, wo Alfred Vogt zu jener Zeit arbeitete, und wo man sich aber dann für die Standard-Austria S und später für die SHK entschied. So wurde also in langwieriger Freizeitarbeit in den Jahren 1961

Muster:	Lo-170
Konstrukteur:	Alfred Vogt
Hersteller:	Alfred Vogt
Erstflug:	1968
Hergestellt insgesamt:	1
Zugelassen in Deutschland:	1 (D-0117)
Anzahl der Sitze:	1
Spannweite:	17,00 m
Flügelfläche:	13,15 m^2
Streckung:	21,98
Flügelprofil:	FX 61-184, 61-163, 61-148
Rumpflänge:	7,08 m
Leitwerk:	Pendel-Kreuzleitwerk
Bauweise:	Holz, GFK, Stahlrohr
Rüstgewicht:	326 kp
Maximales Fluggewicht:	440 kp
Flächenbelastung:	31,6 kp/m^2 bis 33,5 kp/m^2
Flugleistungen (Herstellerangaben):	
Geringstes Sinken:	0,58 m/s bei 70 km/h
Bestes Gleiten:	36 bei 92 km/h

Die Lo-150 ist eine Leistungsflug-Variante mit 15 Metern Spannweite.

17 Meter Spannweite hat das Leistungsflugzeug Lo-170.

bis 1968 ein Prototyp für Bodo Stähle in Schwenningen fertiggestellt. Das Profil des eleganten Trapezflügels stammt aus der berühmten Profilschar FX61–184, die heute noch bei der DG-100 und der ASW–19 verwendet wird. Die Lo-170 mit Einziehfahrwerk und gepfeiltem Seitenleitwerk ist in Gemischtbauweise gefertigt. Der Flügel ist in Sperrholzschalenbauweise in einer Negativform hergestellt und mit GFK überzogen. Die Rumpfröhre ist aus Sperrholz und ebenfalls mit Kunststoff vergütet. Das Rumpfvorderteil ist eine Stahlrohrkonstruktion, welche mit einer GFK-Schale verkleidet ist. Die Wölbklappen haben einen Bereich von plus 10 Grad bis minus 5 Grad. Auf der Flügeloberseite befinden sich Schempp-Hirth-Bremsklappen. Der Erstflug der Lo-170 als Segelflugzeug mit dem Kennzeichen D-0117 fand am 20. November 1968 in Friedrichshafen statt. Im Jahre 1972 bekam die Lo-170 zwei Aufsteckmotoren (Lloyd mit je 23 PS bei 5500 Umdrehungen) und Bodo Stähle führte den Erstflug als Motorsegler (D-KAVV) mit beachtlicher Geräuschentwicklung am 20. August 1972 auf dem Klippeneck durch. Derzeit wird die Spannweite des Flugzeuges mit zwei Aufsteckflügeln auf 20 Meter vergrößert, wobei die Hauptarbeiten bei Neukom in Schaffhausen durchgeführt wurden. Die neue Typenbezeichnung wird dann Lo-200M heißen.

Lom-57 Libelle

Die Lom-57 Libelle, ein konventioneller Holzeinsitzer mit 16,50 m Spannweite, hat, wie bereits bei der L-10 Libelle erwähnt, nichts mit der berühmten und weit verbreiteten Kunststoff-Libelle von Glasflügel zu tun. Sie war vielmehr vor 1990 das wohl einzige DDR-Segelflugzeug, welches in der Bundesrepublik zugelas-

Die Lom-57 Libelle stammt aus der früheren DDR.

sen wurde. Dabei ist der Weg dieser Lom-57 Libelle mit dem Kennzeichen D-5813 etwas abenteuerlich. Das Flugzeug hatte nämlich um 1960 in der ehemaligen DDR etwa 40 Starts geflogen und kam dann mit einem Vertreter, der das Flugzeug in der Bundesrepublik verkaufen sollte, nach Schmallenberg im Sauerland. Dort stand das Flugzeug einige Zeit verwaist herum und wurde dem Vernehmen nach vom dortigen Verein unmittelbar von der damaligen DDR-Regierung gekauft. Das hier vertretene Exemplar mit der Werk-Nr. 015 ist Baujahr 1959 und hat 603 Flugstunden bei 728 Starts (Anfang 1978). Seit einigen Jahren ist diese Maschine in Nordenham in der Gegend von Bremen stationiert, wo jetzt auch eine Grundüberholung durchgeführt wurde. Bei dieser Gelegenheit bekam das Flugzeug auch eine längere neue Haube, die von der LS-1 übernommen wurde. Der Rumpf hat eine seitliche Klapphaube mit einem festen verkleideten Rad. Das gedämpfte Höhenleitwerk hat leichte V-Form. Der Trapeztragflügel ist konventionell gebaut und hat Schempp-Hirth-Bremsklappen. Dieses Flugzeug hat ein »altes« Normalprofil (Gö549), während es auch für denselben Rumpf einen weiteren Tragflügel mit Laminarprofil und Wölbklappen gab. Ferner war auch für die Standard-Klasse ein 15-Meter-Flügel lieferbar. Das Flugzeug soll sehr angenehm zu fliegen sein, mit gut ausgeglichenen Rudern und geringen Steuerdrücken. In der Typenbezeichnung steht das Entwurfsjahr von 1957, während der Prototyp der Lom-57 Libelle seinen Erstflug im Frühjahr 1958 durchführte.

Muster:	Lom-57 Libelle
Hersteller:	VEB Apparatebau Lommatzsch/DDR
Erstflug:	1958
Hergestellt insgesamt:	nicht bekannt
Zugelassen in Deutschland:	1 (D-5813)
Anzahl der Sitze:	1
Spannweite:	16,50 m
Flügelfläche:	14,85 m^2
Streckung:	18,33
Flügelprofil:	Gö 549
Rumpflänge:	6,60 m
Leitwerk:	normales Kreuzleitwerk mit Flettnertrimmung
Bauweise:	Holz
Rüstgewicht:	230 kp
Maximales Fluggewicht:	330 kp
Flächenbelastung:	22,2 kp/m^2

Flugleistungen (Herstellerangaben):

Geringstes Sinken:	0,66 m/s bei 68 km/h
Bestes Gleiten:	31,5 bei 78 km/h

LS-1 bis LS-7 (Rolladen-Schneider)

Die Firma Rolladen-Schneider aus Egelsbach bei Frankfurt stellt seit dem Jahre 1967 Segelflugzeuge her. Die Firmengründung des Flugzeugbaus geht zurück auf Kontakte von Walter Schneider zur Akademischen Fliegergruppe Darmstadt, wo sich der Juniorchef und begeisterte Segelflieger unter Anleitung und Aufsicht der Akaflieg einen zweiten Prototyp der berühmten D-36 (D-4686) baut. Aus der Erfindungsmannschaft der D-36 geht Wolf Lemke nach Abschluß seines Studiums zur neugegründeten Firma, wo im Mai 1967 die erste LS-1 (LS=Lemke/Schneider) fliegt. Nach einigen Jahren wird der ursprüngliche Betrieb eingestellt und Rolladen-Schneider baut nur noch Segelflugzeuge. Die Firma wird zu einem der erfolgreichsten Segelflugzeughersteller in Deutschland. Im Laufe des Jahres 1991 verläßt das zweitausendste LS-Segelflugzeug den Betrieb in Egelsbach. Erfolgreichstes Flugzeug nicht nur von der Stückzahl her ist die LS-4, von der von 1980 bis 1991 mehr als 800 Exemplare gefertigt wurden. Nach dem Standard-Astir, von dem in mehreren Baureihen über 1200 Exemplare hergestellt wurden, erreichte kein anderes Kunststoff-Segelflugzeug eine so hohe Stückzahl. Zur besseren Übersicht sind die einzelnen LS-Flugzeugmuster mit Erstflugdaten und Stückzahlen aufgeführt: (Stand: Juni 1991)

LS-1 o bis LS-1 ef	Mai 1967	219
LS-1 f	5. 3. 1974	226
LS-2	10. 3. 1973	1
LS-3	6. 2. 1976	429 (alle Baureihen)
LSD-Ornith	30. 5. 1972	1
LS-3 Standard	März 1979	1
LS-4	28. 3. 1980	825 (alle Baureihen)
LS-5	12. 5. 1988	1
LS-6	25. 2. 1985	223 (alle Baureihen)
LS-7	11. 12. 1987	145

Im Jahre 1991 stehen die Segelflugzeuge LS-4, LS-6 und LS-7 in Produktion.

LS-1 o bis LS-1 d

Mit der LS-1 d wird im Grunde eine Entwicklung abgeschlossen, die mehr als 200 Kunststoff-Standard-Flugzeuge umfaßt, die sich hauptsächlich durch Bremsklappen und spätere Änderungen der Standard-Klasse wie Fahrwerk und Wasserballast unterscheiden. Der Tragflügel bleibt dann eigentlich bis zur LS-1 f erhalten, die sich aber durch Rumpf und Leitwerke gänzlich von den

Muster:	LS-1 d
Konstrukteur:	Wolf Lemke
Hersteller:	Rolladen-Schneider
Serienbau:	1967 bis 1974 (LS-1 o bis LS-1 d)
Hergestellt insgesamt:	216 (LS-1 o bis LS-1 d)
Zugelassen in Deutschland:	127 (LS-1 o bis LS-1 d)
Anzahl der Sitze:	1
Spannweite:	15,00 m (Standard-Klasse)
Flügelfläche:	9,74 m^2
Streckung:	23,10
Flügelprofil:	FX 66-S-196 modifiziert
Rumpflänge:	7,20 m
Leitwerk:	ungedämpftes T-Leitwerk
Bauweise:	GFK
Rüstgewicht:	210 kp
Maximales Fluggewicht:	341 kp
Flächenbelastung:	30,8 kp/m^2 bis 35,0 kp/m^2

Flugleistungen (DFVLR-Messung 1971 einer LS-1 C):

Geringstes Sinken:	0,63 m/s bei 78 km/h
Bestes Gleiten:	36 bei 90 km/h

61
D-0121

D-0136
4

Die LS-1 f hat ein gedämpftes Höhenleitwerk.

ersten vier Baureihen unterscheidet.
Die 16 Flugzeuge der LS-1 o hatten ursprünglich eine Hinterkanten-Drehbremsklappe nach Art einiger Elfe-Prototypen und ein festes Rad. Nachträglich wurde dann teilweise ein Einziehfahrwerk eingebaut. Diese Hinterkantenbremsklappen bewährten sich in der Praxis nicht so recht, so daß der Flügel auf beidseitig wirkende Schempp-Hirth-Bremsklappen umgerüstet wurde, wobei dann später wie bei vielen anderen Flugzeugen der Standard-Klasse diese Schempp-Hirth-Klappen nur noch nach oben ausfahrbar gebaut wurden. Trotz des langen Rumpfes der LS-1 war dann die Seitenruderwirkung noch verbesserungsfähig, so daß die Fläche des Seitenruders um 10 Prozent vergrößert wurde. Die LS-1 d brachte dann Wassertanks von 60 Litern und ein maximales Fluggewicht von 341 kp.

Linke Seite:

Oben: Eine LS-1 über dem Schwarzwald.

Unten: Die 16 Exemplare der LS-10 hatten Hinterkanten-Drehbremsklappen.

LS-1 f

In den ersten Jahren war es sehr schwierig, an eine LS-1 heranzukommen. Die Lieferkapazität war nicht allzu groß, so daß Lieferzeiten von mehr als einem Jahr üblich waren, obwohl eigentlich immer nur ein bestimmter Flugzeugtyp hergestellt wurde. Bei der LS-1 f ab dem Jahre 1974 wurde es dann besser, nachdem in gut drei Jahren mehr LS-1 f hergestellt wurden als von den ersten Baureihen in den ersten sieben Jahren.
Bei der LS-1 f wurden Erfahrungen der LS-2 berücksichtigt. Vorläufer des Serienflugzeuges LS-1 f waren die LS-1 e und die LS-1 ef, wobei zuerst das Höhenleitwerk der LS-2 und später der Rumpf der LS-2 übernommen wurde. Der Doppeltrapezflügel, der für die LS-1 eigentlich charakteristisch ist und der in der LS-1-Club weiterleben soll, blieb von Anfang an erhalten. Das Rumpfvorderteil der LS-1 f wurde gegenüber der LS-2 etwas abgeändert und zum ersten Mal taucht die nach vorne oben öffnende einteilige Haube auf. Im Cockpit geht es etwas eng zu, so daß ab der LS-3 das Rumpf-

Cockpit und Haube der LS-1f.

Muster:	LS-1 f
Konstrukteur:	Wolf Lemke
Hersteller:	Rolladen-Schneider
Serienbau:	1974 bis 1977
Hergestellt insgesamt:	226
Zugelassen in Deutschland:	134
Anzahl der Sitze:	1
Spannweite:	15,00 m (Standard-Klasse)
Flügelfläche:	9,75 m^2
Streckung:	23,08
Flügelprofil:	FX 66-S-196 modifiziert
Rumpflänge:	6,80 m
Leitwerk:	gedämpftes T-Leitwerk
Bauweise:	GFK
Rüstgewicht:	200 kp
Maximales Fluggewicht:	390 kp
Flächenbelastung:	29,7 kp/m^2 bis 40,0 kp/m^2

Flugleistungen (DFVLR-Messung 1976):

Geringstes Sinken:	0,62 m/s bei 72 km/h
Bestes Gleiten:	37 bei 93 km/h

vorderteil wieder etwas geräumiger gestaltet wird. Den Erstflug der LS-1f mit dem Kennzeichen D-3252 führte Wolf Lemke am 5. März 1974 in Egelsbach durch.

LS-2

Die LS-2 ist ein Experimental-Einzelstück, das seinen Erstflug am 10. März 1973 durchführte. Das 15-m-Wölbklappenflugzeut entstand unter dem Einfluß der damaligen Regel für die Standard-Klasse, die keine den Querrudern überlagerte Wölbklappen gestattete. Das führte dazu, daß die Querruder sehr kurz und tief ausfielen, um möglichst viel Fläche für die Wölbklappen zur Verfügung zu haben. Aus Schwerpunktgründen hatte der Flügel eine negative Pfeilung von drei Grad. Als Profil fand wieder das berühmte Nimbus-Profil FX 67-K-170 Verwendung. Weil zur Wölbklappe keine zusätzlichen Lande- oder Bremsklappen zugelassen waren, mußte mit einer Landestellung der Wölbklappen von 70 Grad gelandet werden, was einige Schwierigkeiten bereitete. Das war wohl auch der Grund, warum die LS-2 im Gegensatz zur PIK-20B, die in der Auslegung sehr ähnlich war, nicht in Serie ging. Helmut Reichmann gewann mit der LS-2 im Jahre 1974 die Weltmeisterschaft der Standard-Klasse in Waikerie in Australien.

Muster:	LS-2
Konstrukteur:	Wolf Lemke
Hersteller:	Rolladen-Schneider
Erstflug:	1973
Hergestellt insgesamt:	1
Zugelassen in Deutschland:	1 (D-2971)
Anzahl der Sitze:	1
Spannweite:	15,00 m
Flügelfläche:	10,29 m^2
Streckung:	21,87
Flügelprofil:	FX 67-K-170
Rumpflänge:	6,80 m
Leitwerk:	gedämpftes T-Leitwerk
Bauweise:	GFK
Rüstgewicht:	240 kp
Maximales Fluggewicht:	360 kp
Flächenbelastung:	32,1 kp/m^2 bis 34,99 kp/m^2

Flugleistungen (Angaben Schneider):

Geringstes Sinken:	0,65 m/s bei 80 km/h
Bestes Gleiten:	40 bei 100 km/h

LS-3

Mit der LS-3 flog im Februar 1976 das erste neue Flugzeug der 15-m-Klasse. Zwei Dinge fallen an dieser

Rechte Seite:

Oben: Der Prototyp der LS-2 mit den negativ gepfeilten Tragflügeln.

Unten: Die LS-3 war das erste Rennklasse-Flugzeug in Deutschland.

Maschine besonders auf. Es sind einmal die durchgehenden Wölbklappen, die gleichzeitig als Querruder über die ganze Spannweite wirken, und zum anderen hat die LS-3 die größte Flügelfläche aller LS-Einsitzer. Diese einteiligen Klappen brachten in der Flugerprobung einige Probleme, nachdem im Hochgeschwindigkeitsbereich Flattererscheinungen aufgetreten waren. Der Massenausgleich pro Flügel erforderte 6,5 kg, so daß die insgesamt 13 kg Blei des Tragflügels ganz schön zu Buch schlugen. Auch sonst fiel die LS-3 nicht gerade leicht aus, wobei das Rüstgewicht von etwa 270 kp die dichterische Umwandlung von LS-3 in LS-Blei geradezu nahelegte. Im Laufe der Flugerprobung kam man auch einer Leistungseinbuße auf die Spur, welche durch eine Durchströmung des langen Klappenspaltes auf der ganzen Spannweite verursacht wurde. Hier konnte mit einer s-förmig verklebten speziellen Kunststoff-Folie Abhilfe geschaffen werden. Die LS-3 fand gleich ein gutes Echo in den Kreisen der Leistungssegelflieger und führt heute die Liste der Stückzahlen in Deutschland an. Der Prototyp hat das Kennzeichen D-8941.

Wie bereits erwähnt wird ab Frühjahr 1978 die LS-3 als LS-3a gebaut. Querruder und Wölbklappen werden wieder geteilt und zusammen mit anderen Maßnahmen läßt sich das Rüstgewicht auf etwa 250 kp senken. Die Seitenruderflosse wird um 20% Fläche vergrößert, ferner werden die Profile von Seiten- und Höhenleitwerk geändert (neue Wortmann-Leitwerksprofile), und das Höhenleitwerk erhält auch eine etwas größere Streckung.

Muster:	LS-3
Konstrukteur:	Wolf Lemke
Hersteller:	Rolladen-Schneider
Erstflug:	4. Februar 1976
Serienbau:	1976 bis 1984
Hergestellt insgesamt:	429
Zugelassen in Deutschland:	164
Anzahl der Sitze:	1
Spannweite:	15,00 m (FAI-15-m-Klasse)
Flügelfläche:	10,50 m^2
Streckung:	21,43
Flügelprofil:	Wortmann modifiziert
Rumpflänge:	6,86 m
Leitwerk:	gedämpftes T-Leitwerk
Bauweise:	GFK
Rüstgewicht:	270 kp
Maximales Fluggewicht:	470 kp
Flächenbelastung:	34,3 kp/m^2 bis 44,8 kp/m^2
Flugleistungen (Herstellerangaben):	
Geringstes Sinken:	0,60 m/s bei 70 km/h
Bestes Gleiten:	40 bei 100 km/h

Eine LS-3 mit Aufsteckflügeln für 17 m Spannweite.

LS
D-2971

LS3
D-2817
BI
D-9252
SL
FF
84
PZ
D-0736

Der aus der LS-1 abgeleitete Doppelsitzer LSD-Ornith.

LSD Ornith

Der Doppelsitzer LSD Ornith (D für Doppelsitzer) ist ein eher privat entstandenes Segelflugzeug hoher Leistungsfähigkeit, das sich Wolf Lemke zusammen mit Karl Pummer in den Werkstätten von Schneider selbst erbaut hat. Die LSD Ornith mit dem Kennzeichen D-0740 flog zum ersten Mal am 3. Mai 1972, einige Wochen vor der Braunschweiger SB-10, und darf so die Ehre auf sich nehmen, der erste Doppelsitzer in Kunststoff-Bauweise zu sein. So weit als möglich wurden Teile aus der Einsitzer-Produktion der LS-1 verwendet. Der Rumpf wurde fast unverändert von der LS-1 übernommen, was zur Folge hat, daß es sehr eng zugeht. Die Pedale des hinteren Sitzes sind beinahe auf der Höhe des vorderen Steuerknüppels. Die Haube ist zweiteilig und geht etwa zurück bis zur Höhe des Holmes. Der Rumpf hat ein festes Rad und eine kleine Kufe. Auffallend ist das mehr als doppelt so große Seitenruder. Die Flügel sind an der Wurzel um je 1,50 m verlängert, so daß sich eine Spannweite von 18 m ergibt. Die negative Pfeilung beträgt zwei Grad. Als Landehilfe dienen Schempp-Hirth-Bremsen auf der Flü-

Muster:	LSD Ornith
Konstrukteur:	Wolf Lemke
Hersteller:	Lemke/Pummer in Fa. Schneider
Erstflug:	3. Mai 1972
Hergestellt insgesamt:	1
Zugelassen in Deutschland:	1 (D-0740)
Anzahl der Sitze:	2
Spannweite:	18,00 m
Flügelfläche:	12,40 m^2
Streckung:	26,13
Flügelprofil:	FX 66-S-196 modifiziert
Rumpflänge:	7,50 m
Leitwerk:	Pendel-T-Leitwerk
Bauweise:	GFK
Rüstgewicht:	287 kp
Maximales Fluggewicht:	450 kp
Flächenbelastung:	30,4 kp/m^2 bis 36,3 kp/m^2
Flugleistungen (Herstellerangaben):	
Geringstes Sinken:	0,60 m/s bei 75 km/h
Bestes Gleiten:	40 bei 90 km/h

Linke Seite:
Oben: Das Einzelstück LS-2 mit dem negativ gepfeilten Tragflügel.
Unten: Die LS-3 war das erste Rennklasse-Flugzeug in Deutschland.

geloberseite. Der Doppelsitzer hat für Windenstart und F-Schlepp zwei getrennte Kupplungen und stellt fliegerisch keine besonderen Anforderungen. Interessant ist angesichts der heutigen Doppelsitzer von gewichtigen Ausmaßen das Rüstgewicht der LSD von 387 kp, das man aber wegen der geschilderten Einzelheiten nicht ohne weiteres mit einem regulären Doppelsitzer vergleichen kann.
In Samedan/Schweiz und in Südafrika wurden mit der LSD Ornith einige beachtliche Rekordflüge erzielt.

LS-4

Das Standard-Klasse-Segelflugzeug LS-4 ist das bisher erfolgreichste Segelflugzeug der Hauses LS. Seit dem Jahre 1980 sind in den ersten elf Jahren bisher mehr als 800 Exemplare gebaut worden. Nachdem in den ersten Jahren vorwiegend Leistungsflieger das Flugzeug kauften, findet die LS-4 nun verstärkt Eingang in die Vereine. In der Tat ist die LS-4 ein führendes Wettbewerbsflugzeug, hat aber gleichzeitig so problemlose Flugeigenschaften, daß es ohne Schwierigkeiten im Vereinsflugbetrieb eingesetzt werden kann. Bevor nun die LS-4 näher beschrieben wird, muß auf ihr Vorgängerflugzeug, die LS-3 Standard eingegangen werden. Wie schon der Bezeichnung zu entnehmen ist,

Muster:	LS-4a
Konstrukteur:	Wolf Lemke
Hersteller:	Rolladen Schneider
Erstflug:	28. März 1980 (LS-4)
Serienbau:	ab 1980
Hergestellt insgesamt:	825 (alle Baureihen) bis 6/91
Zugelassen in Deutschland:	etwa 400
Anzahl der Sitze:	1
Spannweite:	15,00 m (Standard-Klasse)
Flügelfläche:	10,50 m²
Streckung:	21,43
Flügelprofil:	Wortmann modifiziert
Rumpflänge:	6,83 m
Leitwerk:	gedämpftes T-Leitwerk
Bauweise:	GFK
Rüstgewicht:	238 kg
Maximales Fluggewicht:	525 kg
Flächenbelastung:	29 bis 50 kg/m²
Flugleistungen (gemessene Polare):	
Geringstes Sinken:	0,60 m/s bei 80 km/h
Bestes Gleiten:	40,5 bei 105 km/h

Die LS-3 Standard im Jahre 1979.

Die »moderne« LS-3 Standard auf dem Fluggelände in Blaubeuren.

handelt es sich um eine Standard-Version des Wölbklappen-Flugzeuges LS-3. Unter der Leitung von Hansjörg Streifeneder (siehe Kapitel »Falcon«), der von 1975 bis 1980 bei Rolladen-Schneider beschäftigt war, wurde der Flügel mit fixierter Wölbklappenstellung null Grad in den Formen der LS-3 mit einer zusätzlichen Profiländerung im Wurzelbereich gebaut. Erstaunlich gute Flugleistungen kamen bei dem Einzelstück mit dem Kennzeichen D-6776 heraus. Die LS-3 Standard trug zuerst die Wettbewerbsnummer OU und war dann viele Jahre bis 1991 mit dem Kennzeichen EI bei Charly Bauder in Blaubeuren.

1980 wurde Hans Glöckl in Aalen Deutscher Meister in der Standard-Klasse mit dem Einzelstück LS-3 Standard. Doch zurück zur LS-4. Für die Serie wurde das Wortmann-Profil noch einmal überarbeitet. Auch gab es Änderungen bei der Position der Querruder. Gegenüber der LS-1f wurde das Rumpfvorderteil der LS-4 wieder geräumiger. Bei der Version LS-4a wurde u.a. das maximale Fluggewicht auf 525 kg erhöht. Zuvor hatten sich bei der Weltmeisterschaft 1981 in Paderborn 16 von 27 Piloten für die LS-4 entschieden, wobei der Franzose Marc Schroeder mit einer LS-4 den Titel gewann. Der Siegeszug der LS-4 hatte begonnen.

LS-5

1980 wurde mit dem Erstflug der LS-4 auch ein Flugzeug der Offenen Klasse angekündigt, das in einer kleinen Serie von 10 Flugzeugen hätte gebaut werden sollen. Nachdem aber 1981 Nimbus-3 und ASW-22

Muster:	LS-5
Konstrukteur:	Wolf Lemke
Hersteller:	Klaus Mies, Kaiserslautern
Erstflug:	12. Mai 1988
Hergestellt insgesamt:	1
Zugelassen in Deutschland:	1 (D-7742)
Anzahl der Sitze:	1
Spannweite:	22,78 m
Flügelfläche:	13,92 m²
Streckung:	37,28
Flügelprofil:	Wortmann modifiziert
Rumpflänge:	6,96 m
Leitwerk:	gedämpftes T-Leitwerk
Bauweise:	Faserverstärkte Kunststoffe
Rüstgewicht:	370 kg
Maximales Fluggewicht:	696 kg
Flächenbelastung:	maximal 50 kg/m²
Flugleistungen:	
Geringstes Sinken:	ca. 0,40 m/s bei 80 km/h
Bestes Gleiten:	etwa 55 bei 100 km/h

Die LS-4 ist das erfolgreichste Segelflugzeug der Firma Rolladen-Schneider.

Ein Einzelstück mit fast 23 m Spannweite ist die LS-5.

erschienen, begrub Walter Schneider wieder seinen Traum von der LS-5. Allerdings waren die Formen für dieses Flugzeug bereits fertig, so daß es doch noch in einem Einzelstück, aber nicht bei Rolladen-Schneider sondern im Amateurbau durch Klaus Mies aus Kaiserslautern, verwirklicht wurde. Der Erstflug fand deshalb erst 1988 statt. Die LS-5 trägt das Kennzeichen D-7742 und die Wettbewerbsnummer A3. Das Flugzeug ist heute auf dem Flugplatz in Marpingen stationiert.

LS-6

Im Februar 1985 flog zum ersten Mal der Nachfolger der LS-3 als Flugzeug der 15-Meter-Klasse, die LS-6. Technologische und aerodynamische Erkenntnisse aus den Erfahrungen mit der LS-3 und der LS-4 bestimmen die Auslegung der LS-6, die eine vollkommen neue Entwicklung war. Der Flügel wurde als Doppeltrapez ausgelegt mit einem modifizierten Wortmannprofil, das nur eine Dicke von 13,2 Prozent aufweist. Während die LS-4 ganz aus Glasfaser gebaut ist, und bei der LS-3 teilweise Kevlar erprobt wurde, mußten bei der LS-6 zum ersten Mal Kohlefaser-Holmgurte verwendet werden. Lediglich die Flügelfläche blieb wie bei der LS-3

Muster:	LS-6
Konstrukteur:	Wolf Lemke
Hersteller:	Rolladen Schneider
Erstflug:	25. Februar 1985
Serienbau:	ab 1985
Hergestellt insgesamt:	223 (alle Baureihen) bis 6/91
Zugelassen in Deutschland:	etwa 60
Anzahl der Sitze:	1
Spannweite:	15,00 m (15-m-Standard-Klasse)
Flügelfläche:	10,50 m^2
Streckung:	21,43
Flügelprofil:	Wortmann mod. (13,2% dick)
Rumpflänge:	6,80 m
Leitwerk:	gedämpftes T-Leitwerk
Bauweise:	Faserverstärkte Kunststoffe
Rüstgewicht:	250 kg
Maximales Fluggewicht:	525 kg
Flächenbelastung:	31 bis 50 kg/m^2
Flugleistungen (Herstellerangaben):	
Geringstes Sinken:	0,58 m/s bei 85 km/h
Bestes Gleiten:	44 bei 105 km/h

bei 10,50 m^2. Der Rumpf wurde leider wieder etwas enger als bei der LS-4. Die Haube öffnet zusammen mit den Instrumenten. Vorübergehend traten Flatterprobleme auf, die die Verwendung eines Dämpfers erforderlich machten. Bei der LS-6 mit einer Verwendung von Kohle auch in der Flügelschale konnte dann neben

Eine LS-6 auf dem Segelfluggelände in Hilzingen.

Die LS-7 ist ein Konkurrenzmuster zur LS-4.

weiteren konstruktiven Änderungen auf den Dämpfer wieder verzichtet werden. Am 16. März 1990 flog zum ersten Mal die LS-6 mit einer Spannweite von 17,50 Metern, von der im ersten Jahr bereits 35 Exemplare gebaut wurden. Allerdings hat sich Rolladen-Schneider als einziger der großen deutschen Hersteller noch nicht mit einer Motorisierung seiner Segelflugzeuge befaßt.

LS-7

In früheren Jahren ist bei Rolladen-Schneider immer nur ein Segelflugzeug in Produktion gewesen. Nun wird nicht nur mit der LS-4 und der LS-6 gleichzeitig ein Flugzeug der Standard- und 15-Meter-Klasse hergestellt, sondern die LS-4 hat mit der LS-7 in der selben Klasse Konkurrenz im selben Hause. Die LS-7 hat im Vergleich zur LS-4 wieder einen kleineren Flügel mit einer Fläche von 9,80 m², genau so viel übrigens wie früher bei der LS-1. Die LS-7 hat einen neu profilierten Doppeltrapezflügel in KfK-Sandwich-Bauweise. Die Querruder sind in Kevlar hergestellt, ebenso wie das Höhenruder. Rumpf und Seitenflosse bestehen aus GfK. Zum ersten Mal gibt es bei einem LS-Flugzeug automatische Querruder- und Bremsklappenanschlüsse, die dann auch bei der LS-4 angeboten werden. Die LS-7 hat sich bei Leistungsfliegern noch nicht so ganz durchgesetzt, die teilweise noch zwischen der LS-4 und der LS-7 schwanken. Der Erstflug der LS-7 fand im Dezember 1987 statt, und in den ersten drei Jahren sind nur gut 100 Exemplare hergestellt worden.

Muster:	LS-7
Konstrukteur:	Wolf Lemke
Hersteller:	Rolladen Schneider
Erstflug:	11. Dezember 1987
Serienbau:	ab 1988
Hergestellt insgesamt:	145 bis 6/91
Zugelassen in Deutschland:	etwa 35
Anzahl der Sitze:	1
Spannweite:	15,00 m (Standard-Klasse)
Flügelfläche:	9,80 m²
Streckung:	22,96
Flügelprofil:	Wortmann modifiziert
Rumpflänge:	6,66 m
Leitwerk:	gedämpftes T-Leitwerk
Bauweise:	Faserverstärkte Kunststoffe
Rüstgewicht:	235 kg
Maximales Fluggewicht:	540 kg
Flächenbelastung:	32 bis 50 kg/m²
Flugleistungen (Herstellerangaben):	
Geringstes Sinken:	0,58 m/s bei 80 km/h
Bestes Gleiten:	etwa 43 bei 105 km/h

Ly-542 K Stösser

Die Ly-542 K Stösser ist ein doppelsitziges Spezialflugzeug für den Kunstflug. Sie ist bis heute wohl das einzige Segelflugzeug, mit dem außer dem Looping nach vorne alle üblichen Kunstflugfiguren für die Schu-

Vorläufer der Ly-542 K war der nicht kunstflugtaugliche Doppelsitzer Ly-532.

Die Ly-542K ist der einzig voll kunstflugtaugliche Segelflugzeug-Doppelsitzer in Deutschland.

lung auch doppelsitzig geflogen werden können. Die Bezeichnung erklärt sich aus der Abkürzung für den Konstrukteur Paul Lüty, der auf wahrhaft tragische Weise sein Leben lassen mußte, dem 54 für das Konstruktionsjahr und der 2 für den Doppelsitzer. Das K steht für Kunstflug, wobei die Ly-542K einen nicht kunstflugtauglichen Vorgänger mit der Bezeichnung Ly-532 hat. Dieses Flugzeug trug früher das Kennzeichen D-5325, ist aber nicht mehr zugelassen, nachdem eigenmächtig das Rumpfvorderteil verlängert wurde. Beide Flugzeuge wurden bei Atze Ahrens in Krefeld gebaut. Die Ly-542K hat eine Spannweite von nur 12,80 Metern und dennoch ein Rüstgewicht von über 300 kp. Eine Hälfte des zweiteiligen Flügels wiegt um 80 kp, der Rumpf etwa 120 kp und das Höhenleitwerk 11 kp. Alle Ruder sind massenausgeglichen und die Höchstgeschwindigkeit bei ruhigem Wetter beträgt 300 km/h. Der auf der Oberseite voll mit Sperrholz beplankte Flügel hat Schempp-Hirth-Bremsklappen und an der Flügelnase eine negative Pfeilung von 5 Grad. Die V-Form ist mit 1,5 Grad relativ gering. Der Rumpf ist eine Holzkonstruktion mit einer festen, unverkleideten und mit Gummi gedämpften Kufe. Zum Bodentransport wird ein Zwillingsfahrwerk verwendet. Für Winden- und Flugzeugschlepp sind Seitenwandkupplungen eingebaut. Eine Besonderheit des Flugzeuges ist die Grenzschichtabsaugung im Bereich der Querruder. Dadurch ergibt sich auch eine gute Rollwendigkeit in allen Geschwindigkeitsbereichen mit sehr geringen Steuerdrücken, obwohl die Querruder selbst nur eine Tiefe von 8 cm haben. Das heute noch existierende einzige Muster wird von der Interessengemeinschaft Kunstflug (IGK) in Kerpen eingesetzt (Fluglehrer Heinz Clasen) und ist hauptsächlich in Genk in Belgien stationiert. Seit ihrem Erstflug im Jahre 1955 hatte die Ly-542K verschiedene Kennzeichen und Besitzer. Anfangs hatte sie das Kennzeichen D-5440, 1961 war sie mit D-0026 in St. Wendel und 1965 mit D-7128 in Mainz zugelassen, bevor sie 1977 mit D-5500 nach Kerpen kam.

Muster:	Ly-542 K Stösser
Konstrukteur:	Ing. Paul Lüty, Krefeld
Hersteller:	Atze Ahrens, Krefeld
Erstflug:	11. August 1955
Hergestellt insgesamt:	1
Zugelassen in Deutschland:	1 (D-5500)
Anzahl der Sitze:	2
Spannweite:	12,80 m
Flügelfläche:	14,00 m²
Streckung:	11,70
Flügelprofil:	Gö 549 geändert
Rumpflänge:	7,80 m
Leitwerk:	normales Kreuzleitwerk
Bauweise:	Holz
Rüstgewicht:	307 kp
Maximales Fluggewicht:	475 kp
Flächenbelastung:	28,4 kp/m² bis 33,9 kp/m²
Flugleistungen (geschätzt):	
Geringstes Sinken:	0,90 m/s bei 65 km/h
Bestes Gleiten:	26 bei 75 km/h

Mistral

Die Geschichte des Mistral geht zurück auf den Ankauf der D-34c der Akaflieg Darmstadt durch Horst Gaber, Hartmut Frommhold und Alois Fries im Jahre 1968. Nach zunehmender Flugerfahrung mit diesem Flugzeug und einigem Ärger mit dem Straßentransport des einteiligen Flügels von 12,65 Metern Spannweite entstand der Wunsch, für die D-34 einen neuen zweiteiligen Flügel aus Kunststoff zu bauen. Für diese Idee konnte noch Manfred Strauber, Dozent an der TH Darmstadt gewonnen werden, und das Projekt nahm langsam Gestalt an. Zuerst mußte für das LBA ein Bruchflügel gebaut werden. Nach dessen Fertigstellung, und weil alles so gut lief, wurde man sich einig,

Muster:	Mistral-a
Konstrukteur:	Strauber/Frommhold
Hersteller:	Strauber/Frommhold/ Gaber/Fries
Erstflug:	1975
Hergestellt insgesamt:	1
Zugelassen in Deutschland:	1 (D-4998)
Anzahl der Sitze:	1
Spannweite:	15,00 m (Standard-Klasse)
Flügelfläche:	9,40 m^2
Streckung:	23,94
Flügelprofil:	FX 66-S-196 innen FX 66-S-161 außen
Rumpflänge:	6,67 m
Leitwerk:	Pendel-T-Leitwerk
Bauweise:	GFK
Rüstgewicht:	213 kp
Maximales Fluggewicht:	310 kp
Flächenbelastung:	32,9 kp/m^2
Flugleistungen (gerechnet):	
Geringstes Sinken:	0,59 m/s bei 83 km/h
Bestes Gleiten:	39 bei 98 km/h

gleich auch noch einen neuen Rumpf für diesen Tragflügel ebenfalls in GFK zu bauen. Damit war der Mistral-a, wie er später genannt wurde, geboren. In einer reinen Privatinitiative von vier Segelfliegern entstand dann in den Jahren von 1970 bis 1975 das neue Flugzeug der Standard-Klasse. Der Doppeltrapezflügel mit hoher Streckung bekam eine V-Form von nur 0,5 Grad und Schempp-Hirth-Bremsklappen. Als Profil wurde das FX66-S-196 (D-37, großer Cirrus, LS-1) ausgewählt. Der Rumpf erhielt eine geteilte Haube ebenfalls nach Darmstädter Muster mit einer ziemlich geraden Kontur der Rumpfoberseite und einer stärkeren Einschnürung an der Unterseite. Die Leitwerke fielen relativ klein aus. Im heißen Sommer 1975 (9. Juli) konnte Hartmut Frommhold den Erstflug in Worms durchführen.
Vom Konstruktionsteam der Mistral-a blieben Manfred Stauber und Hartmut Frommhold übrig, die aus dem Standard-Klasse-Flugzeug einen Segler der Club-Klasse weiterentwickeln wollten. Zusammen mit einem weiteren Fliegerkameraden, H. O. Bauer, der die Kaufmännische Seite vertrat, wurde die Firma ISF (Ingenieur-Büro Strauber/Frommhold) in Bensheim an der Bergstraße gegründet. Der Entwurf der Mistral-a wurde vollkommen überarbeitet, vom ursprünglichen Mistral-a blieb nicht mehr viel übrig. Die Flügelfläche stieg auf konventionelle 10,90 m^2, das neue Profil war das FX61–163. Der neuen Club-Klasse entsprach außer dem Preis auch das feste Rad und der Verzicht auf Wassertanks. Auch das Leitwerk wurde nun gedämpft. Der Mistral-c entstand von Ende 1975 bis Oktober 1976, wobei der Erstflug am 26. Oktober 1976 stattfinden konnte. Im Jahre 1977 wurden dann die ersten 11 Flugzeuge gebaut, wobei das Interesse an dem neuen Club-Klasse-Flugzeug recht groß war. Die Musterzulas-

Oben: Der Prototyp des Mistrals-a.

Unten: Der Mistral-C ist ein Segelflugzeug der Club-Klasse.

Nicht immer ist die Sicht des Fluglehrers so komfortabel wie aus dem hinteren Sitz der ASH-25

Eine ASK-13 im Windenstart auf dem Segelfluggelände Hilzingen bei Ostwind

Ein ungleiches Paar: Eine Dornier Skyservant hinter einem der ersten Twin-Astir mit Einziehfahrwerk

Der Prototyp der Glasflügel 304 in der Landung mit Drehbremsklappen

Ein außergewöhnliches Segelflugzeug: Der Nurflügel AV-36

Kunstfluglehrgang auf dem Klippeneck

Die Lo-100 kurz nach dem Abheben im Flugzeugschlepp

Über Jahrzehnte war die Rhönlerche von Rudolf Kaiser ein treues Schulflugzeug

Hier geraten Oldtimer-Fans ins Schwärmen: Eine von drei noch flugfähigen Exemplaren der Minimoa

Ein Windenstart mit der ASH-25 ist eher etwas ungewöhnlich

Zurück zu den Anfängen: Ein Ultraleichtflugzeug ULF-1 kurz nach dem Abheben im Fußstart

Gleich steht die Welt auf dem Kopf: Auch mit einem Nimbus-4 kann man einen Überschlag nach oben machen

Ein Verbandsflug von drei Glasflügel 304

Das Einzelstück Glasflügel 402 unterwegs an einem guten Tag

Der Kiwi ist eine motorisierte Weiterentwicklung des Mistral.

sung wurde im Januar 1978 erteilt. Insgesamt sind in den Jahren 1976 bis 1978 von der Firma ISF 24 Mistral-c gebaut worden. Da die Lieferkapazitäten des relativ kleinen Betriebes in Bensheim nicht ausreichten, wurde 1979 eine neue Firma, der Mistral Flugzeugbau in Haßfurt am Main gegründet. Diese Firma wurde dann 1981 vom Valentin Flugzeugbau übernommen. In Haßfurt sind dann in den Jahren 1980 bis 1983 weitere 46 Mistral-c hergestellt worden. Mangelndes Kundeninteresse, es lagen gar eine ganze Anzahl Mistral auf Halde, und der Beginn der Serienfertigung des Motorseglers Taifun führten zur Einstellung des Segelflugzeugbaus mit der Werk-Nr. 70. Nachdem auch Valentin den Flugzeugbau in Haßfurt im April 1990 einstellte, ist seither Musterbetreuer der LTB Ernst Schönwald, Am Galgenberg 4, 91550 Dinkelsbühl.
Im gewissen Sinne kann man den selbststartenden Motorsegler Kiwi mit Fischer-Top als Weiterentwicklung des Mistral-c bezeichnen. Rumpfvorderteil, Cockpit, Leitwerke und der Flügel haben einige Ähnlichkeit mit dem Mistral. Das Fischer-Top hat einen König 3-Zylin-

Muster:	Mistral-c
Konstrukteur:	Strauber/Frommhold
Hersteller:	ISF Bensheim, später Mistral-Flugzeugbau und Valentin-Flugzeugbau in Haßfurt
Erstflug:	20. Oktober 1976
Serienbau:	1976 bis 1983
Hergestellt insgesamt:	70
Zugelassen in Deutschland:	51
Anzahl der Sitze:	1
Spannweite:	15,00 m (Club-Klasse)
Flügelfläche:	10,90 m^2
Streckung:	20,64
Flügelprofil:	FX 61-163 innen FX 60-126 außen
Rumpflänge:	6,73 m
Leitwerk:	gedämpftes T-Leitwerk
Bauweise:	GFK
Rüstgewicht:	235 kp
Maximales Fluggewicht:	350 kp
Flächenbelastung:	29,8 kp/m^2 bis 32,1 kp/m^2
Flugleistungen (Herstellerangaben):	
Geringstes Sinken:	0,65 m/s bei 70 km/h
Bestes Gleiten:	35 bei 88 km/h

Der Kiwi-18 ist trotz Motorsegler-Kennzeichen ein Segelflugzeug.

der 2-Takt-Sternmotor mit 24 PS. Mit wenigen Handgriffen läßt sich der Kiwi in ein reines Segelflugzeug zurückverwandeln. Bei Valentin in Haßfurt sind bis April 1990 insgesamt 9 Kiwis gebaut worden. Die wichtigsten technischen Daten: Spannweite: 15 m; Flügelfläche: 11,03 m^2; Rumpflänge: 6,80 m; gedämpftes T-Leitwerk; festes gefedertes Hauptrad mit Trommelbremse und Spornrad; Leermasse mit Triebwerk: 250 kg; Bestes Steigen: 1,7 m/s.

Kurz soll noch auf das Einzelstück Kiwi 18 eingegangen werden, das (obwohl mit einem Motorsegler-Kennzeichen) als Segelflugzeug seinen Erstflug am 11. Mai 1990 durchgeführt hat. Rumpf und Höhenleitwerk stammen original vom Kiwi, allerdings mit einem Einziehfahrwerk und geändertem Seitenleitwerk. Ganz neu ist der Tragflügel mit 18 Metern Spannweite und einem modernen HQ-Starrprofil mit Grenzschichtbeeinflussung. Der Kiwi 18 ist als selbststartender Motorsegler mit voll versenkbarem Klapptriebwerk konzipiert. Bis ein geeignetes Triebwerk gefunden wird, wird das Flugzeug vorerst als reines Segelflugzeug betrieben. Auch hier die wichtigsten technischen Daten: Spannweite: 18 m; Flügelfläche: 11,52 m^2; Streckung: 28,13; Rüstgewicht: 280 kg; maximales Fluggewicht: 410 kg.

Der »normale« Kiwi wurde ab 1991 in einzelnen Losen bei der Firma FFT in Mengen (Gesellschaft für Flugzeug- und Faserverbund-Technologie, früher Gyroflug) gebaut. Diese Firma, die auf dem Fluggelände in Mengen ein schönes Fertigungsgebäude errichtet hatte, beschäftigte zeitweise bis zu 115 Mitarbeiter. Interessanteste Arbeit war der ganz in Kunststoff hergestellte viersitzige Eurotrainer. 1993 ging die Firma FFT in Konkurs.

Musger-19a Steinadler

Ein Einzelstück in Deutschland ist die Musger Mg-19a Steinadler, die seit April 1989 vom Oldtimer Segelflugverein München mit dem Kennzeichen D-1078 betrieben wird. Die Musger Mg-19 ist eine Konstruktion aus Österreich des berühmten Konstrukteurs Erwin Musger aus Graz. Sie ist eine Weiterentwicklung der Mg-9, die von 1932 bis 1938 gebaut wurde. Den Doppelsitzer Mg-19 gab es in vier verschiedenen Baureihen. Die ersten Flugzeuge (Mg-19) hatten durchgehende Querruder von der Flügelspitze bis zum Rumpf, was sich aber

Die Musger-19a ist ein Doppelsitzer aus Österreich.

nicht bewährte. Bei der 19a wurden die Querruder konventionell gestaltet; der Knickflügel der ersten Versionen wurde aber beibehalten. Dieser Knickflügel wurde bei der Mg-19b herausgenommen, während Flügelform und Flügelfläche nicht geändert wurden. Eines dieser Flugzeuge fliegt mit grüner Lackierung in Hohenems in der Nähe des Bodensees mit dem Kennzeichen OE-0396. Eine Version Musger Mg-19c, die heute noch in Graz fliegt, wurde speziell für die Segelflug-Weltmeisterschaften 1956 gebaut. Vom Konstrukteur Erwin Musger stammt auch der bekannte Einsitzer Mg-23. Gebaut wurden diese Flugzeuge bei der Firma Josef Oberlerchner aus Spittal an der Drau.

Von der Musger Mg-19 sind insgesamt etwa 15 Flugzeuge gebaut worden, von denen heute noch sieben Exemplare fliegen: vier in Österreich, zwei in England und das eine Exemplar in Deutschland. Dieses war bis 1967 beim Segelflugverein Micheldorf in Österreich, wo es bei einem verunglückten Windenstart zu 80% beschädigt wurde. Mit einem Arbeitsaufwand von etwa 1200 Stunden wurde das Flugzeug in den Jahren 1987 bis 1989 von der Münchner Gruppe wieder aufgebaut. Der neuerliche Erstflug fand am 1. Mai 1989 in Oberpfaffenhofen statt.

Muster:	Musger Mg-19a
Konstrukteur:	Erwin Musger, Graz
Hersteller:	Josef Oberlerchner, Spittal an der Drau
Erstflug:	1951
Serienbau:	1952 bis 1957
Hergestellt insgesamt:	etwa 15
Zugelassen in Deutschland:	1 (D-1078)
Anzahl der Sitze:	2
Spannweite:	17,60 m
Flügelfläche:	21,00 m^2
Streckung:	14,75
Flügelprofil:	Gö 549 (Dicke auf 17,5% erhöht)
Rumpflänge:	8,04 m
Leitwerk:	gedämpftes Kreuzleitwerk
Bauweise:	Holz
Rüstgewicht:	303 kg
Maximales Fluggewicht:	476 kg
Flächenbelastung:	19 kg/m^2 bis 22,7 kg/m^2
Geringstes Sinken:	0,63 m/s bei 65 km/h (einsitzig)
Bestes Gleiten:	26 bei 75 km/h

M-13D bis Mü-30 (Akaflieg München)

Die Akaflieg München mit ihrer erfolgreichen Vorkriegsgeschichte hat auch nach der Wiederzulassung des Segelfluges in Deutschland eine ganze Reihe hervorragender Segelflugzeuge konstruiert, die ganz zu Unrecht weniger bekannt sind. Die verschiedenen Baureihen der Mü-22 und die daraus entwickelte Mü-26 sind sehr

Vorläufer des Doppelsitzers Mü-13 ist der Einsitzer Mü-13D, der vor 1945 in größerer Stückzahl gebaut wurde.

leistungsfähige Segelflugzeuge, und die vor ihrem Erstflug stehende Mü-27 mit variabler Geometrie kann die neuere Entwicklung nachhaltig beeinflussen. Aber auch die älteren Entwürfe haben sich teilweise bis in unsere Tage gehalten. Von der im Jahre 1935 entstandenen Mü-13D fliegen heute noch in Deutschland drei Flugzeuge. Ein Jahr älter ist gar der Doppelsitzer Mü-10 Milan mit seinen wahrlich abenteuerlichen Flugeigenschaften, den die Münchner im Jahre 1950 wieder aus dem Deutschen Museum holten, um ihn als erstes Flugzeug der Gruppe über viele Jahre wieder einzusetzen, bevor er dort endgültig seinen Ruhesitz fand.
Vielen Segelfliegern wird die Bezeichnung Mü-13E als erstem Doppelsitzer des Scheibe-Flugzeugbaus bekannt sein. Diese Mü-13E ist teilweise aus dem Einsitzer Mü-13D abgeleitet, wobei Egon Scheibe selbst über lange Jahre vor dem Krieg der führende Kopf der Akaflieg München war. Näheres hierzu ist in dem Kapitel über den Scheibe-Flugzeugbau beschrieben.

Mü-13D

Die Mü-13D ist ein sehr traditionsreiches Flugzeug mit 16 m Spannweite, welches aus dem oben erwähnten Doppelsitzer Mü-10 Milan entwickelt wurde. Die in den Jahren 1935/36 entstandenen ersten beiden Flugzeuge mit den Bezeichnungen Merlin und Atalante konnten sich auf verschiedenen Wettbewerben hervorragend plazieren. Beim Schwarzwald-Flugzeugbau (Jehle) in Donaueschingen wurde vor und während des Krieges eine größere Serie der Mü-13D gebaut. Mit diesem Flugzeug gelang der Durchbruch der »Münchner Schule«, die sich durch einen freitragenden Trapezflügel und vor allen Dingen durch den stoffbespannten Stahlrohrrumpf auszeichnete. Rainer Karch aus München hatte bis vor einigen Jahren die einzige alte Mü-13D mit Baujahr 1943 (D-1488), die er aber nach England verkaufte, weil in Deutschland das Flugzeug niemand mehr flugfähig haben wollte. Die anderen noch existierenden Flugzeuge sind Nachbauten nach dem Krieg, von denen zwei zumindestens noch alte Rümpfe aus Donaueschinger Fertigung haben, und die Flügel dann mit Teilen aus der Mü-13E-Fertigung von Scheibe um 1955 fertiggestellt wurden. Von den derzeit noch fliegenden Mü-13D ist eine mit einer eigenwilligen Haube von Ernst Walter aus Sandstedt (D-6293), eine weitere mit dem Kennzeichen D-1305 hat die Altherrengruppe der Akaflieg München, und die jüngste Maschine (D-8876) allerdings auch mit dem Seitenleitwerk der Mü-13E hat die Fliegergruppe in Donaueschingen. Flugeigenschaften und Flugleistungen liegen etwas schlechter als bei der Ka8.

Muster:	Mü-13 D
Konstrukteur:	Akaflieg München
Hersteller:	Akaflieg bzw. Amateurbau
Erstflug:	1936
Serienbau:	ab 1937
Zugelassen in Deutschland:	3
Anzahl der Sitze:	1
Spannweite:	16,00 m
Flügelfläche:	16,16 m^2
Streckung:	15,84
Flügelprofil:	Mü-Profil 15 %
Rumpflänge:	5,90 m
Leitwerk:	normales Kreuzleitwerk
Bauweise:	Holz, Rumpf aus Stahlrohr
Rüstgewicht:	185 kp
Maximales Fluggewicht:	275 kp
Flächenbelastung:	17,0 kp/m^2
Flugleistungen:	
Geringstes Sinken:	0,60 m/s bei 55 km/h
Bestes Gleiten:	28 bei 66 km/h

Mü-17

Die Mü-17 entstand unter der Ausschreibung eines internationalen Konstruktionswettbewerbes im Jahre 1938 für das Einheits-Segelflugzeug der geplanten Olympischen Spiele des Jahres 1940. Bei der Endausscheidung in Rom Mitte Februar 1939 belegte dann die Mü-17 den zweiten Platz hinter der Olympia-Meise. Der Erstflug fand zuvor am 23. Dezember 1938 statt. Von 1941 bis 1944 wurde die Mü-17 in Serie gebaut, man spricht von etwa 60 Exemplaren, von denen allerdings keines in Deutschland den Krieg überlebt hat. Nach 1960 sind noch zwei Mü-17 von der Akaflieg München gebaut worden, die D-1717 von Rainer Karch und die D-1740, die ebenfalls noch im Gruppenbetrieb der Aka-

Rechte Seite:

Oben: Diese Mü-13 D hat eine recht eigenwillige Haube

Unten: Eine der beiden Nachkriegs-Mü-17

D-1740
MÜ17
D-1717

flieg eingesetzt wird. Charakteristisch und auf den Fotos gut zu erkennen ist die eigenwillige Form des Trapezflügels mit der nach hinten gepfeilten Nase und der geraden Endleiste. Der Flügel hat auf der Ober- und Unterseite DFS-Bremsklappen, und in der ursprünglichen Version hatte das Flugzeug wie die Mü-13D ein Einziehfahrwerk. Das Höhenleitwerk hat eine recht große Streckung, während das Seitenleitwerk noch stärker als bei der Mü-13 als Pendelruder ausgeführt ist.

Muster:	Mü-17
Konstrukteur:	Akaflieg München
Erstflug:	1938
Hergestellt vor 1945:	etwa 60
Hergestellt nach 1960:	2
Zugelassen in Deutschland:	2 (D-1717 + D-1740)
Anzahl der Sitze:	1
Spannweite:	15,00 m
Flügelfläche:	13,30 m^2
Streckung:	16,91
Flügelprofil:	Mü-Profil
Rumpflänge:	7,50 m
Leitwerk:	normales Kreuzleitwerk
Bauweise:	Holz, Rumpf aus Stahlrohr
Rüstgewicht:	194 kp
Maximales Fluggewicht:	310 kp
Flächenbelastung:	23,30 kp/m^2
Flugleistungen:	
Geringstes Sinken:	0,65 m/s bei 60 km/h
Bestes Gleiten:	26 bei 75 km/h

Mü-22

Mit der Mü-22 in verschiedenen Baureihen sind interessante Konstruktionsvarianten erprobt worden. Das Flugzeug ist die erste Nachkriegskonstruktion der Akaflieg, wobei auch zum ersten Mal (allerdings zeitlich vor der Ka6) das nachher weit verbreitete Laminarprofil NACA 633–618 verwendet wurde. Die Mü-22a entstand in den Jahren 1953 bis 1955 in den Werkstätten der Akaflieg in Prien. Der Doppeltrapeztragflügel hatte an der Nase eine negative Pfeilung von etwa 4 Grad und als Landehilfe Steuerklappen auf der Flügelunterseite. Der Rumpf war wie bei der Mü-22b aus Stahlrohr mit einer eckigen Haube und einem Einziehfahrwerk. Als besonderer Clou konnte das gedämpfte V-Leitwerk am Boden mit Öffnungswinkeln von 60 Grad, 75 Grad, 90 Grad, 105 Grad und 120 Grad eingestellt werden. Später wurde sogar noch ein konventionelles Kreuzleitwerk erprobt. Der Erstflug der Mü-22a fand im November 1954 statt, während das Flugzeug leider im Jahre 1959 durch einen Absturz verloren ging. Ein Fabrikant aus Nürnberg, der diesen Absturz von seinem Wochenendhaus in Prien beobachtet hatte, nahm dies zum Anlaß, der Akaflieg als Ersatz einen neuen Bocian zu schenken. (Auszug aus einem Brief: »Herr R. beobachtet immer mit Freude das rege Treiben und hervorragende Können der Mitglieder Ihrer Fluggruppe am Chiemsee. Das hat in ihm den Wunsch gereift, Ihre Fluggruppe helfend zu unterstützen...«) Diese kleine Episode sollte festgehalten werden, um zu demonstrieren, wie zu allen Zeiten der Segelflug gerade auch von der Flugbegeisterung von Nichtfliegern entscheidende Hilfe erfahren hat.

Die Mü-22b hat einen leicht vergrößerten Tragflügel und das V-Leitwerk als Pendelruder mit einem Öffnungswinkel von 90 Grad. Der Stahlrohrrumpf ist bis zum Tragflügel mit einer GFK-Schale verkleidet. Die Mü-22b führte ihren Erstflug im Jahre 1963 durch und im Frühjahr 1964 endete ein Erprobungsflug mit einem Fallschirmabsprung des Piloten, nachdem Leitwerks-

Muster:	Mü-22 b
Konstrukteur:	Akaflieg München
Hersteller:	Akaflieg München
Erstflug:	1963
Hergestellt insgesamt:	1
Zugelassen in Deutschland:	1 (D-1848)
Anzahl der Sitze:	1
Spannweite:	16,60 m
Flügelfläche:	13,54 m^2
Streckung:	21,09
Flügelprofil:	NACA 633-618
Rumpflänge:	6,95 m
Leitwerk:	Pendel-V-Leitwerk
Bauweise:	Tragflügel in Holz vollbeplankt Rumpf als Stahlrohrkonstruktion
Rüstgewicht:	280 kp
Maximales Fluggewicht:	360 kp
Flächenbelastung:	26,6 kp/m^2
Flugleistungen:	
Geringstes Sinken:	0,56 m/s bei 69 km/h
Bestes Gleiten:	36 bei 80 km/h

Rechte Seite:

Oben: Die Mü-22a aus dem Jahre 1954.

Mitte: Die Mü-22b ist heute noch im Flugbetrieb der Akaflieg München.

Unten: Abschluß der Mü-22-Baureihe ist die Mü-26 (Mü-22d).

AKAFLIEG
MÜNCHEN
D-1237
7
D-1237

D-0726
3

flattern aufgetreten war. Der Bruch konnte bald wieder aufgebaut werden, und die Ursache für das Flattern war bald gefunden. Heute noch wird die Mü-22b mit dem Kennzeichen D-1848 gerne für Überland- und Leistungsflüge eingesetzt.

Mü-26

Die Mü-26 ist der Abschluß der Mü-22-Baureihe. Ursprünglich wurde sie auch als Mü-22d bezeichnet. Für den Tragflügel der Mü-22b wurde nämlich zuerst noch ein neuer Rumpf aus GFK gebaut (der spätere Rumpf der Mü-26), wobei sich allerdings herausstellte, daß diese Mü-22c kaum meßbare Leistungssteigerungen brachte. So wird also heute noch die ursprüngliche Mü-22b geflogen, während der Rumpf der Mü-22c einen neuen Wölbklappentragflügel mit dem Epplerprofil 348 (wie BS-1) erhielt. Diese Mü-26 wurde speziell auf die Verhältnisse des Alpensegelfluges zugeschnitten, wobei gute Außenlandeeigenschaften im Vordergrund standen. Im Gegensatz zur Mü-22b mit ihrer Spreizklappe erhielt die Mü-26 beidseitig wirkende Schempp-Hirth-Klappen, und auch die Flächenbelastung wurde bewußt niedrig gehalten. Wie die Mü-22b aber erhielt der Kunststoffrumpf der Mü-26 keinen Kunststoff-Flügel, sondern die Bauweise ist aus Holz, vollbeplankt, mit einem GFK-Überzug und sehr geringem Rippenabstand, so daß die Oberfläche der eines Kunststoff-Tragflügels kaum nachsteht. Der Erstflug der Mü-26 mit dem Kennzeichen D-0726 fand im Juni 1971 in Oberpfaffenhofen statt. In den Jahren 1971 und 1972 wurde die Mü-26 jeweils bei den Idafliegtreffen in Aalen-Elchingen vermessen, wobei sie unerklärlicherweise schlechter abschloß, als der Tragflügel mit viel Aufwand im zweiten Jahr geschliffen und poliert wurde. 1973 nahm die Mü-26 an der Deutschen Meisterschaft auf der Hahnweide teil.

Muster:	Mü-26 (Mü-22 d)
Konstrukteur:	Akaflieg München
Hersteller:	Akaflieg München
Erstflug:	1971
Hergestellt insgesamt:	1
Zugelassen in Deutschland:	1 (D-0726)
Anzahl der Sitze:	1
Spannweite:	16,60 m
Flügelfläche:	15,30 m²
Streckung:	18,01
Flügelprofil:	Eppler 348
Rumpflänge:	7,43 m
Leitwerk:	Pendel-V-Leitwerk
Bauweise:	Rumpf in GFK, Tragflügel Holz
Rüstgewicht:	276 kp
Maximales Fluggewicht:	382 kp
Flächenbelastung:	23,9 kp/m² bis 25,0 kp/m²
Flugleistungen (DFVLR-Messung 1971):	
Geringstes Sinken:	0,60 m/s bei 83 km/h
Bestes Gleiten:	40 bei 97 km/h

Mü-27

Bereits seit dem Jahre 1970 beschäftigte sich die Akaflieg München mit der Konstruktion und dem Bau des Doppelsitzers Mü-27, der wie schon die englische Sigma das Fowlerklappen-Profil FX67-VC-170/136 mit einer Flächenvergrößerung von 36% bekommt. Der vierteilige Flügel hat Doppeltrapezform und als Landehilfe dienen sechs Meter lange Spoiler auf der Flügeloberseite. Die Flügelfläche variiert zwischen 17,60 m² und 23,90 m² bei einer Spannweite von 22 Metern. Aus konstruktiven Gründen können die Querruder nur eine Tiefe von 10% haben, so daß sich die beachtliche

Muster:	Mü-27
Konstrukteur:	Akaflieg München
Hersteller:	Akaflieg München
Erstflug:	Frühjahr 1979
Hergestellt insgesamt:	1 (D-2827)
Anzahl der Sitze:	2
Spannweite:	22,00 m (Fowler-Klappen)
Flügelfläche:	17,60 m² bzw. 23,90 m²
Streckung:	27,50 bzw. 20,25
Flügelprofil:	FX 67-VC-170/136
Rumpflänge:	10,30 m
Leitwerk:	gedämpftes T-Leitwerk
Bauweise:	GFK, Flügel mit Aluholm
Rüstgewicht:	ca. 480 kp
Maximales Fluggewicht:	700 kp
Flächenbelastung:	23,9 kp/m² einsitzig Klappen ausgef. 39,8 kp/m² doppelsitzig Klappen eingef.
Flugleistungen (gerechnete Werte):	
Geringstes Sinken:	0,57 m/s bei 87 km/h (Klappen ein) 0,56 m/s bei 60 km/h (Klappen aus)
Bestes Gleiten:	47 bei 101 km/h (Klappen ein) 39 bei 88 km/h (Klappen aus)

Die Arbeiten am Doppelsitzer Mü-27 wurden 1970 begonnen.

Länge von 15,20 m ergibt. Das Höhenleitwerk ist gedämpft und die Flosse kann wegen der großen Anstellwinkeländerung zwischen ein- und ausgefahrenen Klappen um 20 Grad getrimmt werden. Einige Schwierigkeiten bereitete die Herstellung der gehärteten Stahlschienen, welche die Klappen führen. Die Klappen selbst werden von einem batteriegespeisten Elektromotor angetrieben. Der Flügel hat einen genieteten Kastenholm aus Aluminiumprofilen, der in einer reinen GFK-Konstruktion nicht zu lösen war, da wegen der Klappen nur 48% der Flügeltiefe als Biegeträger zur Verfügung steht. Ansonsten wird übliche GFK-Bauweise angewandt, teilweise unter Verwendung von Balsaholz als Stützstoff, bei den Klappen auch Kiefernholz für die Holme. Der Rumpf ist eine reine GFK-Schale ohne Stützstoff mit einigen Ringspanten. Das ganze Flugzeug ist in Negativbauweise hergestellt. Das bremsbare Einziehfahrwerk hat eine Dämpfung aus Ringfederelementen; im Seitenleitwerk ist ein Bremsschirm untergebracht. Der Erstflug des mächtigen Doppelsitzers Mü-27 fand im Frühjahr 1979 in Oberpfaffenhofen statt.

Die Mü-27 ist ein mächtiger Doppelsitzer.

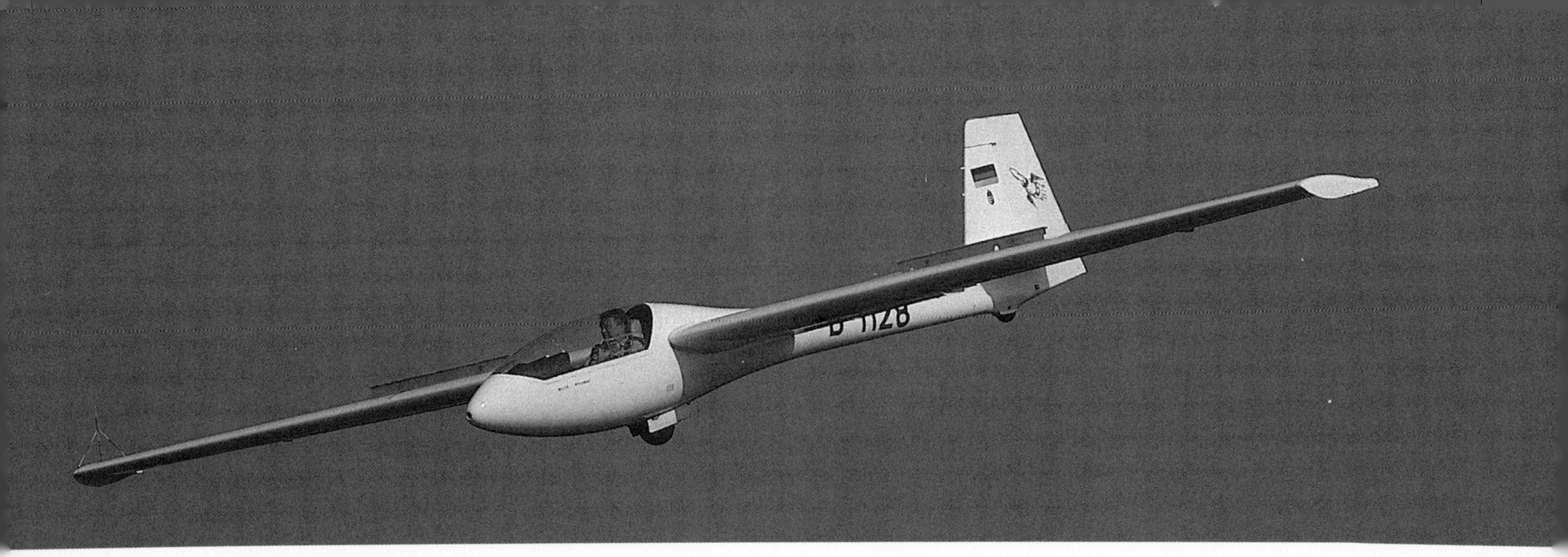

Die Mü-28 ist ein Spezialsegelflugzeug für Kunstflug.

Mü-28

Mit der Mü-28 wandte sich die Akaflieg München der Problematik eines Segelflug-Kunstflugzeuges zu. Die Mü-28 ist ein einsitziges Wölbklappensegelflugzeug in GFK-Bauweise, das allein schon durch die Spannweite von 12 m konsequent für den Kunstflug ausgelegt ist. Für den Normalflugbetrieb läßt sich durch Aufsteckflügel die Spannweite auf 14 m erhöhen, wobei die ohnehin schon recht große Flügelfläche von 13,2 m² auf 14,6 m² steigt. Selbstverständlich ist das Flügelprofil symmetrisch, es ist das Wortmann-Leitwerksprofil FX71-L-150/20. Der Flügel hat keine V-Form. Erstmals zum Einsatz kommt eine geschwindigkeits- und lastabhängige Betätigung der Wölbklappen, die für den Normal- und Rückenflug gleichermaßen geeignet ist. Das Seitenleitwerk ist recht groß gehalten, das Höhenleitwerk stammt vom Scheibe-Doppelsitzer SF-34. Der Rumpf und ein Teil der Rumpfeinbauten wurden in den Formen der Mosquito der Firma Glasflügel gebaut. Die für den Kunstflug so wichtige Rollwendigkeit ist recht beachtlich, die Rollzeit für 360 Grad beträgt 5 Sekunden. Die höchstzulässige Geschwindigkeit in der 12-Meter-Version beträgt sage und schreibe 380 km/h. Mit der Entwicklung und dem Bau der Mü-28 wurde 1979 begonnen. Der Erstflug fand am 8. August 1983 in Oberpfaffenhofen statt.

Muster:	Mü-28
Konstrukteur:	Akaflieg München
Hersteller:	Akaflieg München
Hergestellt insgesamt:	1
Zugelassen in Deutschland:	1 (D-1128)
Anzahl der Sitze:	1
Spannweite:	12 m
Flügelfläche:	13,20 m²
Streckung:	10,91
Flügelprofil:	FX71-L-150/20
Rumpflänge:	6,75 m
Leitwerk:	normales Kreuzleitwerk
Bauweise:	GFK
Rüstgewicht:	315 kg
Maximales Fluggewicht:	425 kg
Flächenbelastung:	32,2 kg/m² bei 90 kg Zuladung
Flugleistungen:	
Geringstes Sinken:	1,0 m/s bei 89 km/h
Bestes Gleiten:	27 bei 103 km/h

Mü-30

Das neueste Projekt der Akaflieg München ist die Mü-30 Schlacro. Es handelt sich, eher unüblich für eine Akaflieg, um ein zweisitziges Motorflugzeug mit hintereinanderliegenden Sitzen, das sowohl für den Schleppflug als auch für den Kunstflug ausgelegt ist. Aus SCHLeppen und ACRO setzt sich dann auch der Name zusammen. Ursprünglich wollten die Akaflieger den Porsche-Flugmotor PFM 3200 verwenden. Hier die wichtigsten Entwurfsgrundlagen:

Spannweite:	8,82 m
Flügelfläche:	11,96 m²
Streckung:	6,50
Rumpflänge:	7,30 m
Rüstgewicht:	565 kg
Maximales Fluggewicht:	850 kg
Reisegeschwindigkeit:	277 km/h
Max. Steiggeschwindigkeit:	9,3 m/s

Olympia-Meise

Im Jahre 1940 sollte der Segelflug olympische Sportart werden. Dafür suchte man ein Einheitssegelflugzeug, für welches ein Konstruktionswettbewerb ausgeschrieben wurde. Neben einigen anderen Forderungen sollte die Spannweite 15 Meter betragen, so daß wohl hier bereits im Jahre 1938 die Standard-Klasse begründet wurde. Der Sieger dieses Wettbewerbes wurde die DFS-Meise, seither Olympia-Meise genannt. Die Meise ist im Prinzip eine verkleinerte Weihe, Profil und Flügelform der Weihe wurden sogar original übernommen. An der Wurzel wurden drei Rippen und am Flügelende zwei Rippen weggelassen, so daß sich bei einem Rippenabstand von 30 Zentimetern eine Verkürzung von 1,50 m pro Tragflügelhälfte ergibt, was wieder eine Reduzierung der Spannweite von 18 Metern der Weihe auf die 15 Meter der Meise zur Folge hat. Die Rumpflänge verkleinerte sich von 8,30 m auf 7,27 m, das Seitenleitwerk blieb fast gleich groß, während das Höhenleitwerk

Eine Olympia-Meise mit Original-Haube.

auch etwas kleiner wurde. Wie die Weihe hat die Meise auch kein festes Rad, sondern eine lange Kufe mit einem Abwurffahrwerk, aber keine Seitenwand- sondern eine Schwerpunktkupplung an der Rumpfunterseite. Vor 1945 wurde eine größere Anzahl von Meisen gebaut und 1951 ließ Focke-Wulf die Meise neu zu. Hier wurden aber keine fertigen Flugzeuge gebaut, sondern es wurden Pausensätze mit den entsprechenden Nachbaulizenzen vergeben. So lassen sich die entsprechenden Stückzahlen nur noch schwer feststellen, wobei es etwa 30 Nachkriegsflugzeuge gewesen sein werden. Anfang 1978 waren immerhin noch 12 Olympia-Meisen zugelassen, die in ihren Flugleistungen und Flugeigenschaften in etwa der Ka 8 entspricht. Im Ausland gab es einige Meise-Nachbauten, so die an anderer Stelle beschriebene Zlin-25 aus der CSSR oder die französische Nachbauversion Nord-2000.

Muster:	DFS Olympia-Meise
Konstrukteur:	Hans Jacobs
Hersteller:	nach 1950 nur Amateurbau
Erstflug:	1938 (Prototyp)
Hergestellt:	etwa 30 (nach 1950)
Zugelassen in Deutschland:	6
Anzahl der Sitze:	1
Spannweite:	15,00 m
Flügelfläche:	15,00 m²
Streckung:	15,00
Flügelprofil:	Gö 549/Gö 676 (wie Weihe)
Rumpflänge:	7,27 m
Leitwerk:	normales Kreuzleitwerk
Bauweise:	Holz
Rüstgewicht:	160 kp
Maximales Fluggewicht:	255 kp
Flächenbelastung:	17,0 kp/m²
Flugleistungen:	
Geringstes Sinken:	0,71 m/s bei 59 km/h
Bestes Gleiten:	25,5 bei 69 km/h

Eine Olympia-Meise in neuerem Gewand.

Phoebus A bis C

Rudi Lindner mit einem Modell des Phoebus.

Der Phoebus hat nicht nur vom Namen her mit dem Phönix zu tun, dem ersten Kunststoff-Segelflugzeug. Vielmehr stecken hinter dem Phoebus wieder die Konstrukteure Hermann Nägele und Richard Eppler, zu denen sich nun noch Rudi Lindner gesellt. Von der äußeren Form des Phönix blieb aber nicht mehr viel übrig. Der Rumpf wird schlanker, die Spannweite wird auf 15 Meter verringert und nur das T-Leitwerk des Phoebus erinnert noch an den großen Bruder. Auch das Tragflügelprofil zielt nun mehr in Richtung Schnellflug, allerdings bleibt es mit 13,16 m^2 bei einer sehr großen Flügelfläche für ein 15-Meter-Flugzeug. Der Phoebus A erhält nun auch die üblichen Schempp-Hirth-Bremsklappen und ein festes Rad. Als später die Standard-Klasse ein Einziehfahrwerk gestattet, wird diese Baureihe Phoebus B genannt. Der Phoebus A taucht zum ersten Mal bei der Deutschen Meisterschaft 1964 in Roth auf und Rudi Lindner gewinnt mit dem wenige Wochen alten Flugzeug den dritten Platz. Vier Jahre später erreicht Lindner, der heute einen Luftfahrttechnischen Betrieb bei Laupheim führt, bei der Weltmeisterschaft in Polen ebenfalls den dritten Rang. Wie beim Phoenix wird auch für den Phoebus Balsaholz als Stützstoff des GFK-Sandwichs verwendet, auch für den Rumpf. Die Fertigung erfolgt bei Bölkow in Laupheim. Außergewöhnlich ist beim Phoebus, daß die Rumpfhälften nicht wie üblich in der Senkrechten geteilt sind. Eine

Muster:	Phoebus A/B
Konstrukteur:	Nägele/Eppler/Lindner
Hersteller:	Bölkow, Laupheim
Erstflug:	11. 4. 1964
Serienbau:	1964 bis 1970
Hergestellt insgesamt:	120
Zugelassen in Deutschland:	48
Anzahl der Sitze:	1
Spannweite:	15,00 m (Standard-Klasse)
Flügelfläche:	13,16 m^2
Streckung:	17,10
Flügelprofil:	Eppler 403
Rumpflänge:	6,98 m
Leitwerk:	Pendel-T-Leitwerk
Bauweise:	GFK
Rüstgewicht:	210 kp
Maximales Fluggewicht:	350 kp
Flächenbelastung:	22,5 kp/m^2 bis 26,5 kp/m^2
Flugleistungen (Angaben Bölkow):	
Geringstes Sinken:	0,65 m/s bei 80 km/h
Bestes Gleiten:	37 bei 90 km/h

untere Hälfte mit dem Cockpit und der Flügelauflage wird mit einem oberen Deckel zusammen mit der Seitenflosse verklebt. Angesichts der heutigen Astir-Produktionszahlen nimmt sich das zwar recht bescheiden aus, aber immerhin sind in den Jahren 1964 bis 1970 insgesamt mehr als 250 Exemplare des Phoebus gebaut worden.

Phoebus C

Der Phoebus C ist eine Weiterentwicklung des Phoebus A für die Offene Klasse. Dabei konnten der Rumpf und die Leitwerke unverändert beibehalten werden. Lediglich die Flügel des Phoebus A wurden außen um je einen Meter verlängert, so daß sich eine Spannweite von 17 Metern ergibt. Die Flügelfläche wächst dabei um nicht ganz einen Quadratmeter, während sich die Streckung auf über 20 erhöht. Der Phoebus C wurde nur noch mit Einziehfahrwerk ausgeliefert und hatte zusätzlich zu den Schempp-Hirth-Klappen einen Bremsschirm von 1,3 m Durchmesser im Seitenleitwerk. Der Phoebus C hat ebenfalls ein Pendel-T-Höhenleitwerk mit außenliegendem Massenausgleich. Charakteristisch ist die einfache Trapezform des Tragflügels mit der gerade durchgehenden Flügelvorderkante. Anfänglich gab es nur mit dem Phoebus C einige Schwierigkeiten beim Windenstart, da sich das Flugzeug bei einer kräftigen Beschleunigung stark aufbäumte, was zu einigen schweren Unfällen führte. Als Folge davon wurde die Kupplung weiter nach vorn versetzt und Gewicht in der Rumpfspitze angebracht, so daß das Übel abgestellt werden konnte. Man mußte allerdings dafür eine

Der Phoebus A hat ein festes Rad.

Ein Phoebus C mit 17 m Spannweite und Einziehfahrwerk.

Muster:	Phoebus C
Konstrukteur:	Nägele/Eppler/Lindner
Hersteller:	Bölkow, Laupheim
Erstflug:	18. 4. 1967
Serienbau:	1967 bis 1970
Hergestellt insgesamt:	133
Zugelassen in Deutschland:	36
Anzahl der Sitze:	1
Spannweite:	17,00 m
Flügelfläche:	14,06 m^2
Streckung:	20,55
Flügelprofil:	Eppler 403
Rumpflänge:	6,98 m
Leitwerk:	Pendel-T-Leitwerk
Bauweise:	GFK
Rüstgewicht:	243 kp
Maximales Fluggewicht:	459 kp
Flächenbelastung:	23,0 kp/m^2 bis 32,6 kp/m^2
Flugleistungen (DFVLR-Messung 1972):	
Geringstes Sinken:	0,63 m/s bei 83 km/h
Bestes Gleiten:	39 bei 93 km/h

geringere Höhe im Windenstart in Kauf nehmen. Seinen größten fliegerischen Erfolg feierte der Phoebus C durch seinen zweiten Platz in der Offenen Klasse bei den Segelflugmeisterschaften 1968 in Polen durch den Schweden Göran Ax.

Im Oktober 1977 fand in Laupheim der Erstflug des Phoebus B3 statt. Bei dem Flugzeug mit dem Kennzeichen D-7397 handelt es sich um ein bei Rudi Lindner gebautes Einzelstück mit der Werk-Nr. 1003. (Die bei Lindner gebauten Exemplare des Phoebus nach der früheren Bölkow-Fertigung tragen die Werk-Nummern über 1000.) Das Besondere an diesem Phoebus B3 ist ein spaltloser Wölb-Klappenflügel nach Art der Speed-Astir. Allerdings geht Professor Eppler bei diesem Flugzeug noch einen Schritt weiter. Ähnlich wie bei der Kunstflug-Motormaschine Acrostar, deren Steuerungskinematik ebenfalls von Richard Eppler stammt, sind die Wölbklappen unmittelbar mit dem Steuerknüppel gekoppelt. Bei einem Höhenruderausschlag in Richtung Ziehen macht also die Wölbklappe automatisch einen positiven Ausschlag, bei hohen Geschwindigkeiten weniger als im langsamen Bereich. Rumpf und Leitwerke des Phoebus B3 stammen original vom üblichen Phoebus B mit Einziehfahrwerk, auch der 15-Meter-Flügel hat die gleiche Flügelfläche und -form. Das Wölbklappenprofil wird als Eppler 604 bezeichnet. Der Bau des Phoebus B3 zog sich von 1974 bis 1977 hin, und mit einem Rüstgewicht von 272 kp fiel der Prototyp auch etwas schwer aus. Derzeit ist das Flugzeug auf der Hahnweide stationiert.

PIK-16 Vasama, PIK-20D

Segelflugzeuge aus Finnland konnten sich bis zum Erscheinen der PIK-20D, die aber wegen des relativ hohen Preises auch nur eine begrenzte Zahl von Abnehmern findet, in Deutschland eigentlich nicht so recht verbreiten. In den Jahren nach 1962 kamen einige Vasama in unsere Breiten, dann wurde es wieder still um die PIK's, bis die Finnen zur Weltmeisterschaft 1974 in Australien mit der PIK-20B auftauchte. Bei der darauffolgenden Weltmeisterschaft in ihrem Heimatland konnte sich dann die PIK endgültig durchsetzen.

PIK-16 Vasama

Muster:	PIK-16 Vasama
Konstrukteur:	K. K. Lehtovaara
Herstellungsland:	Finnland
Erstflug:	1961
Hergestellt insgesamt:	etwa 35
Zugelassen in Deutschland:	3
Anzahl der Sitze:	1
Spannweite:	15,00 m
Flügelfläche:	11,75 m²
Streckung:	19,15
Flügelprofil:	FX 05-188 modifiziert
Rumpflänge:	6,60 m
Leitwerk:	gedämpftes Kreuzleitwerk
Bauweise:	Holz, teilweise GFK
Rüstgewicht:	210 kp
Maximales Fluggewicht:	315 kp
Flächenbelastung:	26,8 kp/m²
Flugleistungen (Herstellerangaben):	
Geringstes Sinken:	0,59 m/s bei 73 km/h
Bestes Gleiten:	34,5 bei 86 km/h

Der Entwurf der Vasama datiert aus dem Jahre 1960. Das Flugzeug entstammt der Ka6-Ära und ist wie diese eine Holzkonstruktion. Der Doppeltrapezflügel hat beidseitige Schempp-Hirth-Klappen und ist in Mitteldecker-Anordnung recht tief am Rumpf angesetzt. Der Rumpf selbst hat ein festes Rad mit einer kleinen Kufe und ein leicht gepfeiltes Seitenleitwerk. Das gedämpfte Höhenleitwerk ist etwas hochgesetzt. Teilweise wurde bei der Vasama auch schon GFK verwendet. Der Prototyp flog im Jahre 1961 und trug noch ein V-Leitwerk. Mit einer Vasama konnten die Finnen bei der Weltmeisterschaft des Jahre 1963 in Argentinien einen 3. Platz in der Standard-Klasse belegen.

PIK-20D

PIK-20B hat einige Ähnlichkeit mit der LS-2, was die grundsätzliche Auslegung angeht. Beide Flugzeuge entstammen der damaligen CIVV-Regel, die nur eine nicht mit den Querrudern verbundene Wölbklappe als Bremsklappe gestattete. Wie bei der LS-2 wurde die Landestellung der Wölbklappe mit einem Kurbelgriff bedient. Während die LS-2 ein Einzelstück blieb, wurden von der PIK-20B etwa 100 Exemplare gebaut, wobei aber kein Flugzeug nach Deutschland kam. Zwei PIK-20B fliegen aber in der Schweiz. Der Erstflug fand am 10. Oktober 1973 statt.

Rechte Seite:

Oben: Fritz Rueb mit der Vasama im Jahre 1967 auf dem Klippeneck.

Unten: Einige PIK-20D beim 11. Oberschwäbischen Wettbewerb in Tannheim.

Vasama
59

R7
U7
SZ
D-6700

Nachfolgemuster der PIK-20 B wurde die PIK-20 D, welche 1976 erschien. Sie gehört der 15-m-Klasse an, hat das Wölbklappenprofil FX 67-K-170 und zusätzliche Schempp-Hirth-Bremsklappen. Die PIK-20 D hat Holme aus Kohlestoff-Fasern und gehört deshalb mit einem Rüstgewicht von etwa 230 kp zu den leichtesten Flugzeugen der Rennklasse. Besonderheiten an der PIK-20 D sind ferner ein pneumatisch abgedichteter Haubenrahmen sowie ein spezieller Harztyp, der ein Einfärben der Deckschicht gestattet. So kann man gelegentlich leuchtend leuchtend gelbe oder rote PIK's in der Luft bewundern. Von der PIK-20 D wurden bis Anfang 1978 118 Flugzeuge gebaut, wovon 32 in Deutschland, 8 in Österreich und 2 in der Schweiz fliegen. Einiges Interesse findet eine Motorseglerversion mit der Bezeichnung PIK-20 E. Gut eingeführt hat sich auch ein spezieller PIK-Hänger, der zum überwiegenden Teil aus zwei verklebten GFK-Schalen besteht.

Muster:	PIK-20 D
Konstrukteur:	Tammi, Korhonen, Hiedanpaa
Hersteller:	Eiriavion, Finnland
Erstflug:	19. 4. 1976
Serienbau:	1976 bis 1979
Hergestellt insgesamt:	118
Zugelassen in Deutschland:	26
Anzahl der Sitze:	1
Spannweite:	15,00 m (15-m-Klasse)
Flügelfläche:	10,00 m^2
Streckung:	22,50
Flügelprofil:	FX 67-K-170, FX 67-K-150
Rumpflänge:	6,65 m
Bauweise:	GFK, KFK
Rüstgewicht:	230 kp
Maximales Fluggewicht:	450 kp
Flächenbelastung:	32,0 kp/m^2 bis 45,0 kp/m^2
Flugleistungen (Angaben Eiriavion):	
Geringstes Sinken:	0,56 m/s bei 73 km/h
Bestes Gleiten:	42 bei 117 km/h

SB-5 bis SB-14 (Akaflieg Braunschweig)

SB-5

Die SB-5 ist die erste Nachkriegskonstruktion der Akaflieg Braunschweig, nachdem zuvor in den Werkstätten nach der Wiederzulassung des Segelfluges zwei Grunau-Baby III, eine SG-38 und eine Weihe gebaut wurden. Die Konstruktionsarbeiten begannen im Jahr 1957 und am 3. Juni 1959 konnte die erste SB-5 ihren Erstflug mit Georg Raddatz durchführen. Sie wurde allerdings nur zwei Jahre alt, denn am 6. Juni 1961 ging sie in einer Gewitterwolke zu Bruch, wobei sich der Pilot mit dem Fallschirm retten konnte.
Die SB-5 ist in konventioneller Holzbauweise hergestellt, hat einen Sperrholzrumpf mit einem festen Rad und ein charakteristisches V-Leitwerk mit einem relativ großen Öffnungswinkel von 110 Grad. Die Flügelfläche ist mit 13 m^2 recht groß, die V-Form mit 1,5 Grad verhältnismäßig gering. Das Flügelprofil ist dasselbe NACA-Laminarprofil wie bei der Ka6 und als Landehilfe dienen Schempp-Hirth-Bremsen.
Nach einer Überarbeitung des Entwurfes wurde das Flugzeug als SB-5B zum Nachbau zugelassen. Insgesamt sind etwa 60 Flugzeuge gebaut worden einschließlich der Version SB-5E mit einer Spannweite von 16 Metern. Davon wurden 20 Flugzeuge bei der Firma Eichelsdörfer in Bamberg hergestellt, wo seit dem Jahre 1953 unter anderem 110 Ka 8b in Lizenz der Firma Schleicher gefertigt wurden. Amateurbauten der SB-5 werden 39 gezählt, davon drei in Brasilien und zwei in Belgien. Über 40 Flugzeuge fliegen heute noch in Deutschland. Gelobt werden die guten Flugeigenschaften. Die Leistungen liegen etwas höher als bei der Ka6CR.

Muster:	SB-5 B
Konstrukteur:	Akaflieg Braunschweig
Hersteller:	Eichelsdörfer und Amateurbau
Erstflug:	1963 (SB-5 B)
Serienbau:	1963 bis 1968
Hergestellt insgesamt:	etwa 50
Zugelassen in Deutschland:	etwa 36
Anzahl der Sitze:	1
Spannweite:	15,00 m (Standard-Klasse)
Flügelfläche:	13,00 m^2
Streckung:	17,31
Flügelprofil:	NACA 633-618 durchgehend
Rumpflänge:	6,60 m
Leitwerk:	gedämpftes V-Leitwerk
Bauweise:	Holz
Rüstgewicht:	225 kp
Maximales Fluggewicht:	325 kp
Flächenbelastung:	25,00 kp/m^2
Flugleistungen (DFVLR-Messung):	
Geringstes Sinken:	0,63 m/s bei 72 km/h
Bestes Gleiten:	32 bei 84 km/h

SB-5E

Nach dem Verlust ihrer SB-5 bauten sich Braunschweiger Akaflieger teilweise in den Formen bei Eichelsdörfer eine weitere SB-5, die sich hauptsächlich durch ein Rumpfvorderteil aus GFK unterschied und eine nicht eingestrakte Haube nach Art der späteren SB-8. Diese Baureihe wurde SB-5C genannt und führte ihren Erstflug am 30. April 1956 durch. Anfang 1968 wurde sie dann wieder von der Akaflieg verkauft.
Die SB-5E leitet sich aus dem Grundmuster SB-5B ab und ist gekennzeichnet durch eine Erhöhung der

D-6299

SB 5b
D-0194

Linke Seite:

Oben: Die SB-5 wurde in mehreren Baureihen hergestellt.

Unten: Die SB-5B hat eine Spannweite von 15 Metern.

Spannweite auf 16 Meter. Die erste SB-5E flog am 22. Juli 1972. Wie die anderen SB-5 hat sie einen Rechteck-Trapezflügel.

Muster:	SB-5 E
Konstrukteur:	Akaflieg Braunschweig
Hersteller:	Eichelsdörfer + Amateurbau
Erstflug:	1972
Hergestellt insgesamt:	etwa 10
Zugelassen in Deutschland:	etwa 8
Anzahl der Sitze:	1
Spannweite:	16,00 m
Flügelfläche:	13,47 m^2
Streckung:	19,01
Flügelprofil:	NACA 633-618
Rumpflänge:	6,57 m
Leitwerk:	gedämpftes V-Leitwerk
Bauweise:	Holz
Rüstgewicht:	240 kp
Maximales Fluggewicht:	325 kp
Flächenbelastung:	24,2 kp/m^2
Flugleistungen:	
Geringstes Sinken:	0,65 m/s bei 75 km/h
Bestes Gleiten:	34,5 bei 87 km/h

SB-6

Der Vollständigkeit halber soll kurz auf die SB-6 eingegangen werden, die als erstes Kunststoff-Segelflugzeug der Akaflieg Braunschweig im Jahre 1960 unter der Leitung von Björn Stender entstand und die ihren Erstflug am 2. Februar 1961 durchführte. Leider ging dieses Flugzeug bereits beim Idafliegtreffen des Jahres 1964 in Braunschweig durch einen Totalschaden wieder verloren. Das Kennzeichen D-6299 trug dann später die SB-5C der Akaflieg.

SB-7

Eine recht wechselvolle Geschichte hat die SB-7, die heute noch mit gutem Erfolg beim Flugbetrieb der Akaflieg Braunschweig eingesetzt wird. Sie war anfangs alles andere als ein harmloses Flugzeug und stellte besonders durch ihr temperamentvolles Langsamflugverhalten ihre Piloten immer wieder vor Überraschungen. Die Spannweite betrug ursprünglich 15 Meter und das nur 12% dicke Laminarprofil trug die Bezeichnung Eppler 306. Der Flügel mit einer Fläche von 11,85 m^2 hatte vierteilige Schempp-Hirth-Bremsen. In der ersten Version war kein festes Rad eingebaut. Besonders charakteristisch ist die Rumpfform. Die Rumpfoberseite hat nämlich einen richtigen Buckel im Bereich des Tragflügels und läuft ohne jede Einschnürung bis zum Leitwerk aus.

Der Erstflug fand am 25. Oktober 1962 in Braunschweig statt. Rolf Kuntz flog noch die »scharfe« SB-7 bei den Segelflug-Weltmeisterschaften 1963 in Argentinien und konnte sich nur in der zweiten Hälfte des Feldes plazieren. Ab dem Jahr 1967 wurde dann das Flugzeug nach und nach zur SB-7B umgebaut. Die Spannweite wurde auf 17 Meter erhöht und das Profil durch Aufspachteln in ein modifiziertes FX61–163 abgeändert. Zuvor war schon ein Einziehfahrwerk eingebaut worden. Auch die Rumpfhöhe wurde im Bereich der nunmehr zweiteiligen Haube um 5 cm vergrößert. Neue Schempp-Hirth-Bremsklappen und ein Bremsschirm wurden eingebaut und schließlich erhielt das Pendel-T-Leitwerk noch ein Flettnerruder. Die nunmehr entschärfte SB-7 wird seither viel und gerne im Leistungsflug eingesetzt und konnte auch in der Offenen Klasse trotz fehlender Wölbklappen ein Wörtchen mitreden.

Beim Entwurf der SB-7 war ursprünglich ein Nachbau vorgesehen, was allerdings in Deutschland nicht

Muster:	SB-7 B
Konstrukteur:	Akaflieg Braunschweig
Hersteller:	Akaflieg Braunschweig
Erstflug:	1962
Hergestellt insgesamt:	3 (davon zwei in der Schweiz)
Zugelassen in Deutschland:	1 (D-6103)
Anzahl der Sitze:	1
Spannweite:	17,00 m
Flügelfläche:	12,66 m^2
Streckung:	22,83
Flügelprofil:	FX 61-163 modifiziert
Rumpflänge:	7,08 m
Leitwerk:	Pendel-T-Leitwerk
Bauweise:	GFK
Rüstgewicht:	283 kp
Maximales Fluggewicht:	390 kp
Flächenbelastung:	29,5 kp/m^2 bis 30,8 mk/m^2
Flugleistungen:	
Geringstes Sinken:	0,60 m/s bei 75 km/h
Bestes Gleiten:	37 bei 85 km/h

Die SB-7B in ihrer heutigen Form.

genehmigt wurde. Dafür entstanden im Amateurbau in der Schweiz zwei SB-7 (HB-723 und HB-857). Allerdings gleich mit einer Spannweite von 16,5 m und einem neuen Eppler-Profil Nr. 417 mit einer Dicke von 14%. Diese beiden Flugzeuge haben als Landehilfe ebenfalls einen Bremsschirm und vierteilige Endkanten-Drehbremsklappen.

SB-8

Nach der SB-7 waren neben anderen Kunststoff-Segelflugzeugen die BS-1 und die D-36 mit ihrer Serienversion ASW–12 entstanden, so daß die Braunschweiger ebenfalls ein Klappenflugzeug der Offenen Klasse entwarfen, das allerdings speziell für den Gruppenbetrieb konzipiert wurde. Harmlose Flugeigenschaften standen im Vordergrund, eine niedrige Flächenbelastung wurde angestrebt. Als Profil wurde wie bei der D-36 das FX 62-K-131 gewählt. Der Doppeltrapezflügel bekam Schempp-Hirth-Klappen. Das Flugzeug ist recht gut an seinem Rumpfvorderteil zu erkennen, das eine nicht eingestrakte Haube und eine heruntergezogene Nase hat. Das T-Leitwerk wurde gedämpft ausgeführt mit dem Profil NACA 63–006. Die SB-8 V1 mit dem Kennzeichen D-6015 führte den Erstflug am 25. April 1967 durch. Die Flugerprobung der ersten SB-8 zeigte so gute Ergebnisse, daß sich die Akaflieg entschloß, einen zweiten Prototyp zu bauen, der weniger als ein Jahr nach der V1 bereits flog. Dieses Flugzeug mit dem Kennzeichen D-6085 wurde dann über die SB-9 bis zur SB-10 weiterentwickelt, wobei dieses Kennzeichen dann jeweils beibehalten wurde.

Muster:	SB-8
Konstrukteur:	Akaflieg Braunschweig
Hersteller:	Akaflieg Braunschweig
Erstflug:	1967 + 1968
Hergestellt insgesamt:	2
Zugelassen in Deutschland:	1 (D-6015)
Anzahl der Sitze:	1
Spannweite:	18,00 m
Flügelfläche:	14,10 m²
Streckung:	22,98
Flügelprofil:	FX 62-K-153 innen FX 62-K-131 Mitte FX 60-126 Querruder
Rumpflänge:	7,80 m
Leitwerk:	gedämpftes T-Leitwerk
Bauweise:	GFK
Rüstgewicht:	260 kp
Maximales Fluggewicht:	365 kp
Flächenbelastung:	24,8 kp/m² bis 25,9 kp/m²
Flugleistungen (DFVLR-Messung 1968):	
Geringstes Sinken:	0,62 m/s bei 86 km/h
Bestes Gleiten:	40 bei 97 km/h

SB-9

SB-8, SB-9 und SB-10 sind untereinander sehr verwandte Muster. Aus der SB-8 entstand die SB-9 durch aufsteckbare Flügelenden von jeweils zwei Metern Spannweite. Rumpf und Leitwerk blieben genau gleich. Weiterhin konnte man die SB-9 auch ohne aufgesteckbaren Flügel fliegen und hatte dann praktisch die zweite Version der SB-8. Auch die SB-10 verwendete mit einem zusätzlichen Mittelstück die Flügel der SB-8 beziehungsweise der SB-9 und kann so entweder mit

Die SB-9 mit einer Spannweite von 21 Metern.

26 Metern oder mit 29 Metern Spannweite geflogen werden. Die nunmehr drei Meter Differenz ergeben sich dadurch, daß zu einem späteren Zeitpunkt die Aufsteckflügel der SB-9 um einen Meter verkürzt wurden, um die Maximalgeschwindigkeit von 180 km/h auf 200 km/h zu erhöhen.

Diese Aufsteckflügel boten sich an, weil der Flügel der SB-8 V2 aus Steifigkeitsgründen und zur Aufnahme von Wasserballast wesentlich schwerer als bei der V1 gebaut wurde. Festigkeitsmäßig wäre sogar eine Spannweite von 23 Metern möglich gewesen. Nun war man gespannt, welche Leistungssteigerungen der größere Tragflügel bringen würde. Wiederum weniger als ein Jahr nach dem Erstflug der SB-8 V2 flog die SB-9 am 23. Januar 1969 zum ersten Mal, wenige Tage vor dem Erstflug des 22-m-Flugzeuges Nimbus-I von Klaus Holighaus.

Die SB-8 mit dem Kennzeichen D-6015 ist auf dem Foto der SB-13 auf Seite 191 zu sehen.

Muster:	SB-9
Konstrukteur:	Akaflieg Braunschweig
Hersteller:	Akaflieg Braunschweig
Erstflug:	1969
Hergestellt insgesamt:	1
Zugelassen in Deutschland:	1 (D-6085)
Anzahl der Sitze:	1
Spannweite:	22,00 m
Flügelfläche:	15,48 m^2
Streckung:	31,27
Flügelprofil:	wie SB-8
Rumpflänge:	7,50 m
Leitwerk:	gedämpftes T-Leitwerk
Bauweise:	GFK
Rüstgewicht:	321 kp
Maximales Fluggewicht:	412 kp
Flächenbelastung:	26,6 kp/m^2

Flugleistungen (DFVLR-Messung 1972 mit dem Flügel von 21 m Spannweite und einer Flächenbelastung von 27,3 kp/m^2)

Geringstes Sinken:	0,51 m/s bei 81 km/h
Bestes Gleiten:	46 bei 88 km/h

SB-10

Nach der geglückten Spannweitenvergrößerung von der SB-8 zur SB-9 sollte die Grundidee noch einmal durch die SB-10 erprobt werden. Dazu wurde ein zusätzliches einteiliges Rechteckmittelstück mit einer Spannweite von 8 Metern konstruiert. Diese gewaltige Spannweite konnte natürlich nicht in der herkömmlichen Kunststoff-Bauweise realisiert werden. Für den Kastenholm und die Schale des 160 kp schweren Mittelstücks wurden deshalb vorwiegend Kohlenstoff-Fasern verwendet. Die negative Pfeilung des Mittelstücks beträgt ein Grad, und die Wölbklappen können zur Landung auf 75 Grad ausgefahren werden. Zusätzlich sind noch die Schempp-Hirth-Klappen des SB-9-Flügels vorhanden. Durch das große Trägheitsmoment des Tragflügels war ein mächtiges Seitenleitwerk mit einem langen Leitwerksarm notwendig. So mußte der Pilot weit vor dem Schwerpunkt sitzen, was die Unterbringung eines zweiten Piloten ermöglichte. Der Doppelsitzer war also zwangsläufig eine Folge des großspannigen Tragflügels. Der Rumpf wurde mit einer VFW-Aluröhre und einem GFK-verkleideten Stahlrohrvorderteil gebaut. Er hat die gewaltige Länge von 10,36 Metern. Auch das Seitenleitwerk hat mit einer Höhe von

Bei der SB-9 wurde der Flügel auf 22 Meter vergrößert

Eines der eindrucksvollsten Segelflugzeuge unserer Tage ist der Doppelsitzer SB-10.

2,32 Metern ungewohnte Dimensionen, während sich das gedämpfte Kreuzhöhenleitwerk eher zierlich ausnimmt. Auch das Rüstgewicht von über 600 kp sprengt die übliche Größenordnung. Helmut Treiber führte am 27. Juli 1972 den Erstflug zuerst mit 26 Metern und dann mit 29 Metern Spannweite im Schlepp einer Do 27 in Braunschweig durch. Die Leistungsvermessung der SB-10 brachte dann doch nicht ganz die erwarteten Ergebnisse, nachdem mit der 26-m-Version die beste Gleitzahl deutlich unter 50, und damit unter Nimbus-II und ASW–17 blieb.

Muster:	SB-10
Konstrukteur:	Akaflieg Braunschweig
Hersteller:	Akaflieg Braunschweig
Erstflug:	1972
Hergestellt insgesamt:	1
Zugelassen in Deutschland:	1 (D-6085)
Anzahl der Sitze:	2
Spannweite:	29,00 m (26,00 m)
Flügelfläche:	22,95 m^2 (21,81 m^2)
Streckung:	36,64 (30,99)
Flügelprofil:	FX 62-K-153 innen FX 62-K-131 Mitte FX 60-126 Querruder
Rumpflänge:	10,36 m
Leitwerk:	gedämpftes Kreuzleitwerk
Bauweise:	GFK, KFK, Metall
Rüstgewicht:	608 kp
Maximales Fluggewicht:	889 kp
Flächenbelastung:	32,0 kp/m^2 bis 40,8 kp/m^2
Flugleistungen (DFVLR-Messung 1976 mit 26 m Spannweite):	
Geringstes Sinken:	0,53 m/s bei 85 km/h
Bestes Gleiten:	48,5 bei 101 km/h

SB-11

Mit der SB-11 hat die Akaflieg Braunschweig wieder einen sehr interessanten Einsitzer mit 15 Meter Spannweite herausgebracht. Das Besondere an diesem Flugzeug sind Fowler-Klappen, die die Flügelfläche um 25% erhöhen. Solche Klappen hat der Schweizer Mahrer bei seinem Delphin ebenfalls mit 15 Meter Spannweite bereits verwirklicht, aber die Flächenvergrößerung ist wesentlich geringer als bei der SB-11 und außerdem gehen die Fowler-Klappen nur bis zu den

Muster:	SB-11
Konstrukteur:	Akaflieg Braunschweig
Hersteller:	Akaflieg Braunschweig
Erstflug:	1978
Hergestellt insgesamt:	1
Zugelassen in Deutschland:	1 (D-1177)
Anzahl der Sitze:	1
Spannweite:	15,00 m (FAI-15-m-Klasse)
Flügelfläche:	10,56 m^2 bzw. 13,20 m^2
Streckung:	21,31 bzw. 17,05
Flügelprofil:	neues Wortmann-Wölbklappen-Profil modifiziert
Rumpflänge:	7,40 m
Leitwerk:	Pendel-T-Leitwerk (Janus)
Bauweise:	KFK, GFK
Rüstgewicht:	265 kp
Maximales Fluggewicht:	470 kp
Flächenbelastung:	26,7 kp/m^2 bis 44,5 kp/m^2
Flugleistungen (gerechnete Daten):	
Geringstes Sinken:	0,62 m/s bei 70 km/h
Bestes Gleiten:	41 bei 104 km/h

Die SB-11 mit dem DFVLR-Kalibrierflugzeug Cirrus

Muster:	SB-11
Konstrukteur:	Akaflieg Braunschweig
Hersteller:	Akaflieg Braunschweig
Erstflug:	1978
Hergestellt insgesamt:	1
Zugelassen in Deutschland:	1 (D-1177)
Anzahl der Sitze:	1
Spannweite:	15,00 m (FAI-15-m-Klasse)
Flügelfläche:	10,56 m^2 bzw. 13,20 m^2
Streckung:	21,31 bzw. 17,05
Flügelprofil:	neues Wortmann-Wölbklappen-Profil modifiziert
Rumpflänge:	7,40 m
Leitwerk:	Pendel-T-Leitwerk (Janus)
Bauweise:	KFK, GFK
Rüstgewicht:	265 kp
Maximales Fluggewicht:	470 kp
Flächenbelastung:	26,7 kp/m^2 bis 44,5 kp/m^2
Flugleistungen (gerechnete Daten):	
Geringstes Sinken:	0,62 m/s bei 70 km/h
Bestes Gleiten:	41 bei 104 km/h

Querrudern. Die SB-11 ist vorwiegend aus KFK gebaut. Wie bei der Stuttgarter fs-29 wurden für Rumpf und Leitwerke möglichst Teile aus der Serienproduktion von Industriebauten verwendet. Bei der SB-11 stammen das Höhenleitwerk und das Seitenleitwerk, allerdings in KFK gebaut, aus den Formen des Janus bei Schempp-Hirth, und der Rumpf, mit einer konischen Röhre aus KFK verlängert, aus den Formen der ASW–19 von Schleicher. Der Flügel selbst ist bei der Akaflieg voll negativ gebaut worden. Die SB-11 hat das Kennzeichen D-1177, wobei die 11 für das Flugzeug und die 77 für den geplanten Erstflug steht, der allerdings erst am Pfingstmontag, den 14. Mai 1978 durch Jürgen Klenner in Braunschweig stattfand. Mit dem Prototyp der SB-11 errang Helmut Reichmann seinen dritten Weltmeistertitel bei den 16. Segelflugmeisterschaften im Juli 1978 in Chateauroux/Frankreich.

Linke Seite:

Das Wesentliche an der SB-11 sind die über die ganze Spannweite reichenden Fowler- und Wölbklappen.

SB-12

Die SB-12 ist ein Segelflugzeug der Standard-Klasse. Sie entspricht von den Abmessungen her einer Hornet C und wurde auch in den Formen der Firma Glasflügel in Schlattstall gebaut. Neu ist aber das Profil des Tragflügels, wo zum ersten Mal in der Geschichte des Segelflugzeugbaus mit der Hilfe von Blasturbulatoren grenzschichtbeeinflussende Maßnahmen zur Verringerung des Profilwiderstandes erfolgreich angewendet wurden. Armin Quast und Karl-Heinz Horstmann, tätig am Institut für Entwurfsaerodynamik der DFVLR, entwarfen eine Reihe von Profilen, die speziell auf die Problematik abgestimmt waren. Wie bei der Akaflieg Braunschweig üblich wurden diese Profile im freien Flug vermessen, dieses Mal auf einem etwa einen Meter langen Versuchsstück der gruppeneigenen ASW–19. Auf den unlackierten Hornet-Flügel aus Schlattstall wurde in der Werkstatt in Braunschweig mit Conticellschaum, Microballonspachtel und Glasgewebe das neue Profil einschließlich der Luftkanäle auf der Flügelober- und -unterseite aufgespachtelt. Das neue

Die SB-12 entstand aus der Hornet C von Glasflügel.

Profil hatte die Bezeichnung HQ14/18,43 (relative Dicke 18,43%), im Querruderbereich mit einer Dicke von 19,22%. Infolge der länger auslaufenden Profilhinterkante vergrößerte sich gegenüber der Hornet die Flügelfläche von 9,80 auf 10 m², und das Leergewicht stieg um 12 kg. Nach sechs Monaten Bauzeit war das Flugzeug fertig, und Michael Hankel führte am 6. April 1980 den Erstflug durch. Im ersten Jahr stellte sich heraus, daß die Außenhaut des Flügels mit dem bis zu 3 cm dicken Schaum nicht widerstandsfähig genug war. So wurde der Flügel noch einmal überarbeitet, sowohl im Hinblick auf Oberfläche als auch Aerodynamik. Das neue Profil hieß nun HQ 15/18,72, und ausgeblasen wurde nur noch auf der Unterseite. Durch die stärkeren Glaslagen stieg das Leergewicht noch einmal um 23 kg auf 238 kg. Das Idafliegtreffen zeigte dann die gewünschten Ergebnisse, obwohl u. a. durch die vorgegebene Flügelgeometrie und die Hinterkantendrehbremsklappe keine optimalen Voraussetzungen gegeben waren.

Muster:	SB-12
Konstrukteur + Hersteller:	Akaflieg Braunschweig/Glasflügel
Erstflug:	6. April 1980
Hergestellt insgesamt:	1
Zugelassen in Deutschland:	1 (D-1225, Wettb.-Nr. HQ)
Anzahl der Sitze:	1
Spannweite:	15 m (Standard-Klasse)
Flügelfläche:	10,02 m²
Streckung:	22,50
Flügelprofil:	HQ 14/18,43 + HQ 15/18,72
Rumpflänge:	6,40 m (Rumpf und Leitwerk von Hornet-C)
Leitwerk:	gedämpftes T-Leitwerk
Bauweise:	GFK
Rüstgewicht:	238 kg
Maximales Fluggewicht:	450 kg
Flächenbelastung:	31 bis 45 kg/m²
Flugleistungen (Messungen 1981 in Aalen):	
Geringstes Sinken:	0,59 m/s bei 80 km/h
Bestes Gleiten:	41 bei 98 km/h

SB-13

Das Nurflügel-Segelflugzeug SB-13 war das wohl schwierigste Projekt der Akaflieg Braunschweig. Wie nicht anders zu erwarten war, waren mit dem Entwurf eine Vielzahl von Problemen verbunden. In der Vergangenheit hatten sich insbesondere Alexander Lippisch und die Gebrüder Horten an Nurflügeln versucht; lediglich die französische AV–36 fand bisher Eingang in den Vereinsflugbetrieb. Neuere Profilentwicklungen von Horstmann/Quast sollten die Lösung vereinfachen. In den Jahren 1982 und 1983 wurden umfangreiche Versuche mit einem Flugmodell im Maßstab 1:3, also mit einer Spannweite von fünf Metern, gemacht. Zur Steuerung wurden in den Flügel 10 Rudermaschinen eingebaut, der Empfänger saß im Rumpf. 1985 begann der eigentliche Formenbau und die Herstellung eines Bruchflügels. Da der Flügel eine Pfeilung von 15 Grad aufweist, waren viele Festigkeitsprobleme zu lösen, auf die hier nicht näher eingegangen werden soll. Jeder Flügel erhielt zwei Ruderklappen, die Seitenleitwerke sitzen an den Flügelenden. Der Rumpf erhielt ein Bug- und ein Hauptrad. Besonders erwähnt werden soll noch

Das Nurflügel-Segelflugzeug SB-13 im Flugzeugschlepp.

das im Flugzeug integrierte Rettungssystem, das aus drei Kreuzfallschirmen mit je 100 m^2 Fläche besteht und ein Gesamtgewicht von 25 kg hat. Der erfolgreiche Erstflug fand am 18. März 1988 statt. Später wurden die Schempp-Hirth-Bremsklappen dreistöckig gebaut, um die Wirkung zu verbessern. Auch mußte das Hauptrad

Die SB-13 ist ein Exote unter den deutschen Segelflugzeugen. Im Hintergrund der Aufnahme ist die SB-8 zu erkennen.

um 4 cm nach hinten verschoben werden. Neue stoffbespannte Seitenruder sind im Bau. Vier Piloten dürfen zwischenzeitlich im Rahmen der Flugerprobung die SB-13 fliegen.

Muster:	SB-13
Konstrukteur + Hersteller:	Akaflieg Braunschweig
Erstflug:	18. März 1988
Hergestellt insgesamt:	1
Zugelassen in Deutschland:	1
Anzahl der Sitze:	1
Spannweite:	15 m (Nurflügel)
Flügelfläche:	11,60 m²
Streckung:	19,40
Flügelprofil:	HQ 34N/14,83 + HQ 36N/15,12
Rumpflänge:	3,02 m
Seitenleitwerke:	1,25 m hoch
Bauweise:	Faserverstärkte Kunststoffe
Rüstgewicht:	258 kg (ohne Rettungssystem)
Maximales Fluggewicht:	427 kg
Flächenbelastung:	28 bis 37 kg/m²

Flugleistungen noch nicht veröffentlicht!

SB-14

Mit der SB-14 wollten die Braunschweiger Akaflieger endlich wieder einmal ein »normales« Flugzeug bauen, das später für den Gruppenflugbetrieb auch allen Aktiven zur Verfügung stehen konnte. Drei Entwürfe standen Ende 1987 zur Auswahl: Ein Flächenklappenflugzeug mit 15 m Spannweite, eine neue SB-11 also, ein 20-Meter-Doppelsitzer mit dem Rumpf der fs-31 und einem modifizierten Stemme S-10-Flügel oder ein 18-Meter-Wölbklappenflugzeug mit einem »Minimalrumpf«, für den man sich letztlich entschied. Beim Minimalrumpf handelt es sich um einen Entwurf mit nur 58,5 cm Breite und einer Höhe von maximal 78 cm, in dem aber auch Zwei-Meter-Piloten Platz finden sollen. Die Form erinnert an die ASW–24 und an die AFH-24. Für das Cockpit gibt es spezielle Untersuchungen zur Crash-Sicherheit, wobei die SB-14 ein integriertes Rettungssystem nach Art der SB-13 erhalten soll. Das rechteckige Seitenleitwerk mit einem sehr langen Hebelarm ist sehr klein gehalten. Die Rumpflänge beträgt immerhin 7,65 m. Zur Unterstützung des Seitenruders gibt es Spoiler an den Tragflügeln, die aber erst ausschlagen, wenn das »normale« Seitonruder nicht mehr ausreicht, beispielsweise beim Einkreisen in

Das Rumpfvorderteil der SB-14.

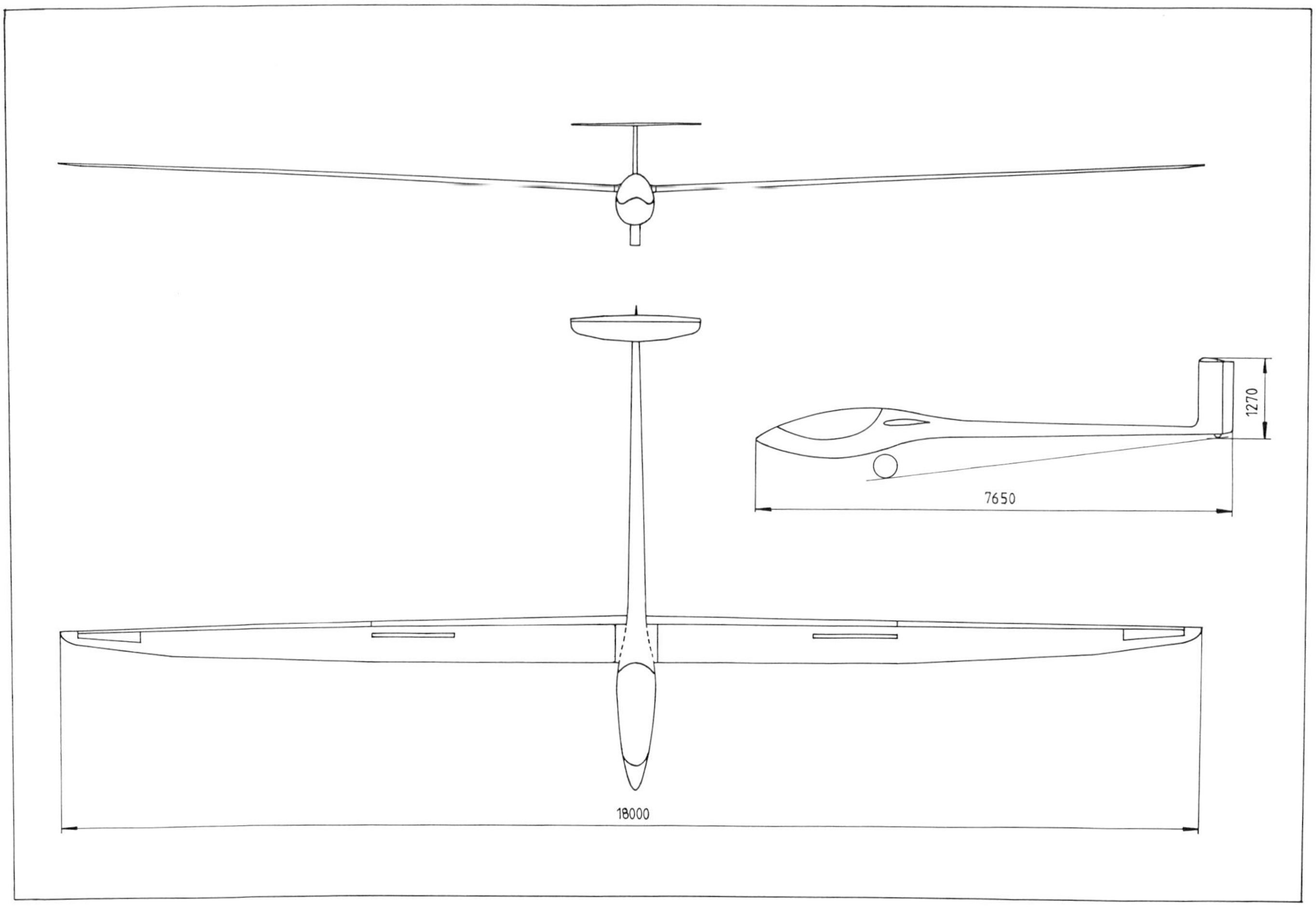

Dreiseitenansicht des Projekts SB-14.

die Thermik. Der Flügel weist mit 10,80 m^2 eine vergleichsweise kleine Fläche auf und besitzt ein Dreifachtrapez ähnlich Discus/Falcon. Ein neues Profil mit einer Dicke von etwa 13,4% ist im Werden, dessen Eigenschaften sich aber eher an der ASW–22 (HQ17) als an der DG-600 (HQ35) orientieren sollen. Im Frühjahr 1991 waren der Rumpfkern und ein Mock-up für die Einbauten fertig. Eine Dreiseitenansicht ist beigefügt.

Scheibe-Flugzeugbau (Mü13E bis SF-34)

Über Dipl.-Ing. Egon Scheibe und seine Flugzeuge ließe sich allein eine recht ausführliche Abhandlung schreiben. Die Typenliste umfaßt nämlich eine lange Reihe von ein- und doppelsitzigen Segelflugzeugen und Motorseglern sowie auch Motorflugzeugen. Im Rahmen dieser Arbeit wird jedoch nur über die Segelflugzeuge berichtet, wobei zuerst die Doppelsitzer und dann die Einsitzer näher beschrieben werden, obwohl die Entwicklung der einzelnen Flugzeugmuster teilweise parallel lief.
Egon Scheibe wurde am 28. September 1908 in München geboren. Durch die Beschäftigung mit dem Modellflug während der Schulzeit hatte er seinen ersten Kontakt mit der Fliegerei. 1927 schloß sich ein sechsmonatiges Praktikum bei der Deutschen Verkehrsfliegerschule in Schleißheim an. Aktives Mitglied der Akaflieg München war Egon Scheibe von 1928 bis 1936. In dieser Zeit war Scheibe mehrfach zu Segelflugkursen und Wettbewerben auf der Wasserkuppe und arbeitete 1932 fast ein Jahr als Konstrukteur bei Lippisch. Im Krieg war Scheibe in der Flugzeugentwicklung tätig. Nach der Wiederzulassung des Segelfluges wurde dann 1951 die Scheibe-Flugzeugbau GmbH in Dachau gegründet. Seither sind dort vorwiegend erfolgreiche Segelflugzeuge und Motorsegler für die Bedürfnisse des Vereinsflugbetriebes hergestellt worden.

Egon Scheibe im Motorsegler SF-25 B.

Mü-13 E = Bergfalke-I

Schon 1932 konstruierte der Akaflieger Scheibe, zeitweise unter der Mitarbeit von Lippisch auf der Wasserkuppe, den Doppelsitzer Mü-10 Milan, der 1934 zum Fliegen kam. Dieser Milan hatte als eines der ersten Segelflugzeuge einen Stahlrohr-Rumpf, der für viele Jahre zum Kennzeichen der Münchner Schule wurde. Aus dem Milan wurden die Einsitzer Merlin und Atalante weiterentwickelt, später dann die Mü-13 C und D, von der vor und während des Krieges mehr als 100 Exemplare gebaut wurden. Nach dem Kriege konstruierte Scheibe aus der Mü-13 D den Doppelsitzer Mü-13 E, der später auch Bergfalke-I genannt wurde. Von der Mü-13 D wurden das Flügelprofil und die Leitwerke übernommen. Der Rumpf des Prototyps der Mü-13 E entstand in Dachau, während der Flügel aus zulassungstechnischen Gründen in Innsbruck gebaut wurde.

Aus diesem Grunde hat auch der Prototyp mit OE-0138 eine österreichische Immatrikulation. Bei der Mü-13 E befindet sich der hintere Sitz genau im Schwerpunkt, so daß bei dem ungepfeilten Flügel der Holm in einer sogenannten Holmbrücke um den Sitz herumgeführt werden mußte. Mit dieser Holmbrücke aus Stahlrohr gab es später Schwierigkeiten. Sie mußte verstärkt werden und zur Kontrolle mußten dreieckige Fenster in den Flügel eingelassen werden. Im Jahre 1977 gar wurde aus Festigkeitsgründen die Spannweite von 17,20 m auf 15,66 m verringert und alle acht noch zugelassenen Mü-13 E erhielten neue Randbogen nach Art des Motorfalken. Immerhin stand mit dem Bergfalken-I, von dem in vier Jahren etwa 170 Exemplare gebaut wurden, bereits im Jahre 1951 ein recht leistungsfähiger Doppelsitzer zur Verfügung.

Muster:	Mü-13 E (Bergfalke-I)
Konstrukteur + Hersteller:	Scheibe, Dachau
Erstflug:	1951
Serienbau:	1951 bis 1953
Hergestellt insgesamt:	etwa 170
Zugelassen in Deutschland:	8
Anzahl der Sitze:	2
Spannweite:	17,20 m (heute 15,66 m)
Flügelfläche:	18,60 m²
Streckung:	15,90
Flügelprofil:	Mü 14,5 %
Rumpflänge:	7,90 m
Leitwerk:	normales Kreuzleitwerk
Bauweise:	Holz, Rumpf aus Stahlrohr
Rüstgewicht:	250 kp
Maximales Fluggewicht:	430 kp
Flächenbelastung:	18,3 kp/m² bis 23,1 kp/m²
Flugleistungen (Werksangaben):	
Geringstes Sinken:	0,64 m/s bei 70 km/h
Bestes Gleiten:	26 bei 80 km/h

Der Doppelsitzer Mü-13 E hat einen ungepfeilten Tragflügel.

Ein Bergfalke-II-55 am Windenstart.

Bergfalke-II und Bergfalke-II-55

Der Bergfalke-II löste 1953 die Mü-13E ab. Wichtigste Änderung beim Bergfalken-II war die Umkonstruktion des aufwendigen Hauptbeschlages. Der hintere Sitz lag nun vor dem Holm, was zur Folge hatte, daß der Flügel mehr als fünf Grad negativ gepfeilt wurde. Außerdem wurde die Spannweite auf 16,60 m verringert. Bei der Baureihe-II-55 wurde der Doppel-T-Holm in einen Kastenholm geändert. Ferner wurden die Querruder verkleinert und die DFS-Bremsklappen um ein Rippenfeld vergrößert. Diese beiden Baureihen wurden bis 1962 in etwa 225 Exemplaren gebaut. Die Flugzeuge lassen sich erkennen an der eckigen Astralonhaube und dem flachen und relativ großen Seitenleitwerk.

Muster:	Bergfalke-II und -II-55
Konstrukteur + Hersteller:	Scheibe, Dachau
Erstflug:	Frühjahr 1953
Serienbau:	1953 bis 1962
Hergestellt insgesamt:	etwa 225
Zugelassen in Deutschland:	etwa 120
Anzahl der Sitze:	2
Spannweite:	16,60 m
Flügelfläche:	17,70 m²
Streckung:	15,57
Flügelprofil:	Mü 14,5 %
Rumpflänge:	8,00 m
Leitwerk:	normales Kreuzleitwerk
Bauweise:	Holz, Rumpf aus Stahlrohr
Rüstgewicht:	250 kp
Maximales Fluggewicht:	430 kp
Flächenbelastung:	19,2 kp/m² bis 24,3 kp/m²
Flugleistungen (Werksangaben):	
Geringstes Sinken:	0,65 m/s bei 65 km/h
Bestes Gleiten:	28 bei 80 km/h

Bergfalke-III

Im Jahre 1962 erschien der Bergfalke-III. Flügel und Höhenleitwerk wurden vom Bergfalke-II-55 übernommen, so daß sich die Änderungen auf Rumpf und Seitenleitwerk beschränken. Allerdings befinden sich strukturelle Verstärkungen im Tragflügel, denn durch eine höhere Zuladung wurde auch das maximale Fluggewicht um 35 kp erhöht. Äußerlich ist der Dreier-Bergfalke durch ein schlankeres und höheres Seitenleitwerk und eine neue, aus zwei Teilen hergestellte geblasene Haube zu unterscheiden. Auch das Rumpfvorderteil

Muster:	Bergfalke-III
Konstruktur + Hersteller:	Scheibe, Dachau
Erstflug:	1962
Serienbau:	1962 bis 1977
Hergestellt insgesamt:	160
Zugelassen in Deutschland:	76
Anzahl der Sitze:	2
Spannweite:	16,60 m
Flügelfläche:	17,90 m^2
Streckung:	15,60
Flügelprofil:	Mü 14,5 %
Rumpflänge:	8,00 m
Leitwerk:	normales Kreuzleitwerk
Bauweise:	Holz, Rumpf aus Stahlrohr
Rüstgewicht:	275 kp
Maximales Fluggewicht:	465 kp
Flächenbelastung:	20,4 kp/m^2 bis 26,0 kp/m^2

Flugleistungen (Werksangaben):

Geringstes Sinken:	0,75 m/s bei 68 km/h
Bestes Gleiten:	28 bei 90 km/h

erhielt eine runde GFK-Verkleidung. Der Prototyp des Bergfalken-III flog im Jahre 1962 und wurde auch bis zuletzt alternativ zum Bergfalken-IV hergestellt. Insgesamt sind 160 Flugzeuge dieser Baureihe gefertigt worden, von denen heute etwa 75 in der Bundesrepublik zugelassen sind.

Bergfalke-IV

Der Bergfalke-IV tauchte im Jahre 1969 auf. Zuerst hatte er noch den Rumpf des Bergfalken-III, bekam aber dann einen neuen Rumpf mit einer großen geblasenen Haube nach Art der ASK-13. Der Rumpfrücken wurde rund gestaltet, und die Schnauze bekam eine formschöne GFK-Verkleidung. Neu war der Wegfall der Kufe, dafür gab es ein großes Bremsrad, das allerdings zum Leidwesen der Fluglehrer ungefedert ist. Ganz neu war der Tragflügel, der in Anlehnung an den eleganten Flügel der SF-27 entstand. Der Doppeltrapezflügel bekam zum ersten Mal mit dem FXS02–196 ein Wortmann-Laminarprofil, und auch die doppelseitigen Schempp-Hirth-Bremsklappen sah man bisher noch nicht an einem Scheibe-Doppelsitzer. Wieder konnte auf eine Tragflügelpfeilung verzichtet werden. Der Pilot des hinteren Sitzes lehnt sich unmittelbar an den Hauptholm an. Leider ist gerade auch die Sitzposition auf dem hinteren Platz nicht ideal. Die Ruderabstimmung ist beim Vierer-Bergfalken besser gelungen als bei den Vorgängern. Durch die höhere Flächenbelastung und das Laminarprofil liegt aber auch die Geschwindigkeit beim Kurbeln höher. Der Landeanflug bietet keine Probleme, denn die Wirkung der Brems-

Der Bergfalke-III hat ein höheres Seitenleitwerk.

Dor Borgfalko IV mit nouom Rumpf und Laminarprofil.

klappen ist außergewöhnlich gut. Leider gab eine Leistungsvermessung beim Idafliegtreffen 1976 sehr bescheidene Werte, so daß nachfolgend die Werksangaben aufgeführt werden.

Muster:	Bergfalke-IV
Konstrukteur + Hersteller:	Scheibe, Dachau
Erstflug:	1969
Serienbau:	1969 bis 1978
Hergestellt insgesamt:	65
Zugelassen in Deutschland:	24
Anzahl der Sitze:	2
Spannweite:	17,20 m
Flügelfläche:	17,45 m^2
Streckung:	16,95
Flügelprofil:	FX S 02-196
Rumpflänge:	8,00 m
Leitwerk:	normales Kreuzleitwerk
Bauweise:	Holz, Rumpf aus Stahlrohr
Rüstgewicht:	300 kp
Maximales Fluggewicht:	500 kp
Flächenbelastung:	22,4 kp/m^2 bis 29,4 kp/m^2
Flugleistungen (Werksangaben):	
Geringstes Sinken:	0,68 m/s bei 75 km/h
Bestes Gleiten:	34 bei 95 km/h

Specht

Der Specht ist ein kleiner Übungsdoppelsitzer, den man von der Auslegung her mit der Rhönlerche vergleichen kann. In der Tat gibt es in jenen Jahren Querverbindungen zwischen Scheibe und Schleicher, da Rudolf Kai-

Muster:	Specht
Konstrukteur + Hersteller:	Scheibe, Dachau
Erstflug:	1953
Serienbau:	1953 bis etwa 1960
Hergestellt insgesamt:	50
Zugelassen in Deutschland:	23
Anzahl der Sitze:	2
Spannweite:	13,50 m
Flügelfläche:	16,64 m^2
Streckung:	10,95
Flügelprofil:	Mü 14 %
Rumpflänge:	7,42 m
Leitwerk:	normales Kreuzleitwerk
Bauweise:	Holz, Rumpf aus Stahlrohr
Rüstgewicht:	210 kp
Maximales Fluggewicht:	390 kp
Flächenbelastung:	18,0 kp/m^2 bis 23,4 kp/m^2
Flugleistungen (Werksangaben):	
Geringstes Sinken:	0,80 m/s bei 65 km/h
Bestes Gleiten:	20 bei 75 km/h

ser seinerzeit zwei Mal bei Scheibe in Dachau beschäftigt war. Der Specht hat einen Stahlrohrrumpf mit einem festen Rad und einer gefederten Kufe. Der Rechtecktrapezflügel ist mit einer Doppelstrebe zum Rumpf abgefangen. Die Leitwerke sind konventionell aufgebaut. Etwas lustig ist die Haube ausgeführt. Das vordere Haubenteil öffnet nach der Seite, während für den hinteren Sitz eine Klapptüre unter dem Flügel angebracht ist. Außergewöhnlich ist auch die Anordnung der Tragflügel am Rumpf. Es gibt keine Schlitzverkleidung, sondern die Wurzelrippen der beiden Tragflügel stoßen stumpf in Rumpfmitte aneinander. Der dadurch entstehende Spalt sorgt dann immer für einen kühlen Kopf des Fluglehrers. Als Landehilfe dienen beim Specht wie bei der Rhönlerche Störklappen auf der Flügeloberseite. Etwa 50 Spechte sind zum Teil auch im Amateurbau hergestellt worden, von denen immerhin 23 noch zugelassen sind.

Sperber

Beim Sperber handelt es sich hier nun nicht um den bekannten Motorsegler von Pützer, sondern um eine Variante des Übungsdoppelsitzers Specht. Die Flügel und die Leitwerke wurden original übernommen, während demnach nur der Rumpf abgeändert wurde. Markantes Merkmal sind die nebeneinander angeordneten Sitze, die diesem Flugzeug ein etwas bulliges Ausse-

Jahrelang ein erprobtes Schulflugzeug: Der Scheibe-Specht.

Muster:	Sperber
Konstrukteur + Hersteller:	Scheibe, Dachau
Erstflug:	1956
Serienbau:	1956 bis 1958
Hergestellt insgesamt:	8
Zugelassen in Deutschland:	3
Anzahl der Sitze:	2
Spannweite:	14,20 m
Flügelfläche:	17,40 m^2
Streckung:	11,60
Flügelprofil:	Mü 14 %
Rumpflänge:	7,40 m
Leitwerk:	normales Kreuzleitwerk
Bauweise:	Holz, Rumpf aus Stahlrohr
Rüstgewicht:	220 kp
Maximales Fluggewicht:	400 kp
Flächenbelastung:	17,9 kp/m^2 bis 23,0 kp/m^2
Flugleistungen (Werksangaben):	
Geringstes Sinken:	0,85 m/s bei 65 km/h
Bestes Gleiten:	19 bei 75 km/h

hen verleihen. Offensichtlich waren die Segelflieger auch schon zur Entstehungszeit des Sperbers im Jahre 1956 nicht von dieser Sitzanordnung für Segelflugzeuge begeistert, denn im Ganzen sind nur etwa acht Flugzeuge gebaut worden. Eine Erhöhung der Spannweite um 0,70 m gegenüber dem Specht ergibt sich dadurch, daß die Tragflügel wie bei der Rhönlerche außen am Rumpf angebracht sind, und der Rumpfrükken durch eine Schlitzverkleidung abgedeckt ist. Heute fliegen noch etwa drei Sperber in Deutschland.

A-Spatz, B-Spatz

Kurz nach der Mü-13E wurden auch die Konstruktionsarbeiten für den ersten Scheibe-Einsitzer A-Spatz in Angriff genommen. Bereits im März 1952 konnte dann der Erstflug stattfinden. Bei den Baureihen A-Spatz, B-Spatz und Spatz-55, die zusammen in etwa 50 Exemplaren gebaut wurden, beträgt die Spannweite jeweils 13,20 Meter, weshalb diese Flugzeuge auch als 13-m-Spatz bezeichnet wurden. Alle anderen Spatzen haben dann eine Spannweite von 15 Metern. Der B-Spatz unterscheidet sich vom A-Spatz durch einen stärkeren Holm und eine höhere Zuladung. Beide Flugzeuge hatten eine Mitteldeckeranordnung des Tragflügels, wobei der Flügel durch eine aufgesetzte Abdeckung verkleidet wurde. Wie später sogar noch teilweise der L-Spatz hatten diese Flugzeuge noch kein festes Rad, sondern starteten und landeten auf der Kufe und hatten zum Bodentransport ein aufsteckbares Rad. In den Jahren

Beim Sperber sind die Sitze nebeneinander angeordnet.

Ein B-Spatz mit Mitteldecker-Anordnung auf dem Hornberg.

1953 und 1954 sind von diesen beiden Baureihen, wie bei den anderen Spatzen auch teilweise im Selbstbau, insgesamt etwa 30 bis 40 Exemplare gebaut worden.

Muster:	A-Spatz, B-Spatz
Konstrukteur + Hersteller:	Scheibe, Dachau
Erstflug:	März 1952
Serienbau:	1953 und 1954
Hergestellt insgesamt:	etwa 35
Zugelassen in Deutschland:	27
Anzahl der Sitze:	1
Spannweite:	13,20 m
Flügelfläche:	10,90 m^2
Streckung:	15,99
Flügelprofil:	Mü 14 %
Rumpflänge:	6,00 m
Leitwerk:	normales Kreuzleitwerk
Bauweise:	Holz, Rumpf aus Stahlrohr
Rüstgewicht:	120 kp
Maximales Fluggewicht:	220 kp
Flächenbelastung:	20,2 kp/m^2
Flugleistungen (Werksangaben):	
Geringstes Sinken:	0,67 m/s bei 58 km/h
Bestes Gleiten:	25 bei 65 km/h

Spatz-55

Beim Spatz-55 wurde zum ersten Mal wie später beim weit verbreiteten L-Spatz-55 die Schulterdeckeranordnung gewählt, allerdings noch mit einer Spannweite von 13,20 Metern. Der Erstflug fand bereits 1953 statt. In den Jahren 1953 und 1954 sind etwa 10 bis 15 Spatz-55 gebaut worden. Ende 1977 waren noch 7 Flugzeuge zugelassen. Außer einer Rumpfverlängerung auf 6,20 m und einer Erhöhung des Rüstgewichtes auf 130 kp entsprechen die Daten dem B-Spatz.

L-Spatz

Der L-Spatz, bei welchem das L für Leistungs-Spatz steht, hat zum ersten Mal eine Spannweite von 15 Metern. Ähnlich wie bei der Ka6, die ja auch zuerst eine Spannweite von 14 m und dann 14,40 m hatte, ist hier der Einfluß der damals neuen Regel der Standard-Klasse festzustellen. Der L-Spatz hatte aber noch die Flügelanordnung als Mitteldecker. Der Erstflug fand

Muster:	L-Spatz
Konstrukteur + Hersteller:	Scheibe, Dachau
Erstflug:	1953
Serienbau:	1953 und 1954
Hergestellt insgesamt:	etwa 40
Zugelassen in Deutschland:	26
Anzahl der Sitze:	1
Spannweite:	15,00 m
Flügelfläche:	11,80 m^2
Streckung:	19,07
Flügelprofil:	Mü 14 %
Rumpflänge:	6,20 m
Leitwerk:	normales Kreuzleitwerk
Bauweise:	Holz, Rumpf aus Stahlrohr
Rüstgewicht:	140 kp
Maximales Fluggewicht:	250 kp
Flächenbelastung:	21,2 kp/m^2
Flugleistungen (Werksangaben):	
Geringstes Sinken:	0,64 m/s bei 62 km/h
Bestes Gleiten:	29 bei 73 km/h

ebenfalls im Jahre 1953 statt und das neue Flugzeug wurde bei der damaligen Deutschen Segelflugmeisterschaft in Oerlinghausen vorgeführt. Von diesem L-Spatz sind immerhin etwa 40 Flugzeuge gebaut worden, von denen mehr als 20 noch in Betrieb sind.

L-Spatz-55

Untersuchungen beim L-Spatz ergaben, daß durch die Mitteldeckeranordnung Leistungsverluste durch das undichte Haubenanschlußteil entstanden. Aus diesem Grunde entschloß man sich für die Anordnung als Schulterdecker. Der Prototyp des L-Spatz-55 flog bereits im Jahre 1954 und wurde von 1955 bis 1962 in Serie gebaut. Der L-Spatz-55 wurde so zum meistgebauten Einsitzer von Scheibe. In Deutschland sind etwa 300 Flugzeuge hergestellt worden, während es bei einer Lizenzfertigung in Frankreich noch einmal 150 Stück waren. Beim L-Spatz-55 gab es verschiedene Varianten. Die ersten Flugzeuge hatten eine eckige Haube aus Astralon, die später durch eine geblasene Plexiglashaube ersetzt wurde. Auch das Rumpfvorderteil bekam in späteren Jahren eine runde GFK-Verkleidung. Zuerst war auch noch kein festes Rad eingebaut. In vielen Vereinen war der L-Spatz-55 für viele Jahre das beste Leistungsflugzeug. In der Tat wurden mit dem leichten und relativ billigen Flugzeug viele Flüge für die Leistungsabzeichen absolviert. Dabei war die Ruderabstimmung nicht sehr gelungen, und das Flugzeug war recht nervös, dafür aber sehr wendig, was besonders beim Fliegen in den Bergen erwünscht war. Auch das Langsamflugverhalten war nicht gerade harmlos.

Muster:	L-Spatz-55
Konstrukteur + Hersteller:	Scheibe, Dachau
Erstflug:	1954
Serienbau:	1955 bis 1962
Hergestellt insgesamt:	etwa 450
Zugelassen in Deutschland:	190
Anzahl der Sitze:	1
Spannweite:	15,00 m
Flügelfläche:	11,70 m^2
Streckung:	19,23
Flügelprofil:	Mü 14 %
Rumpflänge:	6,25 m
Leitwerk:	normales Kreuzleitwerk
Bauweise:	Holz, Rumpf aus Stahlrohr
Rüstgewicht:	155 kp
Maximales Fluggewicht:	265 kp
Flächenbelastung:	20,9 kp/m^2 bis 22,6 kp/m^2
Flugleistungen (Werksangaben):	
Geringstes Sinken:	0,68 m/s bei 64 km/h
Bestes Gleiten:	29 bei 73 km/h

L-Spatz-III

Der L-Spatz-III ist eigentlich weniger bekannt geworden. Immerhin wurden aber nach 1965 etwa 30 Flug-

Muster:	L-Spatz-III
Konstrukteur + Hersteller:	Scheibe, Dachau
Erstflug:	1965
Serienbau:	1965 und 1966
Hergestellt insgesamt:	etwa 30
Zugelassen in Deutschland:	16
Anzahl der Sitze:	1
Spannweite:	15,00 m
Flügelfläche:	11,90 m^2
Streckung:	18,91
Flügelprofil:	Mü 14 %
Rumpflänge:	6,25 m
Leitwerk:	normales Kreuzleitwerk
Bauweise:	Holz, Rumpf aus Stahlrohr
Rüstgewicht:	165 kp
Maximales Fluggewicht:	275 kp
Flächenbelastung:	21,4 kp/m^2 bis 23,2 kp/m^2
Flugleistungen (Werksangaben):	
Geringstes Sinken:	0,68 m/s bei 64 km/h
Bestes Gleiten:	29 bei 73 km/h

Oben: Ein leichtes und handliches Flugzeug ist der L-Spatz-55.

Unten: Eine Variante des L-Spatz-55 mit geblasener Haube.

zeuge gebaut. Das Flugzeug entspricht ziemlich genau dem L-Spatz-55. Der Flügel erhielt jedoch eine Schränkung, wodurch das Verhalten im Langsamflug wesentlich verbessert wurde. Auch wurde dem Zug der Zeit folgend der Rumpf etwas niedriger gestaltet.

Club-Spatz SF-30

Mit dem Club-Spatz startete Scheibe noch einmal einen Versuch in der neu in die Wettbewerbe gekommenen Club-Klasse. Das Flugzeug baute auf Erfahrungen mit der recht gelungenen SF-27 auf. Allerdings wurde die Flügelfläche mit unter 10 m^2 recht klein gewählt. Wieder wurde ein Wortmann-Profil verwendet. Der Erstflug fand 1975 statt und in zwei Jahren wurden nur 7 Flugzeuge gebaut. Die SF-30 zeigte zwar gute Leistungen, aber für ein Holzflugzeug war zu jenem Zeitpunkt der Zug schon abgefahren.

Muster:	Club-Spatz SF-30
Konstrukteur + Hersteller:	Scheibe, Dachau
Erstflug:	1975
Serienbau:	1975/76
Hergestellt insgesamt:	7
Zugelassen in Deutschland:	5
Anzahl der Sitze:	1
Spannweite:	15,00 m
Flügelfläche:	9,38 m^2
Streckung:	23,99
Flügelprofil:	FX 61-184, 60-126
Rumpflänge:	6,10 m
Leitwerk:	Kreuzleitwerk mit Pendelruder
Bauweise:	Holz, Rumpf aus Stahlrohr
Rüstgewicht:	185 kp
Maximales Fluggewicht:	295 kp
Flächenbelastung:	29,3 kp/m^2 bis 31,5 kp/m^2
Flugleistungen (Werksangaben):	
Geringstes Sinken:	0,65 m/s bei 70 km/h
Bestes Gleiten:	36 bei 90 km/h

Zugvogel-I

Während der Spatz in erster Linie für den Vereinsflugbetrieb zugschnitten wurde, sollte der Zugvogel die Bedürfnisse der Leistungsflieger abdecken. In der Tat stand bereits im Jahre 1954 mit dem Zugvogel-I ein Leistungssegelflugzeug zur Verfügung, das vergleichbaren Mustern deutlich überlegen war. Der Zugvogel-I erhielt wie in jenen Jahren für die Leistungsflugzeuge üblich ein Laminarprofil aus der NACA-Reihe. Der Flügel von 16 Metern Spannweite hatte immerhin eine Streckung von über 18. Aus Schwerpunktgründen erhielt die Flügelnase eine negative Pfeilung. Dies war erforderlich, um den Piloten vor der Flügelnase anordnen zu können. Typisch für den Zugvogel-I ist neben der negativen Pfeilung die Anordnung des Flügelanschlusses, bei welchem wie beim Doppelsitzer Specht die Wurzelrippen der Tragflügelhälften in Rumpfmitte stumpf aufeinanderstoßen. Vom Zugvogel-I wurden nur etwa 8 Exemplare gebaut und Hanna Reitsch konnte 1955 mit diesem Flugzeug die Deutschen Segelflugmeisterschaften in Oerlinghausen gewinnen.

Muster:	Zugvogel I
Konstrukteur + Hersteller:	Scheibe, Dachau
Erstflug:	1954
Serienbau:	1954 und 1955
Hergestellt insgesamt:	etwa 8
Zugelassen in Deutschland:	2
Anzahl der Sitze:	1
Spannweite:	16,00 m
Flügelfläche:	14,00 m^2
Streckung:	18,30
Flügelprofil:	NACA 623-616
Rumpflänge:	7,40 m
Leitwerk:	normales Kreuzleitwerk
Bauweise:	Holz, Rumpf aus Stahlrohr
Rüstgewicht:	230 kp
Maximales Fluggewicht:	345 kp
Flächenbelastung:	22,9 kp/m^2 bis 24,6 kp/m^2
Flugleistungen (Werksangaben):	
Geringstes Sinken:	0,62 m/s bei 70 km/h
Bestes Gleiten:	34 bei 86 km/h

Zugvogel-II, Zugvogel-III A, Zugvogel-III B

Vom Zugvogel-II wurden nur zwei Exemplare gebaut. Es entfiel die Vorpfeilung des Flügels. Die Anordnung war als Schulterdecker wie beim Spatz mit einer separaten Schlitzverkleidung. Beim Zugvogel-III A wurde die Spannweite auf 17 Meter vergrößert, während der Rumpf ziemlich beibehalten wurde. Vom Zugvogel-III A wurden etwa 30 Stück hergestellt, von denen noch 19 Exemplare in Deutschland zugelassen sind. Der Zugvogel-III B bekam dann im Jahre 1963 einen neuen fla-

Rechte Seite:

Oben: Der Club-Spatz wurde nur in 7 Exemplaren gebaut.

Unten: Ein Zugvogel-III A bei einem Oldtimertreffen in Pfullendorf.

CLUB-SPATZ
D-3697

50
55
D-9055

Hanna Reitsch im Zugvogel-I.

chen Rumpf, der bei den Segelfliegern ziemlich Anklang fand, denn immerhin wurden 40 Exemplare dieser Baureihe hergestellt, von denen die Hälfte in Deutschland noch fliegt.

Muster:	Zugvogel-III A, -III B
Konstrukteur + Hersteller:	Scheibe, Dachau
Erstflug:	1957/1963
Serienbau:	1957 bis 1965
Hergestellt insgesamt:	70 (30 + 40)
Zugelassen in Deutschland:	39 (19 + 20)
Anzahl der Sitze:	1
Spannweite:	17,00 m
Flügelfläche:	14,37 m^2
Streckung:	20,11
Flügelprofil:	NACA 623-616
Rumpflänge:	7,30 m
Leitwerk:	normales Kreuzleitwerk
Bauweise:	Holz, Rumpf aus Stahlrohr
Rüstgewicht:	245 kp
Maximales Fluggewicht:	365 kp
Flächenbelastung:	23,3 kp/m^2 bis 25,4 kp/m^2

Flugleistungen (Werksangaben):

Geringstes Sinken:	0,61 m/s bei 72 km/h
Bestes Gleiten:	35 bei 86 km/h

Zugvogel-IV

Unter dem Einfluß der neuen Regel für die Standard-Klasse entstand im Jahre 1959 eine 15-Meter-Version des Zugvogels, der Zugvogel-IV. Er hatte noch den hohen Rumpf des Zugvogel-III A mit einem verkürzten Flügel, der noch das NACA-Profil hatte. Der Zugvogel-IV A hatte ein festes ungefedertes Rad.

Muster:	Zugvogel-IV
Konstrukteur + Hersteller:	Scheibe, Dachau
Erstflug:	1959
Serienbau:	1959 bis 1961
Hergestellt insgesamt:	etwa 30
Zugelassen in Deutschland:	6
Anzahl der Sitze:	1
Spannweite:	15,00 m
Flügelfläche:	13,43 m^2
Streckung:	16,75
Flügelprofil:	NACA 623-616
Rumpflänge:	7,10 m
Leitwerk:	normales Kreuzleitwerk
Bauweise:	Holz, Rumpf aus Stahlrohr
Rüstgewicht:	220 kp
Maximales Fluggewicht:	335 kp
Flächenbelastung:	25,0 kp/m^2

Flugleistungen (Werksangaben):

Geringstes Sinken:	0,65 m/s bei 70 km/h
Bestes Gleiten:	31 bei 80 km/h

SF-26

Erfahrungen mit den Zugvögeln und den verschiedenen Spatzen führten im Jahre 1961 zur Konstruktion der SF-26. Auf den ersten Blick sieht das Flugzeug nicht sehr gelungen aus. Der Rumpf ist vom Spatz abgeleitet und etwas hoch geraten. Das Besondere an der SF-26 ist der dreiteilige Flügel. Das relativ schwere Mittelstück wird oben auf den Rumpf aufgesetzt. Die Außenflügel

Muster:	SF-26
Konstrukteur + Hersteller:	Scheibe, Dachau
Erstflug:	1961
Serienbau:	1962 bis 1964
Hergestellt insgesamt:	etwa 50
Zugelassen in Deutschland:	22
Anzahl der Sitze:	1
Spannweite:	15,00 m
Flügelfläche:	12,34 m^2
Streckung:	18,25
Flügelprofil:	NACA 623-616
Rumpflänge:	6,72 m
Leitwerk:	normales Kreuzleitwerk
Bauweise:	Holz, Rumpf aus Stahlrohr
Rüstgewicht:	183 kp
Maximales Fluggewicht:	310 kp
Flächenbelastung:	22,1 kp/m^2 bis 25,1 kp/m^2

Flugleistungen (Werksangaben):

Geringstes Sinken:	0,70 m/s bei 70 km/h
Bestes Gleiten:	30 bei 80 km/h

Der Zugvogel-III B hat einen flachen Rumpf mit eingestrakter Haube.

Beim Zugvogel-IV wurde die Spannweite auf 15 Meter verringert.

4H
D-1424

Eine SF-27 im Flugzeugschlepp in Tannheim.

beginnen bei den Querrudern. Das Flügelprofil stammt ebenfalls noch vom Zugvogel. Wie bei allen Zugvögeln sind doppelseitige Schempp-Hirth-Bremsklappen im Flügel eingebaut.

SF-27

Ein recht gelungener und erfolgreicher Scheibe-Einsitzer ist die SF-27, die ihren Erstflug im Jahre 1964 durchführte. Leider kam sie etwas zu spät in die beginnende Kunststoff-Welle, sonst wären ihr noch wesentlich höherer Stückzahlen beschieden gewesen. Sicher wäre sie dann auch ein ernsthafter Konkurrent für die Ka 6E geworden. Immerhin sind insgesamt etwa 120 Exemplare der SF-27 gebaut worden, die zum großen Teil heute noch in Deutschland fliegen. Ein einziges Muster mit der Bezeichnung SF-27A hat übrigens eine Spannweite von 17 Metern. Der Rumpf ist vom Zugvogel-III B abgeleitet und etwas kürzer. Der Flügel hat das seither viel verwendete Wortmann-Profil FX61–184. Das Höhenleitwerk ist als Pendelruder ausgeführt. Die SF-27 ist sehr gut im Steigen, hat eine ausgeglichene Ruderabstimmung und hat ordentliche Leistungen. Als Landehilfe dienen doppelseitige Schempp-Hirth-Bremsklappen. Im Höhenleitwerk ist eine Flettnertrimmung eingebaut. Der Rumpf hat ein festes ungefedertes Rad mit etwas geringer Bodenfreiheit. Aus der SF-27 baute Alois Obermeier einen der ersten Motorsegler mit einem im Rumpf versenkbaren Klapptriebwerk mit der Bezeichnung Illerschwalbe.

Linke Seite:

Oben: Eine etwas modifizierte SF-26 mit dreiteiligem Tragflügel.

Unten: Der »junge« Helmut Reichmann mit einer SF-27.

Muster:	SF-27
Konstrukteur + Hersteller:	Scheibe, Dachau
Erstflug:	1964
Serienbau:	1964 bis 1969
Hergestellt insgesamt:	etwa 120
Zugelassen in Deutschland:	65
Anzahl der Sitze:	1
Spannweite:	15,00 m
Flügelfläche:	12,07 m^2
Streckung:	18,64
Flügelprofil:	FX 61-184, FX 60-126
Rumpflänge:	7,05 m
Leitwerk:	Kreuzleitwerk mit Pendelruder
Bauweise:	Holz, Rumpf aus Stahlrohr
Rüstgewicht:	215 kp
Maximales Fluggewicht:	330 kp
Flächenbelastung:	25,3 kp/m^2 bis 27,5 kp/m^2
Flugleistungen (DFVLR-Messung 1968):	
Geringstes Sinken:	0,65 m/s bei 70 km/h
Bestes Gleiten:	32 bei 80 km/h

SF-34

Vorläufiger Endpunkt der Segelflug-Doppelsitzer-Entwicklung bei Scheibe ist die SF-34, die ihren Erstflug nach Janus und Twin-Astir noch vor der ASK-21 am 28. Oktober 1978 in Dachau-Gröbenried durchführen konnte. Allerdings sind in den ersten zwölf Jahren bisher nur 37 Stück insgesamt gebaut worden. Bis 1982 sind die ersten 20 Exemplare direkt bei Scheibe entstanden, seither werden die Flugzeuge als SF-34B in Sombathely in Ungarn gefertigt. Die SF-34 ist mit einer Spannweite von 15,80 m überaus handlich, wozu auch das Rüstgewicht von nur 330 kg beiträgt. Das Flugzeug hat große Schempp-Hirth-Bremsklappen auf der Flügeloberseite. Das kleine Bugrad ist starr, das Hauptrad gut gefedert und bremsbar. Die große Haube ist einteilig und klappt nach der Seite. Beide Sitze haben verstellbare Pedale. Die Höchstgeschwindigkeit bei jedem Wetter beträgt 250 km/h.

Muster:	SF-34B
Konstrukteur:	Wolf Dietrich Hoffmann
Hersteller:	Scheibe und Ungarn
Erstflug:	28. Oktober 1978
Serienbau:	ab 1979
Hergestellt insgesamt:	37
Zugelassen in Deutschland:	14
Anzahl der Sitze:	2
Spannweite:	15,80 m
Flügelfläche:	14,80 m^2
Streckung:	16,88
Flügelprofil:	FX61–184, FX60–126
Rumpflänge:	7,50 m
Leitwerk:	gedämpftes Kreuzleitwerk
Bauweise:	GFK
Rüstgewicht:	etwa 330 kg
Maximales Fluggewicht:	540 kg
Flächenbelastung:	26 bis 36,5 kg/m^2
Flugleistungen (Herstellerangaben):	
Geringstes Sinken:	0,70 m/s bei 80 km/h
Bestes Gleiten:	35 bei 95 km/h

Das einzige Kunststoff-Segelflugzeug von Scheibe, die SF-34.

Schempp-Hirth

Während die Firma Wolf Hirth in Nabern bereits im Jahre 1951 wieder mit dem Flugzeugbau begann, dauerte es bei der Schwesterfirma Schempp-Hirth in Kirchheim/Teck bis zum Jahre 1959, bis die Fertigung von Segelflugzeugen wieder aufgenommen wurde. Zuerst wurden Bauteile für 168 Flugzeuge des Musters Ka 8 in Lizenz der Firma Schleicher gefertigt, dann wurde ebenfalls in Lizenz die Standard-Austria hergestellt. Später folgte daraus die SHK und im Jahre 1967 mit dem Cirrus das erste »eigene« Flugzeug. Nachfolgende Übersicht zeigt die einzelnen Flugzeugtypen mit den Angaben für Erstflug beziehungsweise Serienfertigung sowie den Stückzahlen bis Anfang 1991:

Ka 8	1959 bis 1968	168 (Bausätze)
Standard-Austria	1962 bis 1964	66
SHK	1965 bis 1969	59
Cirrus V 1	1967	1
Cirrus alle Baureihen	1967 bis 1976	170
Nimbus-1	1969	1
Standard-Cirrus alle Baureihen	1969 bis 1977	736
Nimbus-2 alle Baureihen	1971 bis 1981	236
Janus alle Baureihen	ab 1974	269
Mini-Nimbus	1977 bis 1981	159
Ventus alle Baureihen	ab 1980	492
Nimbus-3	1981 bis 1987	95
Discus alle Baureihen	ab 1984	361
Nimbus-3 D	ab 1986	41
Nimbus-4	ab 1990	3

Demnach umfaßt das Produktionsprogramm von Schempp-Hirth im Jahre 1991 die Flugzeuge Janus, Ventus, Discus, Nimbus-3 D und Nimbus-4.

Standard-Austria

Als erfolgreichstes Nachkriegssegelflugzeug aus Österreich kann die Standard-Austria bezeichnet werden, deren Prototyp mit dem Kennzeichen OE-0410 im Jahre 1958 zum ersten Mal flog. Konstruiert wurde sie von Rüdiger Kunz, der anläßlich der Segelflugmeisterschaften 1960 in Köln den OSTIV-Preis dafür bekam. Bis zum Jahre 1963 wurden in der Zentralwerkstätte des Österreichischen Aero-Clubs in Wien insgesamt 14 Exemplare der Standard-Austria gebaut. Am 31. Oktober 1961 schloß Schempp-Hirth einen Lizenzvertrag ab und im Juni 1962 flog die erste Standard-Austria S, also ein bei Schempp-Hirth hergestelltes Flugzeug, das nach Belgien geliefert wurde. Das zweite Flugzeug trug das Kennzeichen D-8437. Von der Standard-Austria S, die sich nicht von den in Österreich gebauten Mustern unterschied, wurden von 1962 bis März 1964 insgesamt 30 Stück in Kirchheim gebaut. Von diesen Flugzeugen gingen die meisten ins Ausland, allein sechs nach den USA, nur zwei Exemplare blieben in Deutschland. Die Standard-Austria S hatte mit dem NACA 652–415 ein recht schnelles Profil mit einer besten Gleitzahl von 34 bei 105 km/h, aber das Obenbleiben war in unseren Breiten nicht ganz einfach.
Unter der Leitung von Alfred Vogt (Lo 100), der zu jener Zeit bei Schempp-Hirth beschäftigt war, erhielt die Standard-Austria dann unter anderem ein neues Eppler-Profil (Nr. 266), das dem Flugzeug wesentlich bessere Kreisflugeigenschaften brachte. Der Einsitzer wurde fortan Standard-Austria SH genannt. Erstflug war im Dezember 1963 und die ersten vier Flugzeuge hatten noch ein starres Fahrwerk. Die Baureihe Standard-Austria SH 1 bekam dann ein gefedertes Einziehfahr-

werk und wurde bis im Dezember 1965 noch einmal in 32 Exemplaren gebaut. Äußerlich kann man die SH und die SH 1 von der ursprünglichen Version an den eckigen Randbogen und ab der SH 1 auch am Spornrad anstelle des Schleifsporns unterscheiden. Im Frühjahr 1977 wurde eine Standard-Austria SH 1 (Werk-Nr. 79, D-1277) auf 16 Meter Spannweite umgebaut.

Muster:	Standard-Austria SH
Konstrukteur:	Rüdiger Kunz
Hersteller:	Schempp-Hirth
Erstflug:	Dezember 1963 (SH)
Serienbau:	1962 bis 1965 (bei Schempp-Hirth)
Hergestellt insgesamt:	76 (Standard-Austria S bis SH 1)
Zugelassen in Deutschland:	6 (Standard-Austria S bis SH 1)
Anzahl der Sitze:	1
Spannweite:	15,00 m
Flügelfläche:	13,50 m^2
Streckung:	16,67
Flügelprofil:	Eppler 266
Rumpflänge:	6,30 m
Leitwerk:	ungedämpftes V-Leitwerk mit Flettner-Trimmung
Bauweise:	Holz, Rumpfvorderteil GFK
Rüstgewicht:	245 kp
Maximales Fluggewicht:	350 kp
Flächenbelastung:	25,93 kp/m^2
Geringstes Sinken:	0,65 m/s bei 75 km/h
Bestes Gleiten:	34 bei 90 km/h

SHK

Noch während seiner Studienzeit in Darmstadt arbeitete Klaus Holighaus im Auftrag von Martin Schempp an einer Leistungsverbesserung der Standard-Austria SH. Während der Rumpf praktisch beibehalten wurde, fällt zuerst die Vergrößerung der Spannweite auf 17 Meter ins Gewicht. Die Flügel der Standard-Austria wurden außen um je einen Meter verlängert, wodurch auch die Fläche der Querruder um mehr als die Hälfte vergrößert wurde. Die Flügelfläche wuchs von 13,50 m^2 auf 14,65 m^2 und die Streckung damit von 16,67 auf 19,73. Auch die Leitwerke wurden größer gewählt und der Öffnungswinkel der V-Form von 100 Grad auf 92 Grad verringert. Dadurch wurde die Seitenruderwirksamkeit verbessert und auch das etwas empfindliche Höhenruder gedämpft. In der Tat ist die Ruderabstimmung der SHK sehr gelungen und in Verbindung mit der geringen Flächenbelastung ist das Flugzeug beim Thermikkreisen angenehm zu fliegen. Auch die Leistungen konnten sich sehen lassen, und Rolf Kuntz konnte bei der Weltmeisterschaft 1965 in England in der Offenen Klasse den dritten Rang belegen.

Sehr großer Aufwand wurde bei der SHK für die Qualität der Oberfläche getrieben, die auch bei den älteren Flugzeugen kaum gelitten hat. Auch Kunststoff wurde schon in verstärktem Maße verwendet. Das Rumpfvorderteil, die Flügelnasen und die Randbogen von Flügel und Leitwerk sind aus GFK. Der Prototyp der SHK entstand im Winter 1964/65 aus der Werk-Nr. 71 der Standard-Austria SH 1 und führte den Erstflug am 2. April 1965 durch. Bis Ende 1969 sind dann 59 Exemplare gebaut worden und heute fliegen noch 10 SHK in deutschen Landen.

Muster:	SHK (= Schempp-Hirth/ Kirchheim)
Konstrukteur:	Kunz/Holighaus
Hersteller:	Schempp-Hirth
Erstflug:	April 1965
Serienbau:	1965 bis 1969
Hergestellt insgesamt:	59
Zugelassen in Deutschland:	4
Anzahl der Sitze:	1
Spannweite:	17,00 m
Flügelfläche:	14,65 m^2
Streckung:	19,73
Flügelprofil:	Eppler 266
Rumpflänge:	6,32 m
Leitwerk:	ungedämpftes V-Leitwerk mit Flettner-Trimmung und Massenausgleich
Bauweise:	Holz, teilweise GFK
Rüstgewicht:	260 kp
Maximales Fluggewicht:	370 kp
Flächenbelastung:	25,26 kp/m^2
Geringstes Sinken:	0,60 m/s bei 75 km/h
Bestes Gleiten:	38 bei 87 km/h

Cirrus

Neben der Fertigung der SHK bei Schempp-Hirth entsteht in aller Stille ein neues Kunststoff-Segelflugzeug von Klaus Holighaus. Es ist der Prototyp des großen Cirrus, wie er später in Unterscheidung zum Standard-

Rechte Seite:

Oben: Eine Standard-Austria S mit 15-Meter-Flügel.

Unten: Bei der SHK wurde die Spannweite auf 17 Meter vergrößert.

D-1511
D-1552
D-4131

D-9197

Ein großer Cirrus im Vergleichsflug mit einem Standard-Cirrus.

Cirrus genannt wird. Dieser Prototyp hat im Gegensatz zur späteren Serie ein V-Leitwerk, praktisch von der SHK übernommen. Der Erstflug findet am 20. Januar 1967 in Karlsruhe-Forchheim statt, mit diesem Prototyp gewinnt Holighaus im Juni 1967 die Landesmeisterschaft von Baden-Württemberg auf dem Klippeneck und später wird dieses Flugzeug zuerst nach Italien und dann nach Südafrika verkauft. Wie das erste Flugzeug der späteren Serie trug dieser Prototyp ebenfalls das Kennzeichen D-9406.

Am großen Cirrus fällt die hohe Streckung mit dem Nicht-Wölbklappen-Profil FX66–196 auf. Der Rumpf hat eine recht elegante Form mit einem etwas hochgesetzten konventionellen Leitwerk. Die Haube hat ein festes Vorderteil, der hintere Teil ist abnehmbar. Der relativ weiche Flügel hat beidseitig wirkende Schempp-Hirth-Bremsklappen. Wie bei den letzten Mustern der SHK ist im Heck ein Bremsschirm mit 1,30 m Durchmesser eingebaut. Der Flügel hat Wassertanks mit zusammen 100 Litern. Der große Cirrus wird gelobt für seine guten Flugeigenschaften und seine guten Steig-

Muster:	Cirrus
Konstrukteur:	Klaus Holighaus
Hersteller:	Schempp-Hirth + Jugoslawien
Erstflug:	1967
Serienbau:	1967 bis 1976
Hergestellt insgesamt:	107 + 63
Zugelassen in Deutschland:	33 + 18
Anzahl der Sitze:	1
Spannweite:	17,74 m
Flügelfläche:	12,60 m^2
Streckung:	24,98
Flügelprofil:	FX 66-196 innen FX 66-161 außen
Rumpflänge:	7,20 m
Leitwerk:	etwas hochgesetzes, gedämpftes Kreuzleitwerk
Bauweise:	GFK
Rüstgewicht:	260 kp
Maximales Fluggewicht:	400 kp
Flächenbelastung:	26,2 kp/m^2 bis 36,5 kp/m^2
Flugleistungen (DFVLR-Messung vom Juni 1971):	
Geringstes Sinken:	0,60 m/s bei 80 km/h
Bestes Gleiten:	39 bei 89 km/h

Der Cirrus der DFVLR wird für Meßflüge eingesetzt.

Ein Standard-Cirrus im Flugzeugschlepp.

Ein Cirrus-75 mit Aufsteckflügeln für 16 Meter Spannweite.

leistungen auch in schwacher Thermik. Bei den Weltmeisterschaften 1968 in Polen wird Harro Wödl mit dem Cirrus Sieger der Offenen Klasse. Von 1968 bis 1971 werden in Kirchheim 107 Cirrus gebaut und anschließend bis zum Jahre 1976 weitere 63 Cirrus in Lizenz bei VTC in Jugoslawien.

Standard-Cirrus

Mit dem großen Cirrus hat der Standard-Cirrus, der seinen Erstflug am 20. Februar 1969 durchführte, außer dem Namen nicht mehr viel gemeinsam. Durch die Standard-Klasse ist die Spannweite mit 15 m vorgegeben, Flügelform und -profil sind geändert, und zum ersten Mal gibt es bei Klaus Holighaus ein T-Leitwerk. Mit über 700 Exemplaren wird der Standard-Cirrus zu einem der meistgebauten Kunststoff-Segelflugzeuge. In Deutschland sind genau 701 Exemplare des Flugzeuges gebaut worden, davon in den Jahren 1971 bis 1975 genau 200 Stück in Lizenz bei Grob in Mindel-

Muster:	Standard-Cirrus (Cirrus 75)
Konstrukteur:	Klaus Holighaus
Hersteller:	Schempp-Hirth + Grob + Frankreich
Erstflug:	1969
Serienbau:	1969 bis 1977 (in Deutschland)
Hergestellt insgesamt:	736 (in Deutschland)
Zugelassen in Deutschland:	248
Anzahl der Sitze:	1
Spannweite:	15,00 m
Flügelfläche:	10,00 m^2
Streckung:	22,5
Flügelprofil:	FX S-02-196 modifiziert innen FX 66-17-All-182 außen
Rumpflänge:	6,41 m
Leitwerk:	Pendel-T-Leitwerk
Bauweise:	GFK
Rüstgewicht:	220 kp
Maximales Fluggewicht:	390 kp
Flächenbelastung:	29 kp/m^2 bis 39 kp/m^2

Flugleistungen (DFVLR-Messung vom August 1972):

Geringstes Sinken:	0,65 m/s bei 75 km/h
Bestes Gleiten:	36 bei 85 km/h

heim. Bei Schempp-Hirth wurde die Produktion im Frühjahr 1977 eingestellt. Bei der Firma Lanaverre in Bordeaux/Frankreich wurden anschließend noch einmal 36 Standard-Cirrus 75, teilweise auch mit einem gedämpften Höhenleitwerk, in Lizenz gebaut.

Beste Wettbewerbsplazierungen eines Standard-Cirrus war der 2. Platz von Ingo Renner bei der Weltmeisterschaft 1974 in Australien hinter Helmut Reichmann mit der LS-2.

Mit genau 10 m^2 Flügelfläche hat der Standard-Cirrus einen relativ kleinen Flügel mit hoher Streckung. Wie bei allen neueren Standard-Flugzeugen fahren die Schempp-Hirth-Klappen nur nach oben aus. Der Rumpf ist relativ kurz mit einem Pendel-T-Leitwerk. Die einteilige Haube öffnet nach der Seite. Im Cockpit hat man recht gut Platz. Der Standard-Cirrus ist um alle Achsen recht wendig und so ein eher temperamentvolles Flugzeug. An einigen Exemplaren wurden aufsteckbare Flügelenden erprobt, mit denen sich die Spannweite auf 16 Meter vergrößern läßt. Auch eine ausgesprochene Hochdeckerversion wurde einmal erprobt, die dann wegen des auf einem Baldachin hochgesetzten Flügels den Namen »Baby-Cirrus« bekam.

Ein recht interessantes Einzelstück (vorerst) ist der Cirrus-K mit dem Kennzeichen D-4747. Das K steht für Kunstflug, und das Flugzeug geht zurück auf die Initiative von Wilhelm Duerkop, genannt Salzmann. Gebaut wurde der Cirrus-K in den Jahren 1990 und 1991 beim LTB Borowski in Winzeln. Die Spannweite des Standard-Cirrus wurde auf 12,60 m verringert; mit Aufsteckflügeln ist aber auch die ursprüngliche Spannweite von 15 m zu erreichen. Die Querruder des kurzen Flügels wurden um 46 cm nach innen vergrößert und haben so dieselbe Länge wie beim Originalflugzeug. Geändert wurden die Leitwerke. Das Höhenleitwerk stammt vom Nimbus-2C, wurde aber aus Gewichtsgründen in Kohle gebaut und als normales Kreuzleitwerk angeordnet. Das Seitenruder des Standard-Cirrus wurde in der Tiefe um 4 cm vergrößert, und alle Ruder erhielten einen Masseausgleich. Bei den Querrudern beträgt dieser immerhin 4,7 kg pro Flügel. Aus Festigkeitsgründen erhielt der Rumpf vom hinteren Flügelanschluß bis zum Leitwerk außen zusätzlich zwei Lagen Kohlefasergewebe. Neu sind auch geänderte Seitenruderpedale mit Schlaufen und ein 5-Punkt-Anschnallgurt. Durch den Masseausgleich in den Leitwerken mußten auch einige Kilogramm Blei in die Rumpfspitze, so daß die Rüstmasse etwa 245 kg beträgt. Die maximale Geschwindigkeit beträgt vorerst 220 km/h und soll aber im Laufe

Der Cirrus-K, eine Kunstflugversion des Standard-Cirrus.

Eines der erfolgreichsten Segelflugzeuge der Offenen Klasse ist der Nimbus-II.

Der Janus ist der erste Serien-Doppelsitzer in Kunststoff.

Klaus Holighaus, Chef der Firma Schempp-Hirth.

der Flugerprobung wie bei der Lo-100 auf 295 km/h erhöht werden. Der Erstflug fand 1991 statt und das Flugzeug findet bei allen Piloten guten Anklang. Eine gesteuerte Rolle ist in zwei Sekunden zu fliegen. Aus Kunstflugkreisen besteht einiges Interesse am Cirrus-K, der eine recht preiswerte Möglichkeit eines vollwertigen Kunstflug-Segelflugzeuges ist.

Nimbus-II (Nimbus-II b)

Hier muß zuerst kurz auf den Prototyp des Nimbus-I eingegangen werden, der sich kurz vor dem Standard-Cirrus am 26. Januar 1969 in die Luft erhebt. Dieser Nimbus-I hat einen dreiteiligen Flügel mit einer Spannweite von 22 Metern und zum ersten Mal das nunmehr in fast allen Wölbklappenflugzeugen verwendete Wortmann-Profil FX67-K-170/K-150. Der Rumpf ist 10 cm länger als beim Cirrus und die Leitwerke sind fast genau vom Cirrus übernommen. Holighaus kann sich nicht für Weltmeisterschaften 1970 in Marfa/USA qualifizieren und so fliegt der Amerikaner George Moffat den Nimbus-I und gewinnt damit in der Offenen Klasse. Später geht das Flugzeug nach Frankreich, erleidet dort einen Bruch und wird vorerst nicht wieder aufgebaut.

Der Nimbus-I hat als Landehilfe einen 90-Grad-Klappenausschlag im Flügelmittelstück und einen Bremsschirm im Seitenleitwerk, aber keine eigentlichen Bremsklappen.
Während der Nimbus-I ein Einzelstück blieb, gingen die damit gemachten Erfahrungen in den Nimbus-II ein, der zum erfolgreichsten Segelflugzeug der Offenen Klasse wurde. Die Spannweite wurde auf 20,30 Meter verringert und der Flügel vierteilig gestaltet, was die Handlichkeit wesentlich erhöhte. Der Rumpf leitet sich vom Standard-Cirrus ab, ist aber fast einen Meter länger. Neu ist auch für den Nimbus-II das T-Leitwerk, wobei das Höhenleitwerk original vom Standard-Cirrus übernommen wurde. Neu sind auch die Schempp-Hirth-Bremsklappen auf der Flügeloberseite. Der Nimbus-II führte seinen Erstflug am 27. April 1971 durch und bis Anfang 1978 wurden 160 Flugzeuge gebaut. Ab Werk-Nr. 133 im Februar 1977 heißt die Baureihe Nimbus-II b, deren auffälligstes Merkmal das gedämpfte Höhenleitwerk ist. Vorher wurde das maximale Fluggewicht von 470 auf 580 kp und die Höchstgeschwindigkeit von 220 auf 270 km/h erhöht. Mit dem Nimbus-II wurden in vielen Ländern neue Bestleistungen erflogen und was sollte die Leistungsfähigkeit dieses Flugzeuges besser unterstreichen als die Tatsache, daß die Weltmeisterschaft 1970, 1972 und 1974 jeweils mit einem Nimbus gewonnen wurden.

Muster:	Nimbus-II
Konstrukteur:	Klaus Holighaus
Hersteller:	Schempp-Hirth
Erstflug:	1971
Serienbau:	1971 bis 1981
Hergestellt insgesamt:	236
Zugelassen in Deutschland:	65
Anzahl der Sitze:	1
Spannweite:	20,30 m
Flügelfläche:	14,40 m^2
Streckung:	28,62
Flügelprofil:	FX 67-K-170 innen FX 67-K-150 außen
Rumpflänge:	7,28 m
Leitwerk:	T-Leitwerk (Beim Nimbus-II b: gedämpft)
Bauweise:	GFK
Rüstgewicht:	340 kp
Maximales Fluggewicht:	580 kp
Flächenbelastung:	32,6 kp/m^2 bis 40,3 kp/m^2
Flugleistungen: (DFVLR-Messung August 1972):	
Geringstes Sinken:	0,52 m/s bei 80 km/h
Bestes Gleiten:	46 bei 88 km/h

Der Prototyp des Janus B mit gedämpftem Höhenleitwerk.

Der Mini-Nimbus hat denselben Wölbklappenflügel wie der Mosquito.

Janus

Der Janus von Schempp-Hirth ist der erste Hochleistungs-Doppelsitzer aus Kunststoff, der in Serie gebaut worden ist. Im Jahre 1972 flogen zwar schon die aus der LS-1 entwickelte LSD-Ornith und die Braunschweiger SB-10, aber von beiden Flugzeugen wurde nur je ein Prototyp gebaut. Am 18. Mai 1974 fand der Erstflug des Janus auf der Hahnweide statt und bis Frühjahr 1978 wurden 60 Flugzeuge dieses Typs in den Werkhallen in Nabern gebaut. Mittlerweile gibt es sechs GFK-Doppelsitzer aus Kunststoff in Deutschland, denn 1976 kamen der Twin-Astir von Grob und 1977 die Berliner B-12 und der Globetrotter von Ursula Hänle dazu.

Der Janus hat einen Wölbklappenflügel von 18,20 m Spannweite mit dem Nimbus-Profil. Der Flügel hat eine negative Pfeilung von 2 Grad und als Landehilfe Schempp-Hirth-Klappen auf der Flügeloberseite. Auf Wunsch kann auch noch zusätzlich ein Bremsschirm eingebaut werden. Der Rumpf hat ein festes Hauptrad und ein zusätzliches kleines Bugrad im Rumpfvorderteil. Die geräumigen Sitze liegen hintereinander. Die Haube ist einteilig und wird nach der Seite geklappt. Das Seitenleitwerk ist vom Nimbus-II übernommen, während das Pendel-Höhenleitwerk etwas vergrößert werden mußte. Neuerdings ist aber der Janus wie der Nimbus-IIb und der Mini-Nimbus auch mit einem gedämpften Höhenleitwerk zu haben.
Der Janus hat gleich von Anfang an durch beachtliche Flüge und Rekorde auf sich aufmerksam gemacht. In der Liste der Deutschen Segelflugrekorde mit dem Stand von Januar 1978 ist der Doppelsitzer nicht weniger als fünf Mal vertreten. Klaus Holighaus selbst hält einen Rekord über die 100-km-Dreiecksstrecke vom August 1974 von Samedan aus mit einer Geschwindigkeit von 142,9 km/h. In den letzten Tagen des Jahres 1977 sind gar mit dem Janus fünf neue Weltrekorde geflogen worden.

Wie der Mini-Nimbus erhielt der Janus im Laufe der Weiterentwicklung ein gedämpftes T-Leitwerk. Diese Baureihe wird Janus B genannt. Beim Janus C wird die Spannweite des Tragflügels durch kurze Aufsteckflügel auf 20 m erhöht. Durch die Kohlefaser-Bauweise ist der größere Tragflügel aber leichter als die 18-m-Version in GFK. Beim Janus C werden auch die meisten Exemplare mit einem einziehbaren Hauptrad ausgeliefert,

Muster:	Janus
Konstrukteur:	Klaus Holighaus
Hersteller:	Schempp-Hirth
Erstflug:	1974
Serienbau:	ab 1974
Hergestellt insgesamt:	269
Zugelassen in Deutschland:	75
Anzahl der Sitze:	2
Spannweite:	18,20 m
Flügelfläche:	16,60 m²
Streckung:	19,95
Flügelprofil:	FX 67-K-170 innen FX 67-K-150 außen
Rumpflänge:	8,57 m
Leitwerk:	Pendel-T-Leitwerk (ab 1978 auch wahlweise gedämpft)
Bauweise:	GFK
Rüstgewicht:	390 kp
Maximales Fluggewicht:	620 kp
Flächenbelastung:	28,9 kp/m² bis 37,4 kp/m²
Geringstes Sinken:	0,67 m/s bei 80 km/h
Bestes Gleiten:	39 bei 100 km/h

das mit einer hydraulischen Scheibenbremse ausgestattet ist. 1991 gibt es noch einmal ein neues Seitenleitwerk, das vom Nimbus-3D abgeleitet ist. Auch die Sitzposition an beiden Sitzen wird noch einmal überarbeitet. Der Janus C ist auch in einzelnen Exemplaren als selbststartender Janus CM ausgeliefert worden und selbstverständlich gibt es auch eine Turboversion.

Technische Daten des Janus C:

Spannweite:	20 m
Flügelfläche:	17,30 m²
Streckung:	23,12
Rumpflänge:	8,62 m
Leitwerk:	gedämpftes T-Leitwerk
Bauweise:	Faserverstärkte Kunststoffe
Rüstgewicht:	380 kg
Flächenbelastung:	26 kg/m² bis 40,5 kg/m²
Flugleistungen:	
Geringstes Sinken:	0,60 m/s bei 80 km/h
Bestes Gleiten:	43,5 bei etwa 110 km/h

Mini-Nimbus

Der Mini-Nimbus ist der Beitrag von Schempp-Hirth zur neuen 15-m-FAI-Klasse. Als drittes Flugzeug der Rennklasse nach LS-3 und Mosquito fand der Erstflug am 18. September 1976 statt. Vom Mosquito hat der Mini-Nimbus auch den Flügel mit dem neuen Wölb/Brems-

Beim Janus-C wurde die Spannweite auf 20 m vergrößert.

klappensystem. Während bei der Schwesterfirma Glasflügel dieser neue Flügel mit dem Hornet-Rumpf kombiniert wurde, baute Klaus Holighaus bei Schempp-Hirth auf den Erfahrungen mit dem Cirrus-75 auf, von dem praktisch der Rumpf und die Leitwerke übernommen wurden. Nach dem Erstflug des Mini-Nimbus ließ die Serienfertigung etwas auf sich warten. Durch Änderungen in der Bauweise und Umgestaltung ganzer Bauteile wurde eine größtmögliche Gewichtsersparnis erreicht. So konnte ein Rüstgewicht von etwa 245 kp erzielt werden. Auch Verbesserungen der Flugeigenschaften schlagen hier zu Buch. Harmloses Langsamflugverhalten, gute Kreisflugeigenschaften und eine überdurchschnittliche Querruderwirkung verdienen besondere Erwähnung. Abzuwarten bleibt, ob das neue Wölbklappen-/Drehbremsklappensystem tatsächlich das vor allen Dingen auch in der Schulung ausschließlich verwendete Schempp-Hirth-System ablösen wird. Sicher ist auf alle Fälle, daß die Landung selbst durch die nicht auftriebszerstörenden Bremsklappen sehr langsam ist. Neu ist beim Mini-Nimbus auch das hauptsächlich aus GFK gefertigte Einziehfahrwerk, welches eine Gewichtsersparnis von 1,5 kp bring. Aus Erfahrungen der Janusfertigung wurde der obere Cockpitteil mit einem doppelwandigen Hohlträger gestaltet, der die Steifigkeit verbessert und zudem die Kabel und Leitungen aufnimmt.

Muster:	Mini-Nimbus HS-7
Konstrukteur:	Klaus Holighaus
Hersteller:	Schempp-Hirth
Erstflug:	1976
Serienbau:	1977 bis 1981
Hergestellt insgesamt:	159
Zugelassen in Deutschland:	48
Anzahl der Sitze:	1
Spannweite:	15,00 m (FAI-15-m-Klasse)
Flügelfläche:	9,86 m^2
Streckung:	22,82
Flügelprofil:	FX 67-K-150
Rumpflänge:	6,41 m
Leitwerk:	Pendel-T-Leitwerk (ab 1978 auch wahlweise gedämpft)
Bauweise:	GFK
Rüstgewicht:	245 kp
Maximales Fluggewicht:	450 kp
Flächenbelastung:	34,0 kp/m^2 bis 45,6 kp/m^2
Flugleistungen (Werksangaben):	
Geringstes Sinken:	0,57 m/s bei 80 km/h
Bestes Gleiten:	42 bei 105 km/h

Ventus

Muster:	Ventus c
Konstrukteur:	Klaus Holighaus
Hersteller:	Schempp-Hirth
Erstflug:	1980 (Ventus b)
Serienbau:	ab 1980
Hergestellt insgesamt:	492 (alle Baureihen)
Zugelassen in Deutschland:	72 (als Segelflugzeug)
Anzahl der Sitze:	1
Spannweite:	17,60 m
Flügelfläche:	10,15 m²
Streckung:	30,51
Flügelprofil:	Wortmann, Althaus, Holighaus (14%)
Rumpflänge:	6,58 m
Leitwerk:	gedämpftes T-Leitwerk
Bauweise:	Faserverstärkte Kunststoffe
Rüstgewicht:	244 kg
Maximales Fluggewicht:	500 kg
Flächenbelastung:	31 bis 49 kg/m²
Flugleistungen (Werksangaben):	
Geringstes Sinken:	0,51 m/s bei 85 km/h
Bestes Gleiten:	49 bei 110 km/h

Nachfolger des Mini-Nimbus, von dem in den Jahren 1977 bis 1981 insgesamt lediglich 159 Exemplare gebaut worden sind, wurde im Jahre 1980 der Ventus. Vom Ventus gibt es eine ganze Anzahl Versionen. Ventus a und b unterscheiden sich durch die Rumpfgröße. Der Ventus a hat einen um 23 cm kürzeren Rumpf und auch die Breite ist um 8 cm verringert. Dieser Rumpf ist maßgeschneidert für Piloten bis zu einer Körpergröße von 1,75 m. Die weitaus meisten Rümpfe wurden in der Version Ventus b geliefert. Vom Mini-Nimbus unterscheidet sich der Ventus hauptsächlich durch den Tragflügel: Flügelprofil, Flügelgrundriß (Dreifachtrapez), Streckung, Ruderausschläge und -kinematik wurden geändert. Das Flügelprofil ist dünner und speziell für die Kohlefaserbauweise ausgelegt. Die Streckung ist mit 23,7 für den 15-Meter-Flügel recht hoch. Der Flügel, auch die Flügelschale, ist ganz aus KFK aufgebaut. Vom Nimbus-2 C wurde das Dreh-Bremsklappen-System übernommen, das aber dann ab dem Ventus c wieder durch die doch problemloser zu bedienende doppelstöckige Schempp-Hirth-Bremsklappe ersetzt wurde.

Vom Ventus b gab es auch eine Version mit 16,60 m

Ein Ventus-C mit einer Spannweite von 17,60 m.

Spannweite, erreicht durch die Verwendung von Aufsteckflügeln. Die Flügelfläche stieg dann von 9,51 m^2 auf 9,96 m^2, die Streckung auf 27,7. Das Mehrgewicht gegenüber der 15-m-Version betrug lediglich 3,0 kg. Neueste Version ist der Ventus c mit Aufsteckflügeln für eine Spannweite von 17,60 m. Dabei kann von einer Gleitzahl von etwa 49 bei etwa 110 km/h ausgegangen werden. Beim Rumpf gibt es hier von der Bauweise her zwei Varianten, entweder die übliche Glasfaserbauweise oder die leichtere Hybrid-Bauweise unter Verwendung von Kevlar-, Kohle- und Glasfaser. Den Ventus b und c kann man als nicht selbststartenden Turbo-Motorsegler haben, den Ventus cM sogar als selbststartenden Motorsegler.

Discus

Muster:	Discus b
Konstrukteur:	Klaus Holighaus
Hersteller:	Schempp-Hirth
Erstflug:	21. April 1984
Serienbau:	ab 1984
Hergestellt insgesamt:	361
Zugelassen in Deutschland:	115 (als Segelflugzeug)
Anzahl der Sitze:	1
Spannweite:	15,00 m (Standard-Klasse)
Flügelfläche:	10,85 m^2
Streckung:	21,26
Rumpflänge:	6,58 m
Leitwerk:	gedämpftes T-Leitwerk
Bauweise:	Faserverstärkte Kunststoffe
Rüstgewicht:	230 kg
Maximales Fluggewicht:	525 kg
Flächenbelastung:	29,5 kg/m^2 bis 50 kg/m^2
Flugleistungen (Gemessene Polare des D-6111):	
Geringstes Sinken:	0,59 m/s bei 80 km/h
Bestes Gleiten:	42,2 bei 105 km/h

Sieben Jahre lang, von 1977 bis 1984, sind bei Schempp-Hirth keine Segelflugzeuge der Standard-Klasse gebaut worden. Dann erst erschien mit dem Discus der lang erwartete Nachfolger für den Standard-Cirrus. Nachdem sich in den letzten Jahren die Segelflugzeuge der Standard-Klasse und der 15-Meter-Klasse aus den verschiedensten Fabrikationsstätten immer ähnlicher geworden waren, tauchte plötzlich die Silhouette eines neuen Flugzeuges auf, das auch aus der Luft schon von weitem zu erkennen war. Es war der sichelförmige Flügel des Discus mit seiner mehrfach zurückgepfeilten Vorderkante. Bei Segelfliegern in unseren Landen, die schnell neue Spottbezeichnungen erfinden, ging gleich das Wort vom »Krummschwert« oder »Türkensäbel« um. Während der Rumpf des Discus mit geringen Änderungen vom Ventus übernommen wurde, ist der Flügel eine völlig neue Konstruktion mit einem neuen Profil. Die Flügelschale ist als GFK-

Ein Discus auf dem Segelfluggelände in Hilzingen bei Singen.

Der Discus mit seiner charakteristischen Flügelform.

Schaum-Sandwich aufgebaut, während die Holmgurte aus Kohlefaserrovings hergestellt sind. Wie beim Ventus gibt es auch zwei verschiedene Cockpitgrößen. Die Ruderanschlüsse sind jetzt automatisch, die Bremsklappen dreistöckig. Der Flügel hat mit 10,58 m^2 eine relativ große Fläche, so daß bei einem Leergewicht um 230 kg die minimale Flächenbelastung unter 30 kg/m^2 liegt. Der Discus war auf Wettbewerben von Anfang an ein sehr erfolgreiches Leistungsflugzeug: Bei den Weltmeisterschaften 1985, 1987 und 1989 belegte der Discus jeweils die ersten drei Plätze. Zwischendurch gab es einmal eine Kunstflugversion mit der Bezeichnung Discus K. Hier konnte mittels abnehmbarer Außenflügel die Spannweite auf 13,70 m verringert werden. Natürlich war auch die normale Spannweite mit 15 m möglich. Später wurde der Discus K in einen normalen Discus zurückverwandelt. Aus einer Lizenzanfertigung in der CSFR wurde 1990 der erste Discus CS ausgeliefert. Wie beim Ventus ist auch der Discus bT mit einem Turbotriebwerk lieferbar, allerdings nicht wie bei der ASW–24 als Selbststarter.

Nimbus-3

Auf den Nimbus-2, von dem in zehn Jahren 236 Exemplare gebaut wurden und der nicht nur von der Stückzahl her zum erfolgreichsten Segelflugzeug der Offenen Klasse avancierte, folgte im Jahre 1981 der Nimbus-3. Der Erstflug, allerdings noch mit der kleineren Spannweite von 22,90 m, erfolgte am 21. Februar 1981. Ziel war es, zur Weltmeisterschaft 1981 in Paderborn drei Flugzeuge fertigzustellen, was auch gelang, denn das dritte Flugzeug wurde zwei Tage vor Beginn der Trainingswoche fertig. Der erwartete Erfolg stellte sich ein: Die drei neuen Nimbus-3 belegten in der Endwertung die Plazierungen eins bis drei. Klaus Holig-

Muster:	Nimbus-3
Konstrukteur:	Klaus Holighaus
Hersteller:	Schempp-Hirth
Erstflug:	21. Februar 1981
Serienbau:	1981 bis 1987
Hergestellt insgesamt:	95
Zugelassen in Deutschland:	16 (als Segelflugzeug)
Anzahl der Sitze:	1
Spannweite:	24,50 m
Flügelfläche:	16,70 m^2
Streckung:	35,94
Flügelprofil:	wie Ventus 14%
Rumpflänge:	7,70 m
Leitwerk:	gedämpftes T-Leitwerk
Bauweise:	Faserverstärkte Kunststoffe
Rüstgewicht:	400 kg
Maximales Fluggewicht:	750 kg
Flächenbelastung:	28 kg/m^2 bis 45 kg/m^2
Flugleistungen (Idaflugmessung):	
Geringstes Sinken:	0,45 m/s bei 80 km/h
Bestes Gleiten:	58 bei 115 km/h

haus selbst wurde hinter George Lee Vizeweltmeister. Ingo Renner wurde bei der darauffolgenden WM 83 in Hobbs/USA mit dem großen Nimbus-3 mit 24,50 m Spannweite ebenfalls Weltmeister vor weiteren fünf Nimbus-3-Piloten. Das sind Zahlen, die für sich selbst sprechen. Allerdings erreichte der Nimbus-3 bei weitem nicht die Stückzahlen seines Vorgängers, denn in den sechs Jahren bis 1987 verließen nur 95 Nimbus-3 die Werkshallen von Schempp-Hirth.
Der Nimbus-3 mit der großen Spannweite hat einen sechsteiligen Tragflügel mit dem 14 Prozent dicken Profil, das schon beim Ventus verwendet und erprobt wurde. Die Streckung ist mit einem Wert von 35,94 beinahe unglaublich. Das Rüstgewicht liegt bei 400 kg und das maximale Fluggewicht beträgt 750 kg. Das gemessene beste Gleiten liegt bei knapp unter 60.
Das Bessere ist der Feind des Guten: In Produktion befindet sich weiterhin der Nimbus-3 als Doppelsitzer, und seit dem Mai 1990 aber fliegt der Nimbus-4.

Nimbus-3D

Am 20. September 1984 flog mit der AS 22-2 mit einer Spannweite von 24 m der erste neue Hochleistungsdoppelsitzer. Schleicher entwickelte dann aus dem Einsitzer ASW-22 den Seriendoppelsitzer ASH-25 mit 25 m Spannweite. Bei Schempp-Hirth, dem anderen großen Segelflugzeughersteller, lief die Entwicklung parallel. Aus dem Einsitzer Nimbus-3 wurde der Doppelsitzer Nimbus-3D. Sicher kein Zufall, daß beide Doppelsitzer im Mai 1986 ihren Erstflug durchführten. Schempp-Hirth konnte auf die Erfahrungen mit dem Janus-C aufbauen, der auch bereits eine Spannweite von 20 m hat. Der Janus-Rumpf wurde überarbeitet und auf eine Länge von 8,80 m gestreckt, wobei natürlich in Rumpf und Tragflügel Verstärkungen in der Struktur um bis zu 60% notwendig wurden. Eine Gewichtsoptimierung wurde durch eine gezielte Anwendung der Hybridbauweise erreicht. Wie beim Janus bleibt die Haube des Nimbus-3D einteilig und wird nach der Seite geklappt. Das Hauptrad ist einziehbar und wird hydraulisch gebremst. Der Nimbus-3D wird kaum noch als reines Segelflugzeug geliefert, sondern überwiegend mit Turbo-Triebwerk. Als Nimbus-3DM gibt es aber auch eine selbststartende Version. Das Rüstgewicht in der Segelflugversion liegt bei etwa 500 kg. Der Tragflü-

Von 1981 bis 1987 wurden 95 Exemplare des Nimbus-3 gebaut.

gel ist vierteilig. Im Jahre 1989 wurde dann die Seitenleitwerksfläche vergrößert. In den ersten vier Jahren der Fertigung sind 41 Exemplare des Doppelsitzers Nimbus-3D in verschiedenen Versionen gebaut worden.

Muster:	Nimbus-3D
Konstrukteur:	Klaus Holighaus
Hersteller:	Schempp-Hirth
Erstflug:	2. Mai 1986
Serienbau:	ab 1986
Hergestellt insgesamt:	41
Anzahl der Sitze:	2
Spannweite:	24,60 m
Flügelfläche:	16,85 m^2
Streckung:	35,91
Flügelprofil:	wie Nimbus-3
Rumpflänge:	8,80 m
Leitwerk:	gedämpftes T-Leitwerk
Bauweise:	Faserverstärkte Kunststoffe
Rüstgewicht:	500 kg
Maximales Fluggewicht:	750 kg
Flächenbelastung:	33,5 kg/m^2 bis 44,5 kg/m^2
Flugleistungen (Werksangaben):	
Geringstes Sinken:	0,45 m/s bei 90 km/h
Bestes Gleiten:	57 bei 110 km/h

Nimbus-4

Der Nimbus-4 ist das derzeit größte Segelflugzeug der Offenen Klasse mit einer Spannweite von 26,40 m. Klaus Holighaus führte den Erstflug am 11. Mai 1990 mit der Turboversion (D-KBXX) auf der Hahnweide durch. Gegenüber dem Nimbus-3, von dem in zehn Jahren fast 100 Exemplare gebaut worden sind, konnten die Flugleistungen noch einmal gesteigert werden, so daß eine beste Gleitzahl von 60 erreicht sein dürfte. Drei Jahre dauerten die Entwicklungsarbeiten des Ingenieurteams Holighaus, Treiber, Schott und Schuon. Zu den Erfahrungen aus Nimbus-3 und dem Doppelsitzer Nimbus-3D kommen Erkenntnisse aus der Flügelgeometrie des Discus. So ist ein wesentliches Merkmal des neuen Flaggschiffes des Hauses Schempp-Hirth die mehrfache starke Rückpfeilung der Flügelvorderkante, deren aerodynamischen Vorteile noch durch die leichte V-Form der Außenflügel verstärkt werden. Der Nimbus-4 hat als Basisprofil eine Weiter-

Der Doppelsitzer Nimbus-3D flog zum ersten Mal im Jahre 1986.

Muster:	Nimbus-4
Konstrukteur:	Klaus Holighaus
Hersteller:	Schempp-Hirth
Erstflug:	11. Mai 1990
Serienbau:	ab 1990
Hergestellt insgesamt:	3
Anzahl der Sitze:	1
Spannweite:	26,40 m
Flügelfläche:	17,86 m^2
Streckung:	38,71
Flügelprofil:	ähnlich Ventus mod. 14,3% dick
Rumpflänge:	7,83 m
Leitwerk:	gedämpftes T-Leitwerk
Bauweise:	Faserverstärkte Kunststoffe
Rüstgewicht:	500 kg
Maximales Fluggewicht:	800 kg
Flächenbelastung:	32,6 kg/m^2 bis 45 kg/m^2
Flugleistungen (Werksangaben):	
Geringstes Sinken:	0,42 m/s bei 90 km/h
Bestes Gleiten:	etwa 60 bei 110 km/h

Rechte Seite:
Das Serienflugzeug Nimbus-4 mit über 26 Metern Spannweite.

entwicklung des besten der drei am Ventus verwendeten Profile mit einer Dicke von 14,3 Prozent. Neu ist auch das Cockpit mit noch mehr Komfort für den Piloten. Zum ersten Mal ist man auch bei Schempp-Hirth von der seitlichen Klapphaube abgegangen. Die große einteilige Haube wird wie bei vielen anderen Flugzeugen nach vorne hochgeklappt.
Die ersten drei Nimbus-4 sind in unterschiedlichen Versionen gebaut worden. Turbo, Selbststarter und reines Segelflugzeug sollten erprobt werden.

Zum Klippeneck-Wettbewerb 1991 erschien Falk Borowski mit einem modifizierten Nimbus-3 D.

XX
D-KBXX

Schleicher: Kaiser/Waibel/Heide

Segelflugzeuge der Firma Schleicher aus Poppenhausen an der Wasserkuppe sind ab 1955 für mehr als 20 Jahre hauptsächlich vom Konstrukteur Rudolf Kaiser geprägt worden. Dabei ist zu berücksichtigen, daß nicht alle Konstruktionen von Rudolf Kaiser beim Alexander Schleicher Flugzeugbau in Poppenhausen gebaut wurden (Ka 1, Ka 3, Ka 9), daß bei Schleicher in den Anfangsjahren nach der Wiederzulassung des Segelfluges auch andere Segelflugzeuge hergestellt wurden (z. B. die Doppelsitzer ES-49 und Condor IV), und daß, wie wenig bekannt ist, der erfolgreiche Konstrukteur Rudolf Kaiser auch zeitweise beim Scheibe Flugzeugbau in Dachau beschäftigt war. Weil aber gerade Egon Scheibe mit dem Spatz und Kaiser mit der Ka 6 über wenigstens 10 Jahre die Einsitzer-Szene beherrschten

Rudolf Kaiser in seiner ASK-16.

und die Scheibe/Kaiser-Doppelsitzer über nunmehr 25 Jahre Nachkriegssegelflug immer an der Spitze lagen, sollen hier auch einige persönliche Daten über Rudolf Kaiser zusammengestellt werden, nachdem auf Egon Scheibe bereits näher eingegangen wurde.
Rudolf Kaiser entstammt fliegerisch nicht wie die meisten anderen Segelflugzeug-Konstrukteure einer Akademischen Fliegergruppe, sondern hat sich sein Rüstzeug für den Flugzeugbau selbst erarbeitet. Rudolf Kaiser wurde am 10. September 1922 in Waldsachsen bei Coburg geboren. Durch ein benachbartes Fluggelände wurde sein Interesse für die Fliegerei früh geweckt. Es entstehen Flugmodelle und ein Hängegleiter, der allerdings nicht zum Fliegen kommt. Nach dem Willen seines Vaters sollte Rudolf Kaiser die väterliche Metzgerei übernehmen, doch er besuchte das Gymnasium und macht noch vor Kriegsausbruch die A-Prüfung. Abitur und C-Prüfung fallen in den Krieg und Kaiser wird noch Soldat. 1952 schließt Kaiser sein Studium als Tiefbauingenieur in Coburg ab. Doch die Fliegerei ist nicht vergessen. Im Jahre 1951 entsteht bereits die Ka 1, ein abgestrebter Hochdecker mit 10 Meter Spannweite, Holzrumpf und V-Leitwerk, gebaut in der eigenen Wohnung und in einer Scheune. Der Erstflug findet 1952 auf der Wasserkuppe statt und bis 1954 erfliegt sich Rudolf Kaiser auf seinem eigenen Flugzeug die Silber-C. Im Oktober 1955 fliegt dann schon die erste Ka 6, mit der Rudolf Kaiser seine Gold-C erwirbt und einen 300-km-Zielstreckenflug von der Wasserkuppe nach Freiburg im Breisgau durchführt. Von Mai bis September 1952 erhält Kaiser seine erste Anstellung im Flugzeugbau bei Scheibe in Dachau und arbeitet dort am Spatz mit. Anschließend beginnt seine Tätigkeit bei Schleicher mit Arbeiten an der Ka 2 und der

Rhönlerche. Von Oktober 1953 bis April 1955 ist Kaiser noch einmal bei Scheibe und beeinflußt dort entscheidend den Zugvogel, den er in seiner Typenliste als Ka5 führt. Seit 1955 arbeitet Rudolf Kaiser ununterbrochen bei Schleicher und festigt dort mit seinen vielen erfolgreichen Konstruktionen die dominierende Stellung des deutschen Segelflugzeugbaues.
Bei dieser Gelegenheit ein Hinweis zur Typenbezeichnung der Kaiser-Flugzeuge, die in vielen Veröffentlichungen recht uneinheitlich ist. Kaiser selbst verwendet bis zur Ka6 einschließlich die Schreibweise Ka, wird aber dann von einem früher bei der Gothaer Waggonfabrik tätig gewesenen Konstrukteur Kalkert darauf aufmerksam gemacht, daß dieser das Ka verwendet hatte. Ab der K7 benützt Kaiser nun das K, wozu sich nach dem Jahre 1965, als Gerhard Waibel die ASW–12 herausbringt, das AS für Alexander Schleicher gesellt. Zur Vereinfachung wird in dieser Arbeit wie in den meisten Veröffentlichungen die Schreibweise Ka bis zur Ka11 verwendet und danach die dann wieder einheitliche Bezeichnung ASK beziehungsweise ASW.
Nachfolgend sind die Kaiser-/Waibel-/Heide-Flugzeuge mit den einzelnen Baureihen und den Stückzahlen einschließlich der Motorsegler zusammengestellt unter Angabe des Erstfluges, wobei die Entwicklungsgeschichte (die Ka10 ist z.B. ein Vorläufer der Ka 6E) der verwandten Muster nicht berücksichtigt wurde. Die Stückzahlen verstehen sich als insgesamt hergestellte Flugzeuge bis Jahresanfang 1990.

Ka 1	1952	ca. 10	Einsitzer 10 m Spannweite
Ka 2	1953	38	Doppelsitzer 15 m Spannweite
Ka 2 b	1955	75	Doppelsitzer 16 m Spannweite
Ka 3	1954	ca. 20	Ka 1 mit Stahlrohrrumpf
Ka 4 Rhönlerche	1954	358	Übungsdoppelsitzer
Ka 6 (o)	1955	ca. 15	erste Ka 6 mit 14 m Spannweite
Ka 6 (A)	1956	27	Spannweite 14,40 m
Ka 6 B	1957	2	Spannweite 15,00 m ohne Rad
Ka 6 BR	1957	ca. 150	Ausführung mit festem Rad
Ka 6 CR	1958	ca. 700	Hauptbeschlag geändert
Ka 6 D	1959		Holland-Ausführung
Ka 6 E	1965	394	Flacherer Rumpf, anderes Profil
Ka 7	1957	511	Ka 2 b mit Stahlrohrrumpf
Ka 8	1958	6	erste Version der Ka 8
Ka 8 b	1958	1180	Beschläge und Querruder geändert
Ka 8 c	1973	ca. 10	geändertes Rumpfvorderteil
Ka 9	1961	2	verklein. Ka 8 mit 12 m Spannweite
Ka 10	1963	12	Vorläufer der Ka 6 E
Ka 11	1964	1	Motorsegler entwickelt aus Ka 9
ASW-12	1965	15	1. Kunststoff-Segelflugzeug Waibel
ASK-13	1966	585	Nachfolger der Ka 7
ASK-14	1967	65	Motorsegler entwickelt aus Ka 6 E
ASW-15	1968	183	Kunststoff-Einsitzer 15 m Spannweite
ASW-15 B	1973	270	Leitwerk geändert, Wassertanks
ASK-16	1972	44	Doppelsitziger Motorsegler
Ka 16 X	1973	1	Einzelstück mit größerer Spannweite
ASW–17	1971	55	Leistung-Einsitzer 20 m Spannweite
ASK-18/B	1974	46	Club-Klasse 16 m Spannweite
ASW–19/B	1975	425	Standard-Klasse
ASW–20/B/C/CL	1977	863	FAI-15-m-Klasse
ASK-21	1979	447	Doppelsitzer 17 m Spannweite
ASW–22/B	1981	42	Einsitzer 25 m Spannweite
ASK-23	1983	115	Übungseinsitzer 15 m Spannweite
AS-22–2	1984	1	Einzelstück Doppelsitzer 25 m
ASW–24	1985	85	Standard-Klasse
ASH-25	1986	83	Doppelsitzer 25 m Spannweite
ASH-26 E			Selbstst. Motorsegler 18 m
ASW–27			FAI-15-m-Klasse

Ka 1

Wie bereits erwähnt ist die Ka1 das erste Flugzeug von Rudolf Kaiser, das er im Alter von noch nicht 30 Jahren in der eigenen Wohnung selbst konstruiert und gebaut hat. Das Flugzeug selbst ist ein abgestrebter Hochdekker mit einer Spannweite von nur 10 Metern. Der Aufbau ist konventionell mit einem Holzrumpf in Schalenbauweise und einer Kufe mit einem Abwurffahrwerk. Der Flügel hat eine durchgehende Tiefe und als Profil das ursprünglich 14% dicke Gö549 (Weihe-Profil) aufgedickt auf 16%. Der Rumpf ist nur 5,39 m lang, der Kopf des Flugzeugführers muß ähnlich wie bei der Mü-13D und dem hinteren Sitz der Ka2 beziehungsweise Ka7 in einem Flügelausschnitt untergebracht werden. Charakteristisch für den Kleinsegler ist das gedämpfte

Muster:	Ka 1
Konstrukteur:	Rudolf Kaiser
Hersteller:	R. Kaiser + weitere
Erstflug:	Ostern 1952
Hergestellt insgesamt:	etwa 10
Zugelassen in Deutschland:	2
Anzahl der Sitze:	1
Spannweite:	10,00 m
Flügelfläche:	9,90 m^2
Streckung:	10,10
Flügelprofil:	Gö 549 aufgedickt auf 16 %
Rumpflänge:	5,39 m
Leitwerk:	gedämpftes V-Leitwerk
Bauweise:	Holz
Rüstgewicht:	98 kp
Maximales Fluggewicht:	195 kp
Flächenbelastung:	19,69 kp/m^2
Geringstes Sinken:	0,95 m/s bei 65 km/h
Bestes Gleiten:	18 bei 75 km/h

Diese noch zugelassene Ka1 hat den Taufnamen »Rhönlaus«.

V-Leitwerk. Beachtlich auch das Leergewicht von 95 kp. Etwa 10 Flugzeuge sind von verschiedenen Herstellern gebaut worden. Heute sind wohl nur noch zwei Flugzeuge zugelassen, die D-7168 von Helmut Streibert, Bad Dürkheim, und die D-8899, welche in Saulgau stationiert ist.
Der Prototyp von Rudolf Kaiser hatte das Kennzeichen D-1018.

Ka2

Die Ka2 ist der erste Doppelsitzer von Rudolf Kaiser. Von ihr geht eine Entwicklungsreihe über die Ka 2b, die Ka7 bis zur ASK-13, die seit 1966 bis heute unverändert gebaut wird und mit einer Stückzahl von 585 Exemplaren der erfolgreichste Schleicher-Doppelsitzer geworden ist. Bei der Ka2 beträgt die Spannweite noch 15 m, das Flügelprofil ist eine Kreuzung aus Gö549 und Gö535 und entspricht etwa dem Gö533 mit einer Dicke von 15%. Im Außenflügel wird das Gö532 verwendet mit einer Dicke von 12%. Während die Ka1 noch Störklappen auf der Flügeloberseite hat, dienen bei der Ka2 nun nach oben und unten öffnende Schempp-Hirth-Klappen als Landehilfe. Der Rumpf ist wie bei der Ka1 in Sperrholzschalenbauweise hergestellt. Er hat eine lange Kufe mit einem festen Rad. Die einteilige Haube ist aus mehreren Teilen hergestellt und wird später von vielen Fliegergruppen durch eine geblasene Mecaplex-Haube ersetzt, die eine wesentlich bessere Sicht bietet. Der Flügel ist 7 Grad vorgepfeilt und hat eine V-Form von 3,5 Grad. Der Prototyp mit dem Kennzeichen D-4310 entsteht im Winter 1952/53 und führt an Ostern 1953 seinen Erstflug durch. Von 1953 bis 1955 werden 38 Stück der Ka2 gebaut und 9 Exemplare sind heute noch in Deutschland zugelassen.

Muster:	Ka 2
Konstrukteur:	Rudolf Kaiser
Hersteller:	Alexander Schleicher
Erstflug:	Ostern 1953
Serienbau:	von 1953 bis 1955
Hergestellt insgesamt:	38
Zugelassen in Deutschland:	9
Anzahl der Sitze:	2
Spannweite:	15,00 m
Flügelfläche:	16,80 m^2
Streckung:	13,39
Flügelprofil:	Eigenentwicklung
Rumpflänge:	8,00 m
Leitwerk:	konventionelles Kreuzleitwerk
Bauweise:	Holz
Rüstgewicht:	253 kp
Maximales Fluggewicht:	460 kp
Flächenbelastung:	27,38 kp/m^2
Geringstes Sinken:	0,96 m/s bei 71 km/h
Bestes Gleiten:	24 bei 87 km/h

Ka 2b

Die Ka 2b unterscheidet sich von der Ka2 hauptsächlich durch die Vergrößerung der Spannweite auf 16 m. Der bisherige Flügel wurde außen je um einen halben Meter verlängert. Ferner wurde die Schränkung geändert und die V-Form auf 4 Grad erhöht. Die Ka 2b flog

Diese Ka 2 flog lange auf dem Klippeneck.

Bei der Ka 2b wurde die Spannweite auf 16 Meter vergrößert.

Die Ka 3 ist eine Ka 1 mit Stahlrohrrumpf.

Der Schulungsdoppelsitzer Rhönlerche auf dem Fluggelände Hilzingen bei Singen/Hohentwiel.

Eine Rhönlerche der Segelflugschule Wasserkuppe.

zum ersten Mal im Sommer 1955 und bis zum Jahre 1957 wurden 75 Stück gebaut. Der Prototyp trug das Kennzeichen D-1266. Heute fliegen noch etwa 26 Ka 2b in Deutschland.

Muster:	Ka 2 b
Konstrukteur:	Rudolf Kaiser
Hersteller:	Alexander Schleicher
Erstflug:	1955
Serienbau:	von 1955 bis 1957
Hergestellt insgesamt:	75
Zugelassen in Deutschland:	26
Anzahl der Sitze:	2
Spannweite:	16,00 m
Flügelfläche:	17,50 m²
Streckung:	14,63
Flügelprofil:	wie Ka 2
Rumpflänge:	8,15 m
Leitwerk:	wie Ka 2
Bauweise:	Holz
Rüstgewicht:	278 kp
Maximales Fluggewicht:	480 kp
Flächenbelastung:	27,43 kp/m²
Geringstes Sinken:	0,85 m/s bei 65 km/h
Bestes Gleiten:	26 bei 80 km/h

Ka 3

Die Ka 3 ist eine Weiterentwicklung der Ka 1. Der Flügel wurde unverändert beibehalten mit der V-Form von 2,5

Muster:	Ka 3
Konstrukteur:	Rudolf Kaiser
Hersteller:	Eigenbau-Flugzeug
Erstflug:	1953
Hergestellt insgesamt:	etwa 20
Zugelassen in Deutschland:	4
Anzahl der Sitze:	1
Spannweite:	10,00 m
Flügelfläche:	9,90 m²
Streckung:	10,10
Flügelprofil:	Gö 549 aufgedickt auf 16 %
Rumpflänge:	5,46 m
Leitwerk:	gedämpftes V-Leitwerk
Bauweise:	Holz/Stahlrohr
Rüstgewicht:	103 kp
Maximales Fluggewicht:	195 kp
Maximales Fluggewicht:	195 kp
Flächenbelastung:	19,69 kp/m²
Geringstes Sinken:	0,95 m/s bei 65 km/h
Bestes Gleiten:	18 bei 75 km/h

Grad und den Streben aus Profilmaterial. Offensichtlich unter dem Einfluß der zwischenzeitlichen Tätigkeit bei Scheibe erhielt die Ka3 nun einen Stahlrohrrumpf, während auch das V-Leitwerk von der Ka1 übernommen wurde. Die Ka3 wurde nur in Baukästen geliefert, lediglich die Holme und der Rumpf mußten fertig bezogen werden. Die erste Ka3 flog im Frühjahr 1953 und von verschiedenen Herstellern wurde etwa 20 Flugzeuge fertiggestellt, von denen noch etwa 4 zugelassen sind.

Ka4 Rhönlerche

Die Ka4 Rhönlerche ist das einzige Kaiser-Flugzeug, bei dem sich nicht die Typenbezeichnung der Ka-Reihe sondern der »Taufname« im Sprachgebrauch der Segelflieger durchgesetzt hat. Während also »Rhönschwalbe« für die Ka 2b, »Rhönsegler« für die Ka6 und »Rhönadler« für die Ka7 in der Praxis kaum angekommen sind, ist doch die Rhönlerche ein fester Begriff, die sich zudem gefallen lassen muß, wegen der gerade aus heutiger Sicht bescheidenen Flugleistungen »Rhönstein« genannt zu werden. Das ist aber eher liebevoll gemeint, denn die Rhönlerche hat sich in vielen Vereinen und Flugschulen in der Anfängerschulung hervorragend bewährt, und nicht wenige der heutigen Leistungsflieger haben ihren ersten Alleinflug auf der Rhönlerche hinter sich gebracht. Der Doppelsitzer besticht durch seine gutmutigen Flugeigenschaften, durch seine einfache Handhabung am Boden und in der Luft. Der abgestrebte Hochdecker hat eine Spannweite von 13 Metern, konstante Flügeltiefe bis zum Querruder und das Gö549/535-Profil wie die Ka2. Nur der Mittelteil des Flügels hat eine leichte V-Form, während der Holm im Querruderbereich waagrecht ist. Nach einem Unfall durch Überschreiten der Höchstgeschwindigkeit, wobei Querruderflattern aufgetreten war, erhielten diese einen außenliegenden Massenausgleich. Der Rumpf ist eine Stahlrohrkonstruktion, Rad und Kufe sind gefedert. Die einteilige Haube wird nach oben aufgestellt. Als Landehilfe dienen Störklappen auf der Flügeloberseite. Von Kaiser stammt von der Rhönlerche hauptsächlich der Entwurf, während viele Detailarbeiten von Schleicher-Bauprüfer Krönung fertiggestellt wurden. Die Rhönlerche wurde teilweise in Fliegergruppen und in Lizenz hergestellt. Insgesamt sind seit 1955 vom »Rhönstein« 358 Exemplare gebaut worden, wobei heute in Deutschland noch 147 Stück fliegen. Auch in der Schweiz sind fast die Hälfte aller Doppelsitzer vom Musters Rhönlerche.

Muster:	Ka 4 Rhönlerche
Konstrukteur:	Rudolf Kaiser
Hersteller:	Schleicher + weitere
Erstflug:	Frühjahr 1954
Hergestellt insgesamt:	358
Zugelassen in Deutschland:	53
Anzahl der Sitze:	2
Spannweite:	13,00 m
Flügelfläche:	16,34 m^2
Streckung:	10,34
Flügelprofil:	Gö 549 modifiziert
Rumpflänge:	7,30 m
Leitwerk:	konventionelles Kreuzleitwerk
Bauweise:	Holz/Stahlrohr
Rüstgewicht:	190 kp
Maximales Fluggewicht:	400 kp
Flächenbelastung:	24,48 kp/m^2
Geringstes Sinken:	0,95 m/s bei 60 km/h
Bestes Gleiten:	19 bei 65 km/h

Ka6

Die Ka6 brauchte man heutzutage eigentlich gar nicht mehr vorzustellen, denn wenigstens für 10 Jahre lang war dieses Flugzeug der Leistungssegler schlechthin. Heute noch ist die Ka6 mit ihren verschiedenen Baureihen in fast allen Fliegergruppen in Deutschland vertreten, und immer noch wird sie zum Maßstab genommen im Vergleich zu anderen Flugzeugmustern. Ganze Wettbewerbe, ja sogar Weltmeisterschaften wurden von ihr geprägt, und der zweifache Weltmeistertitel von Heinz Huth hat sicher zur Popularität beigetragen. Erst in diesen Tagen, etwa 20 Jahre nachdem im Jahre 1970 die letzte Ka 6E gebaut worden ist, wird die Ka6 so langsam von den in breiter Front anrückenden Kunststoff-Segelflugzeugen verdrängt. Mehr als 1200 Ka6 verschiedener Baureihen und Hersteller sind fertiggestellt worden, und heute noch sind mehr als die Hälfte in Deutschland zugelassen. Kaum ein Fluggelände, auch im Ausland, auf dem nicht eine Ka6 anzutreffen wäre. Nun hat auch gerade die Ka6 ihre Entwicklungsgeschichte. Kaum jemand kennt noch die Flugzeuge mit 14 oder 14,40 m Spannweite, die noch das Abwurffahr-

Rechte Seite:

Oben: Eine der ersten Ka6 mit 14 Metern Spannweite und Abwurffahrwerk auf dem Klippeneck (im Hintergrund ein Doppelraab).

Unten: Eine Ka6 CR mit größerer Mecaplex-Haube.

D-9075

D-1835

Muster:	Ka 6 A
Konstrukteur:	Rudolf Kaiser
Hersteller:	Alexander Schleicher
Erstflug:	Oktober 1955 (Ka 6 0)
Serienbau:	1955 bis 1957
Hergestellt insgesamt:	etwa 47 Ka 6 O und A
Zugelassen in Deutschland:	etwa 30
Anzahl der Sitze:	1
Spannweite:	14,40 m
Flügelfläche:	12,17 m^2
Streckung:	17,04
Flügelprofil:	NACA 633-618 NACA 633-615 Flügelspitze Joukowsky 12,5 %
Rumpflänge:	6,68 m
Leitwerk:	konventionelles Kreuzleitwerk
Bauweise:	Holz
Rüstgewicht:	180 kp
Maximales Fluggewicht:	300 kp
Flächenbelastung:	24,65 kp/m^2
Geringstes Sinken:	0,68 m/s bei 72 km/h
Bestes Gleiten:	30 bei 85 km/h

werk mit der Kufe hatten. Die großartige Serie begann im Oktober 1955 mit dem Erstflug der allerersten Ka6 mit dem Kennzeichen D-1351.
Als Ka6 (o) werden heute die Flugzeuge bezeichnet, die die ursprüngliche Spannweite von 14 m hatten. Heute würde man von der Nullserie sprechen, die etwa 15 bis 20 Flugzeuge umfaßte. Schon heute kann auch Rudolf Kaiser die genauen Zahlen nicht mehr feststellen. Zum ersten Mal wird ein Laminarprofil der amerikanischen NACA-Reihe verwendet (NACA = National Advisory Committee for Aeronautics, Washington) Im Wurzelbereich das NACA 633–618, im Querruderbereich das NACA 633–615 und an der Flügelspitze ein Joukowsky-Profil mit einer Dicke von 12,5%.
Aufgrund der eigenen Flugerprobung vergrößerte Kaiser die Spannweite auf 14,40 m, und dieses Flugzeug wurde dann später als Ka6 (A) bezeichnet. Von dieser Baureihe sind 27 Stück gebaut worden in den Jahren 1956 und 1957.

Ka 6B, Ka 6BR, Ka 6CR

Ka 6CR ist die Baureihe der Ka6, von der mit etwa 700 Einheiten die meisten Flugzeuge gebaut wurden. Diese wurden außer von Schleicher auch von anderen Firmen in Lizenz hergestellt. Dabei hat die Firma Paul Siebert in Münster/Westfalen in den Jahren 1960 bis 1970

Heinz Huth mit seiner berühmten Ka 6CR.

Muster:	Ka 6 CR
Konstrukteur:	Rudolf Kaiser
Hersteller:	Schleicher + weitere
Erstflug:	1958
Serienbau:	1958 bis 1970
Hergestellt insgesamt:	etwa 850 (Ka 6 B bis Ka 6 CR)
Zugelassen in Deutschland:	etwa 540 (Ka 6 B bis Ka 6 CR)
Anzahl der Sitze:	1
Spannweite:	15,00 m
Flügelfläche:	12,40 m^2
Streckung:	18,15
Flügelprofil:	wie Ka 6 A
Rumpflänge:	6,68 m
Leitwerk:	gedämpftes Kreuzleitwerk
Bauweise:	Holz
Rüstgewicht:	185 kp
Maximales Fluggewicht:	300 kp
Flächenbelastung:	24,19 kp/m^2
Geringstes Sinken:	0,65 m/s bei 72 km/h
Bestes Gleiten:	30 bei 85 km/h

allein 131 gefertigt. Vorläufer der Ka 6CR sind die Ka 6B und die BR. Nach Einführung der Standard-Klasse durch die FAI vergrößerte Kaiser noch einmal die Spannweite von 14,40 m auf 15 m. Diese ersten 15-m-Ka6 hatten also die Bezeichnung Ka 6B, mit dem Rumpf der Ka 6A, also noch ohne Rad. Das R in der

Rechte Seite:

Oben: Die Ka 6BR von Rudolf Kaiser auf der Wasserkuppe.

Unten: Eine Ka 6E bei einem Junioren-Wettbewerb auf der Wasserkuppe.

D-4339

D-4417

Typenbezeichnung steht dann für die Ausführung mit dem festen Rad. Von der Ka 6B sind nur zwei Exemplare gebaut worden, von der Ka 6BR dann immerhin 150 Stück. Hauptunterschied von der Ka 6BR zu der CR ist der geänderte Hauptbeschlag des Tragflügels. Ungefähr 15 Flugzeuge der Baureihen BR und CR erhielten nicht das gedämpfte Höhenleitwerk sondern ein Pendelruder, wie es später bei der Ka 10 und der Ka 6E serienmäßig gebaut wurde. Diese Baureihe hieß dann Ka 6BR-Pe beziehungsweise Ka 6CR-Pe.
Bei der Segelflug-Weltmeisterschaft 1958 in Polen erhielt Rudolf Kaiser für die Ka6 von der OSTIV einen Preis für das beste Segelflugzeug der Standard-Klasse.

Ka 6E

Auf die Ka 6CR folgt die Ka 6D, eine Sonderausführung mit verstärktem Holm zur Erfüllung der holländischen Bauvorschriften. Letzte Ausführung ist die Ka 6E, von der allerdings nur bei Schleicher in den Jahren 1965 bis 1970 insgesamt 394 Stück gebaut wurden. Vorläufer der Ka 6E ist die Ka10, auf die später eingegangen wird.
Die Ka 6E unterscheidet sich von der Ka 6CR durch einen völlig neuen Rumpf mit neuen Leitwerken. Die Bauhöhe ist geringer, und es wird eine längere, gezogene Haube verwendet. Auch die Gestaltung des Sitzes, der bis zur CR recht spartanisch ist, wird verbessert. Das Höhenleitwerk hat ein Pendelruder und beim Seitenleitwerk fällt das Ausgleichsgewicht weg. Der Flügel behält die Abmessungen wie bei der CR, allerdings wird die Profilnase nach Empfehlungen von Wortmann teilweise durch Aufspachteln spitzer gestaltet. Die Schränkung des Tragflügels wird von 3,5 Grad auf zwei Grad verringert. Die Schempp-Hirth-Klappen werden nun aus Aluminium hergestellt. Auch werden zum ersten Mal verstärkt Teile aus GFK verwendet: die Ausrundungen vom Flügel zum Rumpf und vom Rumpf zum Seitenleitwerk sowie die Schlitzverkleidung bestehen aus dem neuen Werkstoff. Bisher waren schon die Rumpfnase und die Randbogen aus GFK.
Der Prototyp mit dem Kennzeichen D-4372 führte im Frühjahr 1965 den Erstflug durch.

Muster:	Ka 6 E
Konstrukteur:	Rudolf Kaiser
Hersteller:	Alexander Schleicher
Erstflug:	1965
Serienbau:	1965 bis 1970
Hergestellt insgesamt:	394
Zugelassen in Deutschland:	114
Anzahl der Sitze:	1
Spannweite:	15,00 m
Flügelfläche:	12,40 m²
Streckung:	18,15
Flügelprofil:	wie Ka 6 A + Wortmann-Nase
Rumpflänge:	6,70 m
Leitwerk:	Pendel-Höhenleitwerk
Bauweise:	Holz
Rüstgewicht:	190 kp
Maximales Fluggewicht:	300 kp
Flächenbelastung:	24,19 kp/m²
Flugleistungen (DFVLR-Messung 1976):	
Geringstes Sinken:	0,71 m/s bei 72 km/h
Bestes Gleiten:	30 bei 84 km/h

Ka 7 »Rhönadler«

Der Doppelsitzer Ka7 ist eine Weiterentwicklung der Ka 2b, man könnte sagen, eine Ka 2b mit Stahlrohrrumpf. Flügel und Leitwerke sind nämlich original übernommen worden. Der Rumpf hat eine lange Kufe und ein ungefedertes Rad. Die Haube ist zweiteilig, der vordere

Muster:	Ka 7
Konstrukteur:	Rudolf Kaiser
Hersteller:	Alexander Schleicher
Erstflug:	1957
Serienbau:	1957 bis 1966
Hergestellt insgesamt:	511
Zugelassen in Deutschland:	201
Anzahl der Sitze:	2
Spannweite:	16,00 m
Flügelfläche:	17,50 m²
Streckung:	14,63
Flügelprofil:	Eigenentwicklung wie Ka 2
Rumpflänge:	8,10 m
Leitwerk:	konventionelles Kreuzleitwerk
Bauweise:	Holz, Rumpf: Stahlrohr
Rüstgewicht:	285 kp
Maximales Fluggewicht:	480 kp
Flächenbelastung:	27,43 kp/m²
Geringstes Sinken:	0,85 m/s bei 65 km/h
Bestes Gleiten:	26 bei 80 km/h

Rechte Seite:

Oben: Die Ka7 ist Nachfolger des Doppelsitzers Ka 2b.

Unten: Die Ka8 hat kleinere Querruder als die Ka 8b.

Ford
KELLER
D-8904

8
D-8908

Teil wird nach der Seite und der hintere Teil nach oben aufgeklappt. Wie bei der Ka2 sind später viele Ka7 mit geblasenen Mecaplex-Hauben umgerüstet worden. Die Ka7 hat sich in vielen Vereinen in der Schulung und in der Leistungsflugeinweisung gut bewährt. Von 1957 bis 1966 sind von der Ka7 immerhin 511 Stück gebaut worden, so daß das Flugzeug erst im Jahre 1977 von der ASK-13 überholt worden ist. Das Rüstgewicht der Ka7 liegt etwa 7 kp höher als bei der Ka 2b.

Ka8

Etwas im Schatten des »großen Bruders« Ka6 lebt die Ka8. Dabei bräuchte sie sich sicher nicht verstecken, ist sie doch in diesen Jahren das in Stückzahl führende Segelflugzeug aller Hersteller, nicht nur in Deutschland, sondern auch in der Schweiz und in Österreich. Rudolf Kaiser selbst bezeichnete die Ka8 als »entfeinerte« Version der Ka 6CR. Da ist zuerst anstelle des Holzschalenrumpfes eine robuste Stahlkonstruktion und auch der Flügel wurde von der Flügelfläche und der Profilauswahl her speziell auf das Vereinsbedürfnis eines harmlosen Übungszweisitzers zugeschnitten. Viele Vereine lassen nach der Doppelsitzerschulung den ersten Alleinflug auf der Ka8 durchführen und für das erste Stundensammeln und die Flüge für die Silber-C ist die Ka8 das ideale Flugzeug. Die Flügelfläche ist um 1,75 m^2 größer als bei der Ka6, so daß bei einer üblichen Zuladung von 90 kp die Flächenbelastung unter 20 kp/m^2 liegt. Das Profil Gö533 sorgt für ein gutes Verhalten im Langsamflug.

Von der Ka8 gibt es drei Baureihen. Von der ersten Version wurden nur 6 Stück gebaut. Aufgrund der Flugerprobung wurden die Querruder um ein Rippenfeld vergrößert und der Hauptbeschlag wurde ähnlich wie bei der Ka6 geändert. Am Höhenruder konnte wahlweise eine Flettnertrimmung eingebaut werden. Von dieser Version Ka 8b wurden von 1958 bis 1976 etwa 1180 Exemplare von verschiedenen Herstellern gebaut. Die Ka 8b wurde auch von vielen Vereinen im Selbstbau hergestellt, wofür die Holme und die Hauptbeschläge fertig bezogen werden mußten. Auch der Rumpf durfte nur im Industriebau erstellt werden. Bei der Ka 8c wurde das Cockpit verbessert und ein großes Rad vor dem Schwerpunkt eingebaut, wodurch nur noch eine kleine ungefederte Kufe notwendig war. Von der Ka 8c wurden nur etwa 10 Flugzeuge gebaut.

Muster:	Ka 8 b
Konstrukteur:	Rudolf Kaiser
Hersteller:	Schleicher + weitere
Erstflug:	März 1958
Serienbau:	1958 bis 1976
Hergestellt insgesamt:	1180
Zugelassen in Deutschland:	569
Anzahl der Sitze:	1
Spannweite:	15,00 m
Flügelfläche:	14,15 m^2
Streckung:	15,90
Flügelprofil:	Gö 533 Wurzel, Gö 532 außen
Rumpflänge:	7,00 m
Leitwerk:	konventionelles Kreuzleitwerk
Bauweise:	Holz/Stahlrohrrumpf
Rüstgewicht:	185 kp
Maximales Fluggewicht:	310 kp
Flächenbelastung:	21,91 kp/m^2
Geringstes Sinken:	0,65 m/s bei 60 km/h
Bestes Gleiten:	27 bei 75 km/h

Ka9

Mit der Ka9 wurde noch einmal die Idee eines Kleinseglers aufgegriffen. So läßt sich in etwa die Ka9 als eine verkleinerte Ka8 mit einer Spannweite von 12 Metern

Muster:	Ka 9, D-1739
Konstrukteur:	Rudolf Kaiser
Hersteller:	FAG Coburg
Erstflug:	1962
Hergestellt insgesamt:	2
Zugelassen in Deutschland:	1
Anzahl der Sitze:	1
Spannweite:	12,00 m
Flügelfläche:	12,00 m^2
Streckung:	12,00
Flügelprofil:	Kaiser: »Selbstgestricktes« (»Hat keinen besonderen Namen«)
Rumpflänge:	6,42 m
Leitwerk:	konventionelles Kreuzleitwerk
Bauweise:	Holz/Stahlrohrrumpf
Rüstgewicht:	136 kp
Maximales Fluggewicht:	230 kp
Flächenbelastung:	19,17 kp/m^2
Geringstes Sinken:	0,80 m/s bei 67 km/h
Bestes Gleiten:	20 bei 70 km/h (Angaben geschätzt)

Rechte Seite:

Oben: Eine Ka 8b mit großer Haube auf dem Klippeneck.

Unten: Die Ka9 gibt es nur noch in einem Exemplar.

D-8763

LÜCK Pils
D-3619

SH
HB-1398
D-0074
V8

bezeichnen. Die Ka 9 wurde nicht bei Schleicher hergestellt. Insgesamt sind nur zwei Exemplare gebaut worden, von denen eines durch Trudeln einen schweren Unfall hatte. Das heute noch existierende Muster hat das Kennzeichen D-1739 und wurde 1961 von der FAG Coburg gebaut und gehört ihr heute noch. Die V-Form beträgt wie bei der Ka 8 drei Grad und als Landehilfe dienen Störklappen auf der Flügeloberseite. Mit der Ka 9 ist auch die Entwicklungsreihe von der Ka 1 über die Ka 3 abgeschlossen worden.

Ka 10

Die Ka 10 ist ein Vorläufer der Ka 6E. Die beiden Flugzeuge sehen sich äußerlich sehr ähnlich. Allerdings flog die Ka 10 bereits zwei Jahre vor der Ka 6E. Die Flügelfläche ist mit 12,35 m^2 etwas größer als bei der CR beziehungsweise der E, die beide 12,40 m^2 Flügelfläche haben. Der Rumpf ist etwas kürzer, dafür sind Rüstgewicht und maximales Fluggewicht 20 kp höher. Hauptunterschied der Ka 10 zur Ka 6CR beziehungsweise E ist die Verwendung von Original-Wortmann-Profilen. Nach Angaben von R. Kaiser sind im Flügel die Wortmann-Profile FX Nr. 40 an der Wurzel, Nr. 291 in der Mitte und Nr. 30 außen verwendet worden. Dabei handelt es sich um alte Bezeichnungen, wobei das Nr. 40 dem heutigen FX61–184 entspricht. Von der Ka 10 sind in den Jahren 1963 und 1964 insgesamt 12 Stück gebaut worden, von denen 7 Flugzeuge heute noch in Deutschland zugelassen sind.

Muster:	Ka 10
Konstrukteur:	Rudolf Kaiser
Hersteller:	Alexander Schleicher
Erstflug:	1963
Serienbau:	1963 bis 1964
Hergestellt insgesamt:	12
Zugelassen in Deutschland:	7
Anzahl der Sitze:	1
Spannweite:	15,00 m
Flügelfläche:	12,53 m^2
Streckung:	17,96
Flügelprofile:	Wortmann (siehe oben)
Rumpflänge:	6,64 m
Leitwerk:	Pendel-Höhenruder
Bauweise:	Holz
Rüstgewicht:	210 kp
Maximales Fluggewicht:	320 kp
Flächenbelastung:	25,54 kp/m^2
Geringstes Sinken:	0,70 m/s bei 71 km/h
Bestes Gleiten:	32 bei 84 km/h

Linke Seite:

Oben: Die Ka 10 ist Vorläufer der Ka 6E.

Unten: Eine der beiden noch aktiven ASW–12 in Deutschland.

ASW–12

Man kann die ASW–12 als eine Serienversion der Darmstädter D-36 bezeichnen. Der Rumpf hat dieselbe Länge und ist noch etwas schlanker. Auch die Leitwerke sind ziemlich genau übernommen. Der Flügel der ASW–12 hat einen halben Meter mehr Spannweite und das Profil ist etwas aufgedickt. Die Doppeltrapezform und die weiteren Abmessungen von Querrudern und Klappen sind wieder übernommen. Wie der zweite Prototyp der D-36 hat die ASW–12 auch keine Bremsklappen, sondern nur einen Bremsschirm im Rumpfheck. Dadurch sind Außenlandungen natürlich nicht ganz einfach. Zur Erhöhung der Sicherheit sind deshalb in einige ASW–12 zweite Bremsschirme eingebaut worden. Bei einigen Flugzeugen wurde auch die Spannweite auf 20 Meter erhöht, wobei diese Baureihe dann ASW–12B genannt wird. Für einen zweiteiligen Flügel ist natürlich die Spannweite von 20 Metern sehr beachtlich.
In den Jahren 1966 bis 1970 sind insgesamt nur 15 Flugzeuge gebaut worden. Davon fliegen heute noch

Muster:	ASW-12
Konstrukteur:	Gerhard Waibel
Hersteller:	Alexander Schleicher
Erstflug:	Silvester 1965
Serienbau:	1966 bis 1970
Hergestellt insgesamt:	15
Zugelassen in Deutschland:	3
Anzahl der Sitze:	1
Spannweite:	18,30 m
Flügelfläche:	13,00 m^2
Streckung:	25,76
Flügelprofil:	FX 62-K-131 modifiziert
Rumpflänge:	7,35 m
Leitwerk:	gedämpftes T-Leitwerk
Bauweise:	GFK
Rüstgewicht:	296 kp
Maximales Fluggewicht:	411 kp
Flächenbelastung:	29,7 kp/m^2 bis 31,6 kp/m^2
Flugleistungen (DFVLR-Messung 1967):	
Geringstes Sinken:	0,57 m/s bei 90 km/h
Bestes Gleiten:	46 bei 100 km/h

Konstrukteur der ASW–12 ist Gerhard Waibel.

etwa 10 ASW–12 in den USA, zwei davon mit vergrößerter Spannweite.
Die erste ASW–12 trug das Kennzeichen D-4311 und führte den Erstflug am 31. Dezember 1965 in Fulda durch. Berühmt wurde die ASW–12 durch die zahlreichen Rekordflüge von H. W. Grosse in Europa und die Appalachen-Flüge in den USA.

ASK-13

Im Jahre 1966 wurde bei Schleicher der Doppelsitzer Ka 7 durch die ASK-13 abgelöst, die einige Verbesserungen aufweisen kann. Entscheidende Veränderungen gegenüber der Ka 7 zeigt der Rumpf der ASK-13. Durch die Flügelanordnung als Mitteldecker konnte eine große einteilige Klapphaube gewählt werden. Diese schließt mit dem Rumpf recht dicht ab, so daß es im Cockpit der ASK-13 angenehm leise ist. Verbesserungen zeigen auch die Schalensitze aus GFK und besonders die leidgeprüften Fluglehrer sind für das gefederte Rad unter dem hinteren Sitz dankbar. Das Rumpfvorderteil ist mit GFK verkleidet und der Rumpfrücken ist von der Haube bis zum Leitwerk mit Sperrholz beplankt. Im Ganzen ist der Rumpf der ASK-13 acht Zentimeter länger als bei der Ka 7. Die Flügel und Leitwerke sind von der Ka 7 übernommen, die negative Pfeilung des

Muster:	ASK-13
Konstrukteur:	Rudolf Kaiser
Hersteller:	Alexander Schleicher
Erstflug:	Juli 1966
Serienbau:	1966 bis 1980
Hergestellt insgesamt:	686
Zugelassen in Deutschland:	305
Anzahl der Sitze:	2
Spannweite:	16,00 m
Flügelfläche:	17,50 m^2
Streckung:	14,63
Flügelprofil:	Gö 535/Gö 549 modifiziert
Rumpflänge:	8,18 m
Leitwerk:	konventionelles Kreuzleitwerk
Bauweise:	Holz, Rumpf aus Stahlrohr
Rüstgewicht:	290 kp
Maximales Fluggewicht:	480 kp
Flächenbelastung:	21,7 kp/m^2 bis 27,4 kp/m^2
Geringstes Sinken:	0,80 m/s bei 75 km/h
Bestes Gleiten:	28 bei 85 km/h

Holmes beträgt 6 Grad. Wegen der Mitteldeckeranordnung mußte die V-Form auf 5 Grad erhöht werden und die beidseitig wirkenden Schempp-Hirth-Klappen bestehen nun aus Metall. Das Rüstgewicht ist 5 kp höher als bei der Ka 7. Besonders hervorstechend sind wieder die guten Flugeigenschaften und das ausgeprägt harmlose Langsamflugverhalten.
Der Prototyp mit dem Kennzeichen D-5701 führte seinen Erstflug im Juli 1966 durch.

ASW–15

Die ASW–15 ist eines der erfolgreichsten Kunststoff-Segelflugzeuge der Firma Schleicher von der Stückzahl her. Von 1968 bis 1977 sind insgesamt 453 Flugzeuge gebaut worden, wobei man die beiden Baureihen ASW–15 und ASW–15 B unterscheiden muß. Von der ersteren wurden bis 1973 insgesamt 183 Exemplare gebaut, bis sich die ASW–15 B mit 270 Stück anschloß, die dann wiederum im Jahre 1977 von der ASW–19 abgelöst wurde. Von der ASW–15 hat die ASW–19 dann immerhin den kompletten Flügel übernommen.
Die ASW–15, die als Flugzeug der Standard-Klasse bei

Rechte Seite:

Oben: Nach der Ka 7 ist die ASK-13 der am weitest verbreitete Doppelsitzer in Deutschland.

Unten: Der Prototyp der ASW–15 mit festem Rad und geändertem Seitenruder.

D-4386

D-0801

F H
D-2068

Muster:	ASW-15 B
Konstrukteur:	Gerhard Waibel
Hersteller:	Alexander Schleicher
Erstflug:	April 1968
Serienbau:	1968 bis 1977 (beide Baureihen)
Hergestellt insgesamt:	453 (beide Baureihen)
Zugelassen in Deutschland:	210 (beide Baureihen)
Anzahl der Sitze:	1
Spannweite:	15,00 m (Standard-Klasse)
Flügelfläche:	11,00 m^2
Streckung:	20,45
Flügelprofil:	FX 61-163 innen FX 60-126 außen
Rumpflänge:	6,48 m
Leitwerk:	etwas hochgesetztes Pendelruder
Bauweise:	GFK
Rüstgewicht:	230 kp
Maximales Fluggewicht:	408 kp
Flächenbelastung:	29,1 kp/m^2 bis 37,1 kp/m^2

Flugleistungen (DFVLR-Messung 1972):

Geringstes Sinken:	0,63 m/s bei 77 km/h
Bestes Gleiten:	36,5 bei 89 km/h

Schleicher die Ka6 in ihren verschiedenen Baureihen ablöste, gab ihr internationales Debüt bei der Weltmeisterschaft 1968 in Polen, wo H. W. Grosse zwei Tagessiege erringen konnte. Der Erstflug mit dem Prototyp (D-4425) fand im April des gleichen Jahres auf der Wasserkuppe statt. Dann fand das Flugzeug gerade auch in Deutschland starke Verbreitung. Als Flügelprofil hat die ASW–15, wie später dann auch die ASW–19, das FX61–163, wie es schon bei der fs-23 und fs-25 und den Elfen von Albert Neukom verwendet wurde. Aus der gleichen Profilschar stammt der Flügelquerschnitt der D-38 beziehungsweise der DG-100, die zudem mit 11 m^2 dieselbe Flügelfläche haben. Die Schempp-Hirth-Klappen aus Metall öffnen nach oben und unten, haben aber gegenseitig abgedichtete Klappenkästen. Der Rumpf ist relativ kurz, das etwas hochgesetzte Pendelleitwerk wird wie bei der Ka 6E auf Rohrstummel gesteckt. Das Seitenleitwerk ist beim Prototyp noch ziemlich eckig, hat dann einen kleinen Massenausgleich in der Serie und wird später bei der ASW–15B um 15 cm nach oben vergrößert. Es kommt ferner ein größeres Fahrwerk dazu und vor allen Dingen die Möglichkeit der Wasserballastaufnahme mit einer Verstärkung des Tragflügels und einer Erhöhung des maximalen Fluggewichtes auf 408 kp.
In Deutschland sind 78 ASW–15 und 155 ASW– 15B zugelassen, in den USA sind es insgesamt 56, in Österreich 26 und in der Schweiz 20 Flugzeug des Musters. Übereinstimmend werden die guten Flugeigenschaften und eine hervorragende Querruderwirkung gelobt.

Linke Seite:

Oben: Von der ASW–15 wurden 183 Exemplare gebaut.

Unten: Die ASW–15B hat ein höheres Seitenleitwerk, Wassertanks und eine größere Zuladung.

ASW–17

Die ASW–17 war nach 1971 Schleichers Superschiff der Offenen Klasse mit einer Spannweite von genau 20 Metern. Es war auch vom Preis her ein etwas exklusives Flugzeug, von dem in sechs Jahren nur 55 Exemplare gebaut wurden. Entstanden ist sie unmittelbar aus der ASW–12, wo ja auch Versuche mit verschiedenen Spannweiten und Flügeln gemacht wurden. So blieb der Doppeltrapezflügel erhalten mit dem auf 14,7% aufgedickten Wortmann-Profil FX62-K-131. Allerdings wurde der Flügel vierteilig ausgeführt mit relativ kurzen Außenflügeln von je 2,60 m Spannweite. Ohne Außenflügel ergibt sich so eine Spannweite von 14,80 m, die prompt den Amerikaner Karl Striedieck dazu verführte, aus der mächtigen ASW–17 mit 10 cm breiten Randbogen ein Flugzeug der 15-m-Rennklasse zu machen. Damit wurde er auch noch 1977 US National 15-Meter-Class Soaring Champion. Neu ist bei der ASW–17 der ziemlich spitze Rumpf, der auch 20 cm länger als bei der ASW–12 ist. Die Haube ist nun einteilig und wird nach der Seite geklappt. Das Einziehfahrwerk ist gefedert. Die ASW–17 brachte für diesen großen Vogel die Abkehr vom T-Leitwerk. Das gedämpfte Höhenleitwerk ist nach Art der ASW–15 etwas hochgesetzt. Das leicht gepfeilte mächtige Seitenleitwerk hat eine Höhe von fast zwei Metern. Die Belüftung des Cockpits erfolgt nicht durch die Rumpfspitze, sondern durch Hutzen im Rumpf unterhalb des Tragflügels.
Beachtlich sind auch die Gewichte der ASW–17. Ein Innenflügel wiegt bereits 115 kp, ein Außenflügel allerdings nur 18 kp. Das Rüstgewicht liegt über 400 kp und liegt demnach höher als bei den neueren Kunststoff-Doppelsitzern. Der Prototyp hatte das Kennzeichen D-0100 und führte seinen Erstflug am 17. Juli 1971 auf der

Eines der erfolgreichsten Flugzeuge der Offenen Klasse ist die ASW–17.

Der Prototyp der ASW–17 auf der Wasserkuppe.

Das Einzelstück ASW–17X hat nur eine Spannweite von 19,10 Metern.

Muster:	ASW-17
Konstrukteur:	Gerhard Waibel
Hersteller:	Alexander Schleicher
Erstflug:	Juli 1971
Serienbau:	1972 bis 1977
Hergestellt insgesamt:	55
Zugelassen in Deutschland:	16
Anzahl der Sitze:	1
Spannweite:	20,00 m
Flügelfläche:	14,84 m^2
Streckung:	26,95
Flügelprofil:	FX 62-K-131 aufged. auch 14,7 %
Rumpflänge:	7,55 m
Leitwerk:	gedämpft, Ruder etwas hochgesetzt
Bauweise:	GFK
Rüstgewicht:	405 kp
Maximales Fluggewicht:	570 kp
Flächenbelastung:	30,7 kp/m^2 bis 38,4 kp/m^2
Flugleistungen (DFVLR-Messung):	
Geringstes Sinken:	0,55 m/s bei 85 km/h
Bestes Gleiten:	49 bei 104 km/h

Wasserkuppe durch. Etwa 14 ASW–17 sind in Deutschland zugelassen und etwa ebenso viele in den USA. Je eine ASW–17 fliegt in der Schweiz und in Österreich.

Zu erwähnen ist noch eine Schnellflugversion der ASW–17, die ASW–17X mit dem Kennzeichen D-4522. Der Flügel ist auf 19,10 m gekürzt, hat eine Fläche von 14,47 m^2 mit der Streckung von 25,21 und ist unter der Verwendung von Karbonfasern zweiteilig gebaut. Dadurch erklärt sich auch das relativ hohe Rüstgewicht von 415 kp mit dem maximalen Fluggewicht von 630 kp, welches eine Flächenbelastung bis fast 44 kp/m^2 erlaubt. Der Rumpf hat die Abmessungen der normale ASW–17, wobei aber die Cockpitgestaltung und die Haube von der ASW–20 übernommen wurde.

ASK-18

Überlegungen, mit einem neuen Beitrag die Club-Klasse zu beleben, führte bei Schleicher im Jahre 1974 zur Konstruktion der ASK-18. Nun waren wohl von Anfang an die Chancen mit einem herkömmlichen Flugzeug nicht allzu groß, wie überhaupt die Club-Klasse wohl langsam an Bedeutung verliert, wenn es nicht gelingt, preiswerte Kunststoff-Flugzeuge wie Jeans-Astir oder Mistral unter das Volk zu bringen. Anderer-

Der Flügel der ASK-18 ist von der Ka 6E abgeleitet.

seits war das Risiko nicht groß, denn die ASK-18 hat den um einen Meter vergrößerten Flügel der Ka 6 E und einen komfortableren Stahlrohrrumpf, der von der Ka 8 abgeleitet wurde. Das Seitenleitwerk stammt in etwa von der Ka 10 und das Höhenleitwerk wieder von der Ka 6. Der Rumpf hat ein großes Rad ohne Kufe, das Rumpfvorderteil hat eine GFK-Schale und der Sporn ist aus Gummi wie bei der ASW-15. Eine recht große Haube öffnet nach der Seite und die Sitzschale ist aus GFK ähnlich wie bei der ASK-13. Der Prototyp mit dem Kennzeichen D-9280 machte seinen Erstflug im Dezember 1974. Von 1975 bis 1977 sind 40 Exemplare der ASK-18 gebaut worden. Eine Version mit nur 15 m Spannweite und der Bezeichnung ASK-18 B wurde nach Finnland geliefert.

Muster:	ASK-18
Konstrukteur:	Rudolf Kaiser
Hersteller:	Alexander Schleicher
Erstflug:	Dezember 1974
Serienbau:	1975 bis 1977
Hergestellt insgesamt:	48
Zugelassen in Deutschland:	15
Anzahl der Sitze:	1
Spannweite:	16,00 m (Flügel der Ka 6 E außen um je 0,50 m verlängert)
Flügelfläche:	12,99 m²
Streckung:	19,71
Flügelprofil:	NACA-Profile wie Ka 6
Rumpflänge:	7,00 m
Leitwerk:	konventionelles Kreuzleitwerk
Bauweise:	Holz, Rumpf aus Stahlrohr
Rüstgewicht:	215 kp
Maximales Fluggewicht:	335 kp
Flächenbelastung:	25,79 kp/m²
Geringstes Sinken:	0,62 m/s bei 70 km/h
Bestes Gleiten:	32 bei 75 km/h

ASW–19

Schleicher kam mit der ASW–19 relativ spät auf den Markt, nachdem die ASW–15 B am Auslaufen war. Von diesem Flugzeug wurde der komplette Tragflügel übernommen, allerdings wurde fertigungstechnisch einiges geändert. So wird jetzt kein Balsaholz mehr verwendet, wie es auch noch bei der ASW–17 verarbeitet wird. Neu für die ASW–19 ist der Rumpf, der in Anlehung an die ASW–17 entstanden ist. Ganz neu sind die Leitwerke, die bei Schleicher zum ersten Mal seit der ASW–12 wieder als T-Leitwerke angeordnet sind. Der Prototyp mit dem Kennzeichen D-1909 flog zum ersten Mal am 13. November 1975 in Langenlonsheim. In den beiden ersten Jahren der Serienfertigung, 1966 und 1967, haben bereits 164 Exemplare der ASW–19 die Fertigungshallen in Poppenhausen verlassen.

Muster:	ASW-19
Konstrukteur:	Gerhard Waibel
Hersteller:	Alexander Schleicher
Erstflug:	November 1975
Serienbau:	1976 bis 1986
Hergestellt insgesamt:	425
Zugelassen in Deutschland:	200
Anzahl der Sitze:	1
Spannweite:	15,00 m (Standard-Klasse)
Flügelfläche:	11,00 m²
Streckung:	20,45
Flügelprofil:	FX 61-163 innen FX 60-126 außen
Rumpflänge:	6,80 m
Leitwerk:	gedämpftes T-Leitwerk
Bauweise:	GFK
Rüstgewicht:	250 kp
Maximales Fluggewicht:	408 kp
Flächenbelastung:	30,0 kp/m² bis 37,1 kp/m²
Geringstes Sinken:	0,65 m/s bei 73 km/h
Bestes Gleiten:	38 bei 105 km/h (Werksangaben)

ASW–20

Was vor etwa zehn Jahren nur in Ausnahmefällen üblich war, nämlich die Verwendung einzelner Bauteile (z. B. Phoebus-Rumpf und Leitwerke für Flügel mit 15 m und 17 m Spannweite) für mehrere Flugzeuge, wird heute von fast allen Herstellern mit einem größeren Produktionsprogramm gemacht. Bei Schleicher gilt dies für die Rümpfe von ASW–19 und ASW–20, die nahezu identisch sind. Die ASW–20 ist also so etwas wie der Wölbklappenbruder der ASW–19. Dabei liegt die Flügelfläche mit 10,50 m² für die ASW–20 am oberen Wert dieser Klasse, und als einziger mit Ausnahme des Speed-Astir von Grob verwendet Gerhard Waibel für den Flügel nicht das Wortmann-Profil FX67-K-170/150, sondern bleibt seinem alten Wölbklappenprofi treu, das von der D-36 über die ASW–12 und die ASW–17 nunmehr bis zur ASW–20 reicht. An der Wurzel ist das

Rechte Seite:

Oben: Die ASW–19 ist Nachfolger der ASW–15.

Unten: Schleichers Beitrag zur 15-Meter-Klasse heißt ASW–20.

BL
D-7954

D-7979

Muster:	ASW-20
Konstrukteur:	Gerhard Waibel
Hersteller:	Alexander Schleicher
Erstflug:	Januar 1977
Serienbau:	ab 1977
Hergestellt insgesamt:	863
Zugelassen in Deutschland:	270
Anzahl der Sitze:	1
Spannweite:	15,00 m (15-Meter-Klasse)
Flügelfläche:	10,50 m^2
Streckung:	21,43
Flügelprofil:	FX 62-K-131 modifiziert
Rumpflänge:	6,80 m
Leitwerk:	gedämpftes T-Leitwerk
Bauweise:	GFK
Rüstgewicht:	255 kp
Flächenbelastung:	30,5 kp/m^2 bis 43,2 kp/m^2
Maximales Fluggewicht:	454 kp

Flugleistungen (Vergleichsmessungen Schleicher):

Geringstes Sinken:	0,58 m/s bei 80 km/h
Bestes Gleiten:	43 bei 93 km/h

modifizierte FX62-K-131 aufgedickt auf 14,7%, am Trapezknick hat es eine Dicke von 14,1% und im Querruder wird das FX60–126 eingestrakt. Der Doppeltrapezflügel hat wie die ASW–19 nach oben ausfahrende Schempp-Hirth-Bremsklappen aus Metall, die zusammen mit der Landestellung der Wölbklappen eine gute Gleitwinkelsteuerung ermöglichen. Das Seitenleitwerk ist genau von der ASW–19 übernommen, während das Höhenleitwerk eine um 20 cm kleinere Spannweite hat. Der Erstflug der ASW–20 mit dem Kennzeichen D-8020 fand am 29. Januar 1977 in Schweinfurt/Süd statt. Die ASW–20 in ihren verschiedenen Baureihen B und BL, C und CL, wobei das L jeweils für Aufsteckflügel für eine Spannweite von 16,60 m steht, wird seit 1977 mit einer Stückzahl von inzwischen fast 900 gebaut. Damit ist sie vorerst das erfolgreichste Kunststoff-Segelflugzeug aus dem Hause Schleicher. Nachfolgemuster wird die ASW–27.

ASK-21

Die ASK-21 ist der erste Kunststoff-Doppelsitzer von Schleicher und das erste Kunststoff-Segelflugzeug von Rudolf Kaiser. Ursprünglich sollte das Rumpfhinterteil eine Stahlrohrkonstruktion mit einer GFK-Verkleidung werden, dann hat man sich doch zu einer reinen GFK-Konstruktion durchgerungen. Der Entwurf zielt bewußt auf eine Verwendung in den Vereinen ab, deshalb wurde auf Wölbklappen verzichtet und auch zugunsten

Beim Einzelstück ASW-XV ist die Spannweite auf 16,55 Meter vergrößert.

Muster:	ASK-21
Konstrukteur:	Rudolf Kaiser
Hersteller:	Alexander Schleicher
Erstflug:	6. Februar 1979
Hergestellt insgesamt:	447
Zugelassen in Deutschland:	214
Zahl der Sitze:	2
Spannweite:	17,00 m
Flügelfläche:	17,95 m^2
Streckung:	16,10
Flügelprofil:	FX S02-196 innen FX 60-126 außen
Rumpflänge:	8,35 m
Leitwerk:	gedämpftes T-Leitwerk
Bauweise:	GFK
Rüstgewicht:	etwa 370 kp
Maximales Fluggewicht:	570 kp
Flächenbelastung:	25,6 kp/m^2 bis 31,8 kp/m^2
Flugleistungen (Werksangaben gerechnet):	
Geringstes Sinken:	0,72 m/s bei 75 km/h
Bestes Gleiten:	35 bei 90 km/h

der Handlichkeit die ursprüngliche Spannweite von 17,50 m auf genau 17 Meter reduziert. Die ASK-21 erhält einen einfachen Trapezflügel mit geraden Vorderkanten und dem Profil FXS02–196, wie es schon beim Standard-Cirrus verwendet wurde. Der Rumpf bekommt ein festes Hauptrad mit einem Bugrad nach Art des Janus. Die V-Form des Tragflügels beträgt vier Grad und als Landehilfe dienen Schempp-Hirth-Klappen.

Neu bei der ASK-21 ist die Anordnung der beiden Hauben, die später auch für die ASH-25 übernommen wurde. Die Haube ist zweiteilig, der vordere Teil klappt nach vorne oben, während der hintere Haubenteil nach hinten oben aufgeht. Durch eine konstruktive Änderung konnte nach einer Anzahl von Störfällen verhindert werden, daß die hintere Haube aus Versehen im Start aufgeht, wenn die Verriegelung vergessen wurde. Für die Kunstflugschulung ist interessant, daß die ASK-21 für einfachen Kunstflug einschließlich Rückenflug und gesteuerte Rolle zugelassen ist.

ASW–22

Die ASW–22 ist Nachfolger der ASW–17 als Hochleistungssegelflugzeug der Offenen Klasse. Wie der Nimbus-3 hätte die ASW–22 zur Weltmeisterschaft 1981 in Paderborn fertig werden sollen, was aber nicht gelang,

Die ASK-21 der Segelfliegergruppe Singen auf dem Klippeneck.

Die ASW–22 hat 25 m Spannweite.

da der Erstflug erst am 8. Juli 1981 stattfinden konnte. Ursprünglich hatte die ASW–22 Spannweiten von 22 beziehungsweise 24 m mit vier- beziehungsweise sechsteiligem Tragflügel. Das Profil ist ein 14,3% dikkes HQ17, das außen in ein FX60–126 übergeht. Der Rumpf ähnelt in etwa der ASW–17, nur ist er mit 8,10 m um 55 cm länger. Besonderes Merkmal des Rumpfes ist ein Zwillingsfahrwerk mit zwei nebeneinander angeordneten 5-Zoll-Rädern. Weiterentwicklung der ASW–22 wurde die ASW–22B. Zwischenzeitlich waren die Doppelsitzer AS22–2 und ASH-25 geflogen, wobei bei der 25 der Außenflügel eine geringere Zugspitzung und das Delfter Profil DU84–132 V3 mit 13,2% Dicke erhielt. Ferner wurde der Ansteckflügel erstmals bei der D-3522 in einem Stück gebaut, so daß der Flügel der ASH-25 und auch der ASW–22B vierteilig mit einer Spannweite von 25 m ist. Ingo Renner flog die Werksmaschine ASW–22B mit dem Kennzeichen AS bei der Weltmeisterschaft 1987 in Benalla in Australien und wurde nach 1976, 1983 und 1985 als erster Segelflieger der Welt zum vierten Mal Weltmeister. Nachdem der Franzose Marc Schroeder ebenfalls mit einer ASW–22B Vizeweltmeister wurde, konnte zum ersten Mal die Phalanx des Nimbus-3 durchbrochen werden.

Muster:	ASW–22B
Konstrukteur:	Gerhard Waibel
Hersteller:	Alexander Schleicher
Erstflug:	8. Juli 1981 (ASW–22)
Serienbau:	ab 1981
Hergestellt insgesamt:	56 (einschließlich Motorsegler)
Anzahl der Sitze:	1
Spannweite:	25 m
Flügelfläche:	16,31 m^2
Streckung:	38,32
Flügelprofil:	HQ17, DU84–132 V3
Rumpflänge:	8,10 m
Leitwerk:	gedämpftes T-Leitwerk
Bauweise:	Faserverstärkte Kunststoffe
Rüstgewicht:	450 kg
Maximales Fluggewicht:	750 kg
Flächenbelastung:	32 bis 45,9 kg/m^2
Flugleistungen (Werksangaben):	
Geringstes Sinken:	0,41 m/s bei 80 km/h
Bestes Gleiten:	etwa 60 bei 115 km/h

ASK-23

Die ASK-23 ist so etwas wie eine Kunststoff-Ka8. In vielen Vereinen ist heute noch die Ka8 der erste Einsitzer des Flugschülers. Das Obenbleiben ist einfach, die

Flugeigenschaften sind mehr als problemlos, und auch an der Winde steigt die Ka8 immer am besten. Nachdem aber auch schon eine ganze Anzahl von Fliegergruppen ausschließlich mit der ASK-21 oder einem anderen Kunststoff-Doppelsitzer schult, lag nahe, das alte Konzept mit dem zum doppelsitzigen Schulflugzeug passenden Einsitzer neu anzugehen. Das ist nun mit der ASK-23 perfektioniert worden, denn das Cockpit der 23 entspricht vollständig dem vorderen Sitz der 21. Von der Auslegung her ist Rudolf Kaiser mit der ASK-23 fast etwas über das Ziel hinausgeschossen, denn die extreme Ausrichtung auf den Langsamflugbereich geht zwangsläufig auf Kosten des Gleitens. Die Flügelfläche der ASK-23 liegt mit 12,90 m^2 noch höher als bei der Ka6 (12,40 m^2) und fast bei den Werten der Ka8 (14,15 m^2). Die Streckung liegt demnach zwischen Ka6 und Ka8, und auch die Flächenbelastungen liegen gar nicht so weit auseinander. Während die Ka6 und Ka8 knapp 200 kg wiegen, beträgt das Rüstgewicht der ASK-23 etwa 240 kg.

Das 5-Zoll-Hauptrad liegt im Leermassenschwerpunkt, so daß die ASK-23 sehr leicht am Boden zu bewegen ist. Die Funktion der Kufe der Ka8 übernimmt beim Kunststoffsegler das zusätzliche Bugrad. Die ASK-23 ist für einfachen Kunstflug zugelassen. Den Erstflug führte Edgar Kremer am 20. Oktober 1983 auf dem kleinen Werksflugplatz in Poppenhausen durch.

In sieben Jahren sind erst 115 Exemplare der ASK-23 gebaut worden, da die Ka8 noch in größeren Stückzahlen vertreten ist, und die Flugzeuge von der finanziellen Seite doch weit auseinander liegen.

Muster:	ASK-23
Konstrukteur:	Rudolf Kaiser
Hersteller:	Alexander Schleicher
Erstflug:	20. Oktober 1983
Serienbau:	ab 1983
Hergestellt insgesamt:	115
Zugelassen in Deutschland:	34
Anzahl der Sitze:	1
Spannweite:	15 m
Flügelfläche:	12,90 m^2
Streckung:	17,44
Flügelprofil:	FX61–168
Rumpflänge:	7,05 m
Leitwerk:	gedämpftes T-Leitwerk
Bauweise:	GFK
Rüstgewicht:	240 kg
Maximales Fluggewicht:	360 kg
Flächenbelastung:	25,2 bis 27,9 kg/m^2
Flugleistungen (Idaflieg-Messung vom August 1984):	
Geringstes Sinken:	0,66 m/s bei 74 km/h
Bestes Gleiten:	34 bei 90 km/h

Der Übungseinsitzer ASK-23 der Trossinger Fliegergruppe auf dem Klippeneck.

Die ASW–24 ist als Flugzeug der Standard-Klasse Nachfolger der ASW–15 beziehungsweise der ASW–19.

ASW–24

Die ASW–24 ist als Flugzeug der Standard-Klasse Nachfolgemuster der ASW–15 beziehungsweise ASW–19, die beide von 1968 bis 1986 jeweils in mehr als 400 Exemplaren gebaut wurden. Dabei ist die ASW–24 eine wirkliche Neukonstruktion. Flügelprofile, Leitwerkprofile, Grundrisse von Flügel und Leitwerken, der komplette Rumpf, ja selbst die Bauweise unter Verwendung einer Vielzahl von Werkstoffen ist neu. Die Aerodynamik basiert auf neuen Entwicklungen der Technischen Hochschule Delft und schließt neben der Rumpfform die Tragflügel- und Leitwerksprofile ein. Die Rumpfform unterscheidet sich deutlich von anderen Flugzeugen der Standard-Klasse, insbesondere die geschwungene Form des Haubenausschnittes verleiht der ASW–24 ein charakteristisches Aussehen. Der Tragflügel hat einen Doppeltrapez-Grundriß. Beim Höhenleitwerk geht das Ruder nicht über die ganze Spannweite. Die Flügelfläche beträgt wie schon fast 20 Jahre zuvor beim Standard-Cirrus genau 10 m². Den Erstflug führte Gerhard Waibel am 14. Dezember 1987 mit dem Kennzeichen D-1124 durch. 1985 flog bereits der ASW–24-Prototyp, mit dem aber die späteren Serienflugzeuge kaum mehr Gemeinsamkeiten hatten. Dieser Prototyp war aus einer ASW–20B entstanden, bei dem ähnlich wie bei der LS-3-Standard aus dem Wölbklappenflügel ein Tragflügel mit festem Profil wurde.

Muster:	ASW–24
Konstrukteur:	Gerhard Wailbel
Hersteller:	Alexander Schleicher
Erstflug:	14. Dezember 1987
Serienbau:	ab 1987
Hergestellt insgesamt:	87 (einschließlich Motorsegler)
Zugelassen in Deutschland:	32
Anzahl der Sitze:	1
Spannweite:	15 m
Flügelfläche:	10 m²
Streckung:	22,50
Flügelprofil:	DU 84–158
Rumpflänge:	6,55 m
Leitwerk:	gedämpftes T-Leitwerk
Bauweise:	Faserverstärkte Kunststoffe
Rüstgewicht:	220 kg
Maximales Fluggewicht:	500 kg
Flächenbelastung:	30,5 bis 50 kg/m²
Flugleistungen (Werksangaben):	
Geringstes Sinken:	0,58 m/s bei 80 km/h
Bestes Gleiten:	etwa 43 bei 105 km/h

AS22–2 und ASH-25

Die ASH-25 ist eine Weiterentwicklung des Einsitzers ASW–22 als Hochleistungsdoppelsitzer. Prototyp dieser Entwicklung ist das Einzelstück AS22–2, welches speziell für Erwin Müller in Arbeit genommen wurde. Diese AS22–2 hatte noch den vierteiligen Flügel der »alten« ASW–22 mit 24 m Spannweite. Vater der AS22–2 ist Martin Heide, der 1981 zum Schleicher Flugzeugbau kam. Er war bei der Akaflieg Stuttgart maßgeblich an der Entwicklung des Doppelsitzers fs-31 beteiligt, so daß nicht verwundert, daß der Rumpf der AS22–2 stark an die Stuttgarter Rumpfform mit der starken Einschnürung hinter dem Cockpitbereich erinnert. Im Gegensatz zur ASW–22 erhielt die ASH-25 wie schon zuvor die AS22–2 eine zweiteilige Haube nach Art der ASK-21 und ein großes gefedertes Einzelrad mit einer hydraulischen Scheibenbremse. Den Erstflug mit der AS22–2 (Kennzeichen D-6912, Wettbewerbsnummer 73) führte Edgar Kremer am 29. September 1984 auf der Wasserkuppe durch. Gleich im Dezember 1984 flog dann Erwin Müller die ersten Weltrekorde in Australien.

Mit der AS22–2 beginnt die Arbeit von Martin Heide bei Schleicher.

Vor der ASH-25 entstand ein zweiter Vorläufer, der eigenstartfähige Motorsegler ASH-25MB von Walter Binder. Dieser stellte sich einen eigenen Rumpf in Balsa-Sandwich-Positivbauweise her, den er so modifizierte, daß das Triebwerk der DG-400 Platz hatte. Auch sonst wies der Rumpf noch einige Unterschiede zum Segelflugzeug auf, hatte doch der hintere Sitz keine Instrumente und die Haube war einteilig, von der Haubenform der fs-31 abgenommen. Walter Binder führte den Erstflug am 28. März 1986 mit dem Kennzeichen

Das Einzelstück AS22–2 auf dem Klippeneck-Wettbewerb 1991.

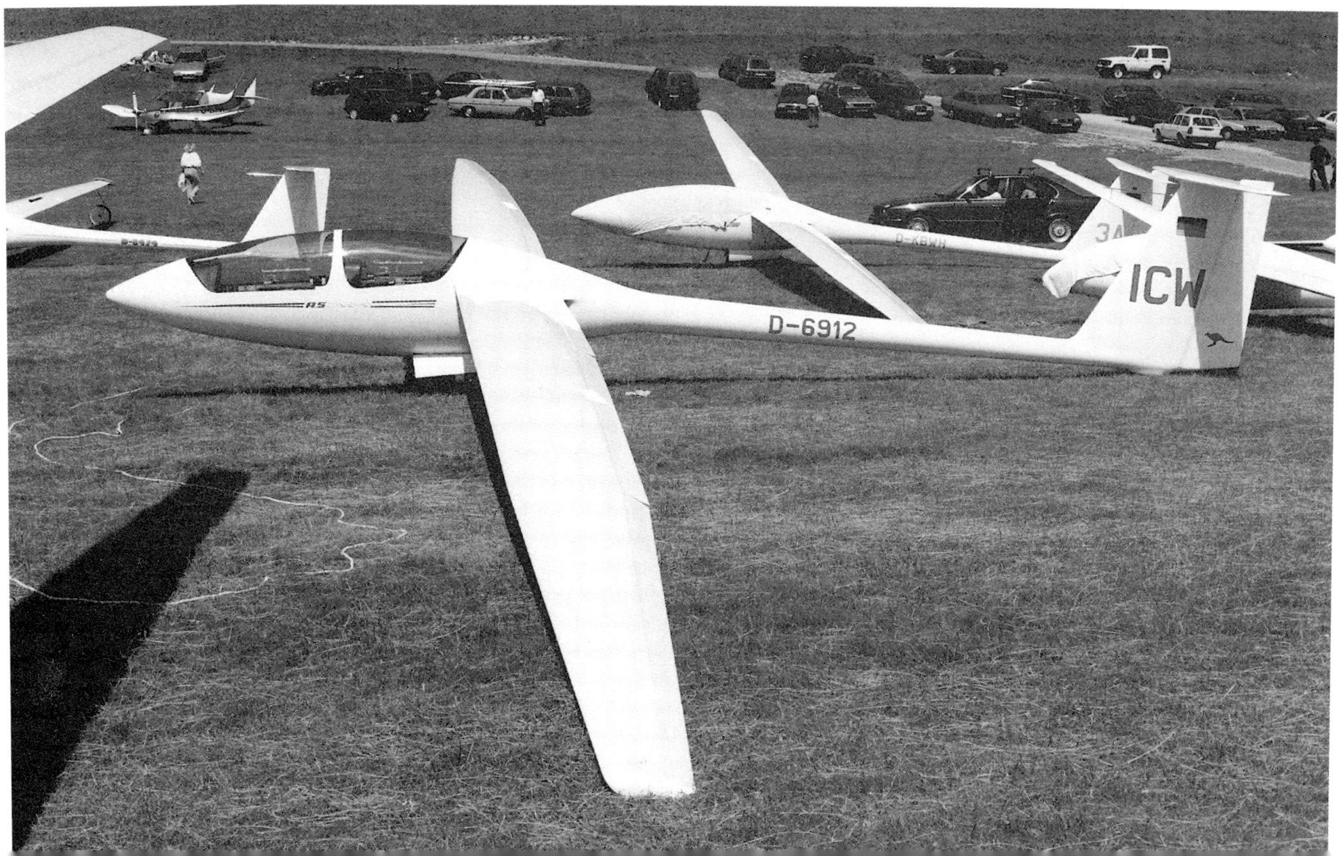

D-KOWB in Ostheim in der Rhön durch.
Den Erstflug mit der ASH-25 führte Martin Heide am 11. Mai 1986 mit dem Kennzeichen D-1025 und der Wettbewerbsnummer HW für Hans-Werner Grosse durch. Über die Änderungen am Flügel ist bereits im Kapitel über die ASW-22 berichtet worden. Wie der Einsitzer so war auch die ASH-25 von Anfang an ein sehr erfolgreiches Flugzeug der Offenen Klasse. In den ersten fünf Jahren sind 48 Segelflugzeuge und 33 Motorsegler (nicht eigenstartfähig) ASH-25E gebaut worden. Die ASH-25 ist ein sehr elegantes Flugzeug mit angenehmen Flugeigenschaften. Auch das Montieren und das Bewegen am Boden läßt sich durchaus noch mit normalem Kraftaufwand bewerkstelligen

Muster:	ASH-25
Konstrukteur:	Martin Heide
Hersteller:	Alexander Schleicher
Erstflug:	11. Mai 1986
Serienbau:	ab 1986
Hergestellt insgesamt:	81 (einschließlich Turbos)
Zugelassen in Deutschland:	22 (als Segelflugzeuge)
Anzahl der Sitze:	2
Spannweite:	25 m
Flügelfläche:	16,31 m²
Streckung:	38,32
Flügelprofil:	HQ17 und DU84–132 V3
Rumpflänge:	9 m
Leitwerk:	gedämpftes T-Leitwerk
Bauweise:	Faserverstärkte Kunststoffe
Rüstgewicht:	475 kg
Maximales Fluggewicht:	750 kg
Flächenbelastung:	34 bis 46 kg/m²
Flugleistungen (Idafliegmessung August 1986):	
Geringstes Sinken:	0,45 m/s bei 80 km/h
Bestes Gleiten:	etwa 58 bei 100 km/h

Die AS 22-2 ist Vorläufer der ASH-25.

Viele Segelflieger bezeichnen die ASH-25 als eines der schönsten Segelflugzeuge.

ASH-26 E

Im Frühjahr 1991 hat die Firma Alexander Schleicher mit der ASH-26 E und der ASW–27 zwei neue Flugzeuge vorgestellt, die sich in der Entwicklung befinden. Während die ASW–27 Nachfolger der ASW–20 in der 15-Meter-Klasse wird, ist die ASH-26 E von Anfang an auf eine Spannweite von 18 m als selbststartender Motorsegler ausgelegt. Beiden Flugzeugen gemeinsam ist das neue Profil der TU Delft mit der Bezeichnung DU 89–134/14. Die ASH-26 E hat einen zweiteiligen Flügel, was im Hinblick auf die Hängerabmessungen durchaus noch praktikabel ist. Der Rumpf hat einige Ähnlichkeit mit der ASW–24, nur ist er genau einen Meter länger. Das neue Profil verspricht gute Leistungen. Im Geschwindigkeitsbereich von 85 bis 110 km/h soll die Gleitzahl über 50 liegen.

Muster:	ASH-26 E
Konstrukteur:	Martin Heide
Hersteller:	Alexander Schleicher
Anzahl der Sitze:	1
Spannweite:	18,00 m
Flügelfläche:	11,70 m^2
Streckung:	27,69
Flügelprofil:	DU 89–134/14
Rumpflänge:	7,55 m
Leitwerk:	gedämpftes T-Leitwerk
Bauweise:	Faserverstärkte Kunststoffe
Rüstgewicht:	325 kg
Maximales Fluggewicht:	585 kg
Flächenbelastung:	34,6 bis 50 kg/m^2
Flugleistungen (Werksangaben):	
Geringstes Sinken:	0,47 m/s bei 85 km/h
Bestes Gleiten:	größer als 50 bei 95 km/h

Der Prototyp der ASH-26 auf dem Werksflugplatz Huhnrain in Poppenhausen.

ASW–27

Während bei der ASH-26 von vorne herein der Spannweitenbereich von 18 m angepeilt wurde, wird die ASW–27 konsequent auf eine Spannweite von 15 m ohne die Möglichkeit von Ansteckflügeln, wie sie sich beim Ventus, der ASW–20, der LS-6 und der DG-600 zunehmend durchgesetzt hatten, ausgelegt. Das ermöglicht einerseits einen recht kleinen Flügel mit nur 9 m² Fläche, dem kleinsten Flügel eines Flugzeuges der 15-Meter-Klasse, und andererseits eine spezielle Flügelform mit relativ starker Zuspitzung des Außenflügels. Der Rumpf entsteht in Anlehnung an die ASW–24 und soll durch die Verwendung neuer Mischlaminate noch einmal leichter werden. Der kleinere Flügel und die neuen Werkstoffe erlauben, das Cockpit etwas nach hinten zu verlängern, den Haubenrahmen im hinteren Teil etwas weiter auszuschneiden und tiefer zu legen. Eine Flügelhälfte soll nur 58 kg wiegen. Die Überlagerung Wölbklappen-Querruder soll wie bei der ASW–20 mit einer ausgeprägten Landestellung der Wölbklappen gelöst werden. Die Schempp-Hirth-Bremsklappen sind doppelstöckig. Die Flugleistungen sollen durch die neuen Profile über denen der Flugzeuge der Offenen Klasse vor etwa 20 Jahren (ASW–17 und Nimbus-2) liegen.

Muster:	ASW–27
Konstrukteur:	Gerhard Waibel
Hersteller:	Alexander Schleicher
Anzahl der Sitze:	1
Spannweite:	15,00 m
Flügelfläche:	9,00 m²
Streckung:	25,00
Flügelprofil:	DU 89–134/14 (wie ASH-26)
Rumpflänge:	6,55 m (wie ASW–24)
Leitwerk:	gedämpftes T-Leitwerk
Bauweise:	Faserverstärkte Kunststoffe
Rüstgewicht:	225 kg
Maximales Fluggewicht:	500 kg
Flächenbelastung:	32,8 bis 55,6 kg/m²
Flugleistungen (Werksangaben):	
Geringstes Sinken:	0,52 m/s bei 85 km/h
Bestes Gleiten:	etwa 48 bei 110 km/h

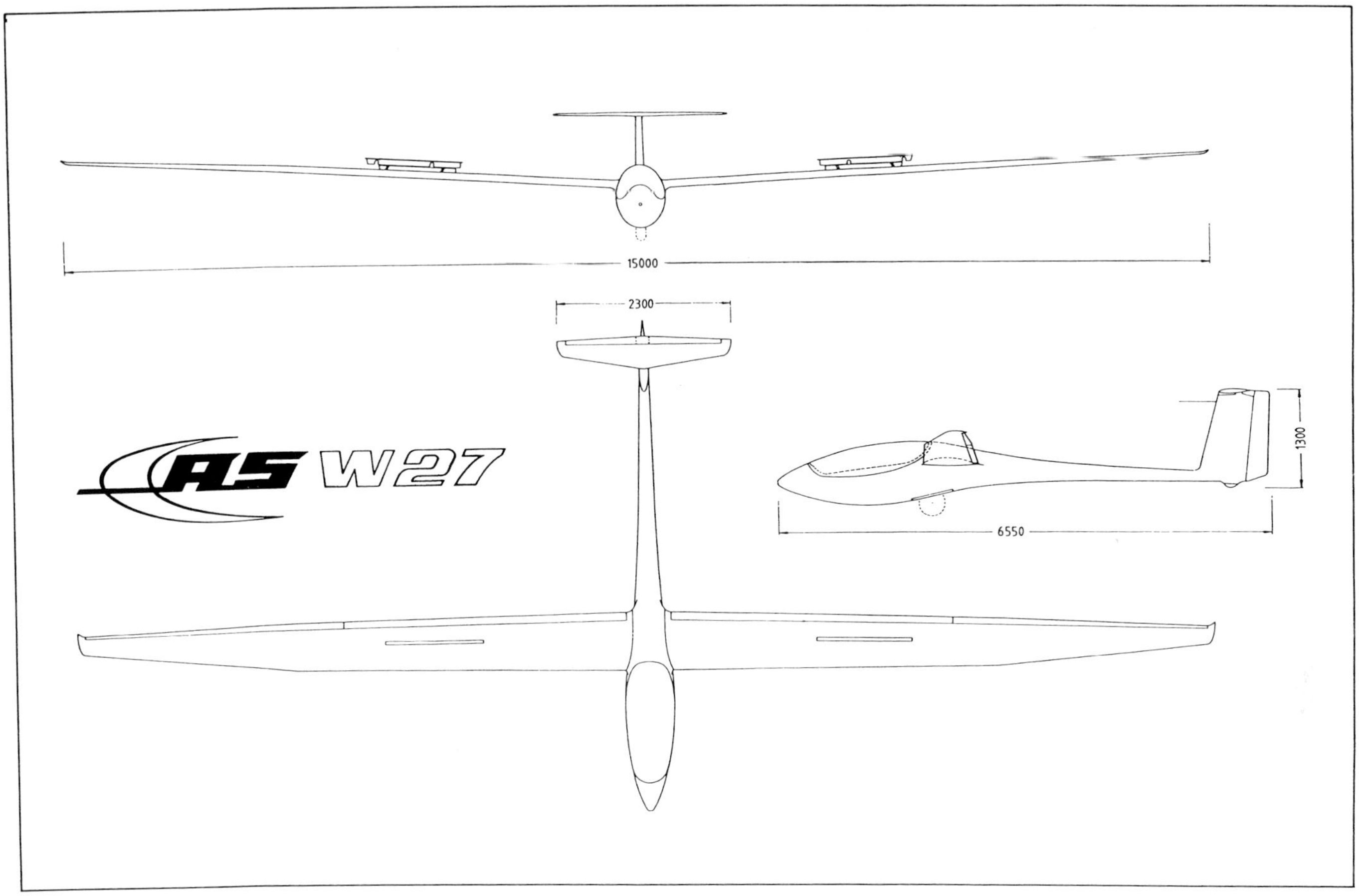

Dreiseitenansicht der ASW–27.

Schulgleiter SG-38

Der Schulgleiter SG-38 entstand im Jahre 1938 aus den gemeinsamen Erfahrungen der damaligen Segelflugschulen. Eine Entwicklungslinie läuft über den »Hols der Teufel« von Lippisch und den Zögling von Stamer und andererseits wurden die Erfahrungen von Espenlaub/Schneider mit der ESG und der Grunau-9

Ein restaurierter Schulgleiter SG-38 bei einem Flugtag im September 1976 in Hilzingen bei Singen.

verwertet. Als Konstrukteure werden Rehberg/Schneider/Hofmann aus Grunau angegeben. Die Grundkonzeption des SG-38 stammt noch aus den Anfängen der Segelfliegerei, wo eine Doppelsitzerschulung noch nicht zur Diskussion stand. Seinen Höhepunkt erlebte der Schulgleiter in den Jahren von 1938 bis etwa 1943, wo tausende dieser Geräte gebaut wurden und in der verlustreichen Einsitzerschulung Verwendung fanden. Aber auch nach der Wiederzulassung des Segelfluges fingen viele neugegründete Segelfluggruppen mit dem Schulgleiter wieder ganz von vorne an. Einmal kam man mit wenig Geld und Aufwand wieder zum Fliegen oder wenigstens zum Rutschen, und zum anderen fehlten die preiswerten und handlichen Doppelsitzer, die erst nach und nach zum Zug kamen. Noch 1960 waren 132 Schulgleiter in Deutschland zugelassen. Mit der SG-38 wurde hauptsächlich mit dem Gummiseil geschult oder, dann schon mit verkleidetem Führersitz (Boot), an der Bugkupplung mit der Winde geschleppt. Der Fluglehrer stand dabei mit einer Fahne am Boden, um durch Winkzeichen auf den Schüler einzuwirken. Weiteres wichtiges Requisit war die Stoppuhr, mit der die Flugzeit in Sekunden gemessen wurde. Der sonntägliche Flugbetrieb dauerte regelmäßig bis zum mehr oder weniger großen Bruch, der dann wieder bis zum nächsten Sonntag repariert wurde. Welche Entwicklung ist doch auch gerade hier in den letzten 25 Jahren vor sich gegangen! Heute sind nun zur Demonstration an Flugtagen oder einfach nur aus Gaudi wieder ein oder zwei Schulgleiter neu zugelassen worden. Charakteristisch für dieses Flugzeug sind der hohe Spannturm, der Gitterrumpf und die Rechteckflügel und -leitwerke. Das »Cockpit« läßt sich mit einem Boot aus zwei Halbschalen verkleiden. Die hohe Kufe ist mit zwei Stoßdämpfern gefedert. Eine Wissenschaft für sich ist das richtige Verspannen des Gerätes, das einige Zeit in Anspruch nimmt. Die SG-38 hat keine beplankte Sperrholznase im heutigen Sinn, sondern zwei gegeneinander ausgekreuzte Brettholme. Der Schwerpunkt des Gleitflugzeuges konnte mit Trimmgewichten an der Rumpfspitze und am hinteren Ende des Rumpfbootes nach beiden Seiten korrigiert werden. Die Maximalgeschwindigkeit der SG-38 beträgt 60 km/h. Der Geschwindigkeitsbereich und die Flugleistungen entsprechen in etwa den heutigen Drachenfliegern.

Muster:	Schulgleiter SG-38
Konstrukteur:	Rehberg/Schneider/Hofmann
Hersteller:	versch. Firmen + Amateurbau
Erstflug:	1938
Hergestellt insgesamt:	mehrere 1000
Zugelassen in Deutschland:	2 (D-8146 + D-8958)
Anzahl der Sitze:	1
Spannweite:	10,41 m
Flügelfläche:	16,00 m^2
Streckung:	6,77
Flügelprofil:	keine nähere Bezeichnung
Rumpflänge:	6,28 m
Leitwerk:	normales Kreuzleitwerk
Bauweise:	Holz
Rüstgewicht:	125 kp (mit Boot)
Maximales Fluggewicht:	210 kp
Flächenbelastung:	13,1 kp/m^2
Flugleistungen:	
Geringstes Sinken:	etwa 1,5 m/s
Bestes Gleiten:	etwa 10

SH-2 H

Seit der Lo-100 mit Erstflug im Jahre 1952 ist immer wieder der Versuch unternommen worden, einen speziellen Einsitzer für wettbewerbsfähigen Segelkunstflug zu bauen. Es sei an die an anderer Stelle beschriebene LCF-2 aus Friedrichshafen erinnert, an die hauptsächlich durch Spannweitenreduktion modifizierten Serien-

Das Kunstflug-Segelflugzeug SH-2 H ist vorerst ein Einzelstück.

flugzeuge DG-200 Acroracer und den Kilo-Discus, und ganz besonders an die Mü-28 der Akaflieg München. Nun gesellt sich mit Erstflug im September 1989 die SH-2 H dazu, die natürlich durch die konsequente Auslegung für den Kunstflug einige Ähnlichkeit mit der Mü-28 (und dem ebenfalls 1989 erschienenen Celstar aus Südafrika) haben muß: Ein Wölbklappenflügel relativ geringer Spannweite ohne V-Form mit einer Streckung um 10.

Bei der SH-2 H jedoch handelt es sich um einen Amateurbau, der schon Ende der 70er Jahre von Fritz Steinlehner sen. (siehe auch Lo-100) und Peter Huber entworfen wurde und in den Jahren 1986 bis 1989 von Horst Havrda aus Lindenberg in der Werkstatt der Westallgäuer Luftsportgruppe fertiggestellt wurde. Der Arbeitsaufwand lag bei etwa 2000 Stunden. Der erste Prototyp befindet sich im übrigen bei Steinlehner jun. in Neuötting im Bau, ist aber zum Zeitpunkt des Erstfluges der D-4333 noch nicht einmal zu 50% fertiggestellt. Der Flügel der SH-2 H ist eine konventionelle Holzkonstruktion vollständig mit Sperrholz beplankt. Das Profil ist das symmetrische FX71-L-150; die Wölbklappen haben Ausschläge von plus 12 bis minus 12 Grad. Auf der Oberseite des Tragflügels befinden sich Schempp-Hirth-Bremsklappen. Auch Höhen- und Seitenleitwerk sind voll beplankt und natürlich massenausgeglichen. Das Rumpfvorderteil mit dem kompletten Cockpit ist aus Kunststoff und stammt vom Serienflugzeug Ventus. Die Rumpfröhre besteht wieder aus einer üblichen Holzkonstruktion, so daß hier zum ersten Mal eine Rumpfröhre aus Holz an ein Rumpfvorderteil aus Kunststoff angeschäftet wurde. Sollte sich die SH-2 H in der Flugerprobung weiter bewähren und größeres Interesse aus Kunstfliegerkreisen bestehen, wäre eine Serienfertigung der SH-2 H vollständig in Kunststoff möglich.

Die SH-2 H hat ein festes, verkleidetes Hauptrad und einen Gummisporn. Das Höhenleitwerk hat eine Spannweite von 2,50 Metern und das Seitenleitwerk eine Höhe von 1,34 Metern. Der Geschwindigkeitsbereich geht immerhin von 65 bis 360 km/h, die Lastvielfachen sind plus/minus 8 g. Den Erstflug führte Mitkonstrukteur Peter Huber am 16. September 1989 auf dem Grob-Werksflugplatz Mindelheim-Mattsies durch.

Muster:	SH-2 H
Konstrukteur:	Fritz Steinlehner sen., Peter Huber
Hersteller:	Horst Havrda, Lindenberg/Allgäu
Erstflug:	16. September 1989
Hergestellt insgesamt:	1
Zugelassen in Deutschland:	1 (D-4333)
Anzahl der Sitze:	1
Spannweite:	10,40 m
Flügelfläche:	11,40 m²
Streckung:	9,49
Flügelprofil:	FX71-L-150/20
Rumpflänge:	6,50 m
Leitwerk:	normales Kreuzleitwerk
Bauweise:	Holz, Rumpfvorderteil Kunststoff
Rüstgewicht:	245 kg
Maximales Fluggewicht:	340 kg
Flächenbelastung:	29,8 kg/m²
Flugleistungen:	
Geringstes Sinken:	etwa 0,8 m/s bei 85 km/h
Bestes Gleiten:	etwa 26

Sie-3

Als Weiterentwicklung der Ka6 kann man die Sie-3 bezeichnen, von der in den Jahren 1970 bis 1974 von der Firma Paul Siebert in Münster insgesamt 27 Stück gebaut wurden. Siebert ist vor allen Dingen auch daher bekannt, weil er von 1960 bis 1970 in Lizenz der Firma Schleicher 131 Exemplare der Ka 6CR hergestellt hat.

Die Sie-3 ist ein Holzflugzeug der Standard-Klasse

Konstrukteur der Sie-3 ist der inzwischen verstorbene Wilhelm Kürten, besser bekannt unter Peter Kürten. Der Prototyp mit dem Kennzeichen D-0085 flog zum ersten Mal im Jahre 1968. Die Sie-3 ist ein Flugzeug der damaligen Standard-Klasse mit einem festen Rad. Im Gegensatz zur Ka6 ist die lange geblasene Haube voll eingestrakt und das Seitenleitwerk ist leicht gepfeilt. Das Pendel-Höhenleitwerk ist wieder nach Art der Ka 6E ausgebildet. Neu an der Sie-3 ist der Rechteck-Trapezflügel mit dem Wortmann-Profil FX61–184, das von vielen anderen Standard-Klassen-Flugzeugen her bekannt ist. Als Landehilfe sind doppelseitige Schempp-Hirth-Bremsklappen eingebaut. Trotz des relativ kurzen Rumpfes ist das Cockpit recht geräumig. Die Haube wird nach der Seite geöffnet. Die Flugeigenschaften entsprechen etwa der Ka 6E und auch die Flugleistungen dürften in diesem Bereich liegen. Die Musterzulassung wurde am 30. Juni 1972 erteilt.

Muster:	Sie-3
Konstrukteur:	Wilhelm Kürten
Hersteller:	Paul Siebert, Münster
Erstflug:	1968
Serienbau:	1970 bis 1974
Hergestellt insgesamt:	27
Zugelassen in Deutschland:	9
Anzahl der Sitze:	1
Spannweite:	15,00 m
Flügelfläche:	11,84 m^2
Streckung:	19,00
Flügelprofil:	FX 61-184 durchgehend
Rumpflänge:	5,91 m
Leitwerk:	Kreuzleitwerk mit Pendelruder
Bauweise:	Holz
Rüstgewicht:	215 kp
Maximales Fluggewicht:	340 kg
Flächenbelastung:	25,8 kp/m^2 bis 28,7 kp/m^2
Flugleistungen (Herstellerangaben):	
Geringstes Sinken:	0,64 m/s bei 78 km/h
Bestes Gleiten:	34 bei 85 km/h

Slingsby T–59 D

Hinter dieser etwas fremden Bezeichnung verbirgt sich ein recht bekanntes Flugzeug, nämlich die Glasflügel-Kestrel in einer Version mit 19 Metern Spannweite. Nach Einstellung der Kestrel-Fertigung in Deutschland erwarb die bekannte englische Firma die Lizenzrechte, stellte zuerst auch eine Anzahl der üblichen 17-Meter-Kestrels her und vergrößerte dann die Spannweite auf 19 Meter. Der Prototyp der 19-Meter-Kestrel hatte als erstes Flugzeug einen Holm aus Kohlefasern, der aber für die Serienfertigung zu teuer war. Später gab es aus der T–59 D sogar eine Version mit 22 Metern Spannweite, wobei zusätzliche Innenflügel von je 1,5 Metern Spannweite in den Rumpf eingeschoben wurden. So konnte also wahlweise mit 19 Metern oder mit 22 Metern geflogen werden. Außer in England ist die T–59 D noch in Italien, Australien und Neuseeland vertreten. In den USA sind neun 19-Meter-Kestrel und in Deutschland drei Exemplare dieses Flugzeuges zugelassen. Der Unterschied im Rüstgewicht zwischen der 17-Meter- und der 19-Meter-Kestrel beträgt immerhin 65 kp. Nach 1977 stellte Slingsby ein Renn-Klasse-Flugzeug mit der Bezeichnung Vega her.

Muster:	Slingsby T-59 D (19-m-Kestrel)
Konstrukteur:	Glasflügel/Slingsby
Hersteller:	Vickers-Slingsby, England
Erstflug:	1974
Serienbau:	1974 bis 1977
Hergestellt insgesamt:	etwa 100
Zugelassen in Deutschland:	3
Anzahl der Sitze:	1
Spannweite:	19,00 m
Flügelfläche:	12,80 m^2
Streckung:	28,20
Flügelprofil:	FX 67-K-170 innen, FX 67-K-150 außen
Rumpflänge:	6,72 m
Leitwerk:	gedämpftes T-Leitwerk
Bauweise:	GFK
Rüstgewicht:	325 kp
Maximales Fluggewicht:	471 kp
Flächenbelastung:	31,3 kp/m^2 bis 36,8 kp/m^2
Flugleistungen (DFVLR-Messung 1976):	
Geringstes Sinken:	0,57 m/s bei 84 km/h
Bestes Gleiten:	44 bei 96 km/h

Rechte Seite: Die in England gebaute 19-Meter-Kestrel hat die Bezeichnung Slingsby T–59 D.

D-0788
T

SP-1 V1

Die SP-1 ist ein Einzelstück in Deutschland, das wohl nur wenigen Segelfliegern bekannt ist. Es handelt sich um einen Kunstflugeinsitzer mit einer Spannweite von 10 Metern. Das Musterflugzeug wurde 1954 gebaut. Leider läßt sich heute nicht mehr feststellen, wieviele Flugzeuge hergestellt worden sind. Der seit 1973 in Karlsruhe-Forchheim stationierte Prototyp mit dem Kennzeichen D-7207 hat auf alle Fälle einen motorisierten Bruder mit dem Kennzeichen D-KEDA, den Fridolin Wezel lange Zeit auf dem Übersberg bei Reutlingen stationiert hatte. Der einteilige Flügel der SP-1 hat Rechteck-Trapezform mit gerade durchlaufendem Holm. Der Rumpf ist eine Stahlrohrkonstruktion mit einer langen gefederten Kufe und einem Abwurffahrwerk. Die geblasene Plexiglashaube sowie eine Flügelabdeckung werden aufgesetzt. Die SP-1 hat einen gefederten Sporn und konventionell gebaute Leitwerke. Als Landehilfe dienen Störklappen auf der Flügeloberseit. Die Höchstgeschwindigkeit bei ruhigem Wetter beträgt 260 km/h. Vorletzter Besitzer der SP-1 war der Segelkunstflieger Rudi Matthes, während sie jetzt in den Händen von Friedrich Linner ist.

Muster:	SP-1 V1
Konstrukteur:	J. Schröder, Aachen + H. Peters, Fulda
Hersteller:	Flugzeugbau Köhler/Peters, Engelheim bei Fulda
Erstflug:	1954
Hergestellt insgesamt:	nicht bekannt
Zugelassen in Deutschland:	1 (D-7207)
Anzahl der Sitze:	1
Spannweite:	10,00 m
Flügelfläche:	9,90 m^2
Streckung:	10,10
Rumpflänge:	6,10 m
Leitwerk:	normales Kreuzleitwerk
Bauweise:	Holz, Rumpf aus Stahlrohr
Rüstgewicht:	145 kp
Maximales Fluggewicht:	255 kp
Flächenbelastung:	25,8 kp/m^2

Flugleistungen (Daten geschätzt):

Geringstes Sinken:	0,90 m/s bei 70 km/h
Bestes Gleiten:	etwa 20 bei 80 km/h

Ein Einzelstück ist die Kunstflugmaschine SP-1 V1 mit zehn Metern Spannweite.

Spalinger S-18 III

Jakob Spalinger, Jahrgang 1898, ist der bekannteste Segelflugzeug-Konstrukteur aus der Schweiz. Heute in Hergiswil in der Gegend von Luzern lebend, sollte Spalinger schon am Wasserkuppe-Wettbewerb des Jahres 1920 teilnehmen, wodurch er aber wegen eines Beinbruches verhindert wurde. Eine ganze Reihe

Die einzige in Deutschland zugelassene S-18 des berühmten Schweizer Konstrukteurs Jakob Spalinger.

erfolgreicher Konstruktionen trägt seinen Namen. S-15, S-18, S-19 und der Doppelsitzer S-21 sind Flugzeuge, die teilweise heute noch in der Schweiz zugelassen sind. Eine S-19 mit dem Schweizer Kennzeichen HB-225 ist gar Baujahr 1937 und immer noch flugtüchtig. Dazu muß man wissen, daß in der Schweiz alle je zugelassenen Segelflugzeuge der Reihe nach durchnumeriert wurden, und einmal zugeteilte Kennzeichen nicht mehr vergeben werden. Das älteste Flugzeug ist heute ein Grunau Baby II, Baujahr 1933, mit dem Kennzeichen HB-087, und Anfang 1978 ist man etwa bei HB-1350 angekommen. Im Jahre 1966 flog der Verfasser selbst noch eine Baby-ähnliche S-15 mit dem Kennzeichen HB-413 bei einer befreundeten Fliegergruppe in der Schweiz, die immerhin einige Jahre älter als ihr Pilot war. Die Geschichte der S-18, von der noch einige Exemplare in der Schweiz zugelassen sind, begann im Jahre 1936. Ein Jahr später entstand dann die S-18 III mit vergrößerter Spannweite und schlankerem Rumpf. Die in Deutschland zugelassene S-18 III mit dem Kennzeichen S-9329 ist Baujahr 1942, hat die Werk-Nr. 352 und führte ihren Erstflug am 23. August 1942 durch. Die S-18 hat einen sehr eleganten Knickflügel von 14,30 m Spannweite. Der Rumpf ist eine schöne Holzschalen-Konstruktion mit einer dünnen Kufe und einem Abwurffahrwerk. Die Leitwerke sind als normales Kreuzleitwerk ausgebildet mit der Höhenflosse fest auf dem Rumpf aufliegend. Von 1935 bis 1943 sind insgesamt 55 S-18 in der Schweiz gebaut worden und Jakob Spalinger selbst hat mit einer S-18 die erste Segelflugmeisterschaft des Jahres 1937 gewonnen. Noch 1959 flog Rudolf Seiler mit einer S-18 einen Streckenflug mit 396 km von Altenrhein nach Grenoble.

Muster:	S-18 III
Konstrukteur:	Jakob Spalinger, Schweiz
Hersteller:	Bau AG Wynau/Schweiz + Amateurbau
Erstflug:	1937
Serienbau:	1935 bis 1943
Hergestellt insgesamt:	55
Zugelassen in Deutschland:	1 (D-9329)
Anzahl der Sitze:	1
Spannweite:	14,30 m
Flügelfläche:	14,16 m²
Streckung:	14,44
Flügelprofil:	Gö 535/Gö 595
Rumpflänge:	6,47 m
Leitwerk:	normales Kreuzleitwerk
Bauweise:	Holz
Rüstgewicht:	158 kp
Maximales Fluggewicht:	243 kp
Flächenbelastung:	16,8 kp/m²
Flugleistungen:	
Geringstes Sinken:	0,68 m/s bei 57 km/h
Bestes Gleiten:	24 bei 71 km/h

Start + Flug: Salto, Hippie, Globetrotter

Die Firma Start + Flug entstand im Jahre 1970 aus den Bemühungen von Frau Ursula Hänle, die Hütter H-30-GFK, eines der ersten Kunststoff-Segelflugzeuge, nach Überarbeitung des damals bereits zehn Jahre alten Enwurfes in Serie zu bauen. Es erfolgte die Trennung von Glasflügel (Eugen Hänle), und die Fabrikationsräume der neuen Firma wurden auf dem Fluggelände in Saulgau eingerichtet. Nach Saulgau verlegte später auch Glasflügel in einer ebenfalls neu errichteten Halle die Fertigmontage. Bei Start + Flug wurden in den Jahren von 1970 bis 1978 folgende Flugzeuge gebaut:

Salto	H-101	1970 bis 1978	57
Hippie	H-111	1974 bis 1978	35
Globetrotter	H-121	1977 bis 1978	1

Im Jahre 1978 wurde die Firma Start + Flug in Saulgau aufgelöst. Ein Doppelsitzer Globetrotter war noch fertiggestellt worden. Frau Ursula Hänle hat heute einen Luftfahrttechnischen Betrieb in Westerburg mit der Bezeichnung »doktor fiberglas«.

Salto H-101

Der Salto geht mit den wichtigsten Konstruktionsmerkmalen auf die H-30-GFK zurück. Übernommen wurde für den Salto die Rumpfform und das V-Leitwerk, während der Flügel in einer Originalform der Standard-Libelle gebaut wurde. An der Wurzel wurde jede Tragflügelhälfte um 0,70 m gekürzt, so daß sich eine Spannweite von 13,60 m ergibt. Dies geschah hauptsächlich im Hinblick auf die Zulassung im Kunstflug, die zudem verstärkte Holmgurte und einen zusätzlichen Hilfsholm erforderte. Die Schempp-Hirth-Klappen der Libelle wurden durch vierteilige Drehbremsklappen ersetzt, die weniger Probleme beim Ausfahren in hohen Geschwindigkeitsbereichen hatten. Später wurde dann der maximale Ausschlag für die Landung auf 90 Grad vergrößert. Der Prototyp des Salto mit dem Kennzeichen D-2040 wurde noch in Schlattstall gebaut und am 6. März 1970 von Huldreich Müller in Karlsruhe eingeflogen. Das Flugzeug gehörte ursprünglich Ursula Hänle selbst, ist seit einigen Jahren im Ravensburger Verein und seit 1978 in Mengen stationiert. Die Blütezeit der Salto-Herstellung lag um 1973, wo von 10 Beschäftigten zwei bis drei Flugzeuge im Monat gebaut wurden. Von den insgesamt 57 hergestellten Saltos sind etwa 10 Flugzeuge in den USA und Australien und ein Exemplar in der Schweiz. Gegenüber dem Prototyp, wie er heute noch auf Zeichnungen zu sehen ist, gab es zur Verbesserung der Trudeleigenschaften Änderungen im Leitwerk. Zugunsten einer Vergrößerung der Flosse wurde das Höhenruder verkleinert. Alwin Güntert, in den letzten Jahren der führende Mann in der Fertigung, baute sich einen Bruch-Salto um, indem er durch Aufsteckflügel die Spannweite auf 15,53 m vergrößerte. Die etwas ungrade Abmessung ergab sich durch die maximale Unterbringungsmöglichkeit im vorhandenen Hänger. Außer dem Flügel wurde das Rumpfvorderteil geändert, die Haube zweiteilig ausgeführt und der Rumpf-Flügel-Übergang mit einem kleineren Radius ausgestattet. Dieser 15-m-Salto hat trotz des festen Rades eine vermessene Gleitzahl von 37, steigt gut, und hat auch wegen des steifen Flügels gute Leistungen im Schnellflug. Acht Flugzeuge sind bisher mit diesen Aufsteckflügeln umgerüstet worden, davon zwei in den USA und

D-0924

D-2220
AP

der eine Salto in der Schweiz. Selbstverständlich läßt sich diese Version ohne Spannweitenvergrößerung nach wie vor im Kunstflug einsetzen. Gleichzeitig sind auch viele Saltos auf Spornrad und Bremsschirm umgerüstet worden.

Muster:	Salto H-101
Konstrukteur:	Wolfgang Hütter/Ursula Hänle
Hersteller:	Start + Flug, Saulgau
Erstflug:	6. März 1970
Serienbau:	1970 bis 1978
Hergestellt insgesamt:	57
Zugelassen in Deutschland:	35
Anzahl der Sitze:	1
Spannweite:	13,60 m (Spannweitenvergrößerung durch Aufsteckflügel auf 15,53 m möglich)
Flügelfläche:	8,58 m^2
Streckung:	21,56
Flügelprofil:	FX 66-17-All-182
Rumpflänge:	5,95 m
Leitwerk:	gedämpftes V-Leitwerk
Bauweise:	GFK
Rüstgewicht:	182 kp
Maximales Fluggewicht:	310 kp
Flächenbelastung:	31,7 kp/m^2 bis 36,1 kp/m^2

Flugleistungen (DFVLR-Messung 1971):

Geringstes Sinken:	0,72 m/s bei 81 km/h
Bestes Gleiten:	33,5 bei 93 km/h

Hippie H-111

Mit der Drachenflugbewegung wurden in Deutschland auch die Einfachst-Segelflugzeuge wieder interessant. Wie zu Beginn der Segelflugbewegung hatten diese Geräte relativ kleine Abmessungen und geringes Gewicht. Nur standen diesmal gesicherte aerodynamische Erkenntnisse und die neuen Werkstoffe zur Verfügung. Ursula Hänle konstruierte mit dem Hippe den ersten Ultraleichten in Deutschland. Für dieses Gleitflugzeug war nur eine einfache Zulassung erforderlich, und der Hippie kann ohne Luftfahrerschein geflogen werden. Der in einzelnen Segmenten aufgebaute Tragflügel von durchgehend 0,90 m Tiefe hatte zuerst 8 Meter, dann 9 Meter und zuletzt 10 Meter Spannweite.

Linke Seite:

Oben: Kennzeichnend für den Salto sind V-Leitwerk und Drehbremsklappen.

Unten: Der Prototyp des vergrößerten Salto über Saulgau.

Der Steuerknüppel ist hängend angeordnet. Der abgestrebte Schulterdecker hat aerodynamische Ruder um alle Achsen. Der Rumpf ist eine Stahlrohrkonstruktion und hat in der Serie einen GFK-Rahmen für den Pilotensitz. Das gedämpfte T-Leitwerk ist ebenfalls aus Stahlrohr aufgebaut und mit einer Kunststoff-Folie bespannt. Von 1974 bis 1978 sind etwa 35 Hippies gebaut worden, davon etwa 15 aus Baukästen. Zwei bis drei Geräte sind in Spanien und ebenso viele in Kalifornien. Den Erstflug hatte Alwin Güntert am 18. August 1974 in Saulgau durchgeführt.

Muster:	Hippie H-111
Konstrukteur:	Ursula Hänle
Hersteller:	Start + Flug, Saulgau
Erstflug:	18. August 1974
Serienbau:	1974 bis 1978
Hergestellt insgesamt:	etwa 35
Zugelassen in Deutschland:	etwa 30
Anzahl der Sitze:	1
Spannweite:	10,00 m
Flügelfläche:	9,00 m^2
Streckung:	11,11
Flügelprofil:	FX S 02
Rumpflänge:	4,80 m
Leitwerk:	gedämpftes T-Leitwerk
Bauweise:	GFK, KFK, Stahlrohr
Rüstgewicht:	48 kp
Maximales Fluggewicht:	133 kp
Flächenbelastung:	14,8 kp/m^2

Flugleistungen (Werksangaben):

Geringstes Sinken:	etwa 1,3 m/s bei 40 km/h
Bestes Gleiten:	etwa 12 bei 45 km/h

Globetrotter H-121

Zuerst sollte der neue Doppelsitzer von Ursula Hänle Schulmeister heißen, bis man sich dann doch für Globetrotter entschied. Der Prototyp mit dem Kennzeichen D-7111 war zwei Jahre im Bau, bis am 28. Juli 1977 Josef Späth den Erstflug in Saulgau durchführte. Am Enwurf war maßgeblich Walter Stender beteiligt. Im Gegensatz zu den Konkurrenzmustern sind die Sitze beim Globetrotter nebeneinander angeordnet, wobei der rechte Sitz um etwa 30 cm hinter dem linken Sitz liegt. Die Sitzposition ist auf beiden Sitzen recht angenehm, wenn natürlich nicht die Schulterbreite wie bei Doppelsitzern in Tandemanordnung gegeben ist. Zur Gewichtsersparnis ist die Rumpfröhre recht groß im Querschnitt gehalten. Als Hauptrad dient ein nicht ein-

D-7111

Linke Seite:

Oben: In mehr als 30 Exemplaren wurde der Hippie gebaut.

Unten: Das erste und vorläufig einzige Exemplar des Doppelsitzers Globetrotter mit nebeneinanderliegenden Sitzen.

ziehbares Piper-Rad, wie es auch bei den Scheibe-Motorfalken verwendet wird. Am Rumpfheck ist ein übliches Spornrad eingebaut. Die Leitwerke sind recht groß bemessen, das Höhenleitwerk ist gedämpft. Der Flügel hat dasselbe Eppler-Profil wie der Twin-Astir und Schempp-Hirth-Klappen auf der Oberseite. Das Mittelstück des dreiteiligen Flügels wiegt etwa 150 kp, während die Außenflügel je etwa 40 kp wiegen. Die Flügelnase hat keine Pfeilung. Der Prototyp hatte ein Rüstgewicht von 440 kp. Der zweite Flügel in Negativbauweise wurde wesentlich leichter, so daß der Prototyp mit diesem zweiten Flügel nur noch etwa 400 kp wog, was auch dem Twin-Astir entspricht. Die Flugeigenschaften dieses Prototyps zeigten keine Probleme und sind durchaus mit anderen Flugzeugen vergleichbar. Bei Auflösung der Firma Start + Flug war gerade der zweite Globetrotter im Bau, der aber nicht mehr fertiggestellt wurde.

Muster:	Globetrotter H-121
Konstrukteur:	Walter Stender/ Ursula Hänle
Hersteller:	Start + Flug, Saulgau
Erstflug:	28. Juli 1977
Serienbau:	vorerst eingestellt
Hergestellt insgesamt:	1
Zugelassen in Deutschland:	1 (D-7111)
Anzahl der Sitze:	2
Spannweite:	17,00 m
Flügelfläche:	15,80 m^2
Streckung:	18,29
Flügelprofil:	Eppler 603
Rumpflänge:	7,66 m
Leitwerk:	gedämpftes T-Leitwerk
Bauweise:	GFK
Rüstgewicht:	400 kp
Maximales Fluggewicht:	600 kp
Flächenbelastung:	31,0 kp/m^2 bis 38,0 kp/m^2
Flugleistungen (Werksangaben):	
Geringstes Sinken:	0,65 m/s bei 80 km/h
Bestes Gleiten:	36 bei 100 km/h

Segelflugzeuge aus Polen (SZD-9 bis SZD-55)

Der Segelflugzeugbau und auch das Segelfliegen selbst hat in Polen einen hohen Leistungsstand. Heute kommen immer noch die meisten Inhaber von drei Diamanten aus Polen, und erst langsam werden sie von den Segelfliegern aus Deutschland eingeholt werden. Gerade auch im Flugzeugbau haben sich die Polen mit ihrer leistungsfähigen Industrie einen Namen gemacht. Nach dem Zweiten Weltkrieg sind in Polen insgesamt mehr als 3500 Segelflugzeuge hergestellt worden. Wohlklingende Namen sind darunter: Außer den nachfolgend näher beschriebenen Bocian, Foka, Pirat, Cobra und Jantar sind es Mucha, Jaskolka, Lis, Zefir, Orion und der Doppelsitzer Halny, zu denen sich in erst in kürzester Zeit die SZD-48 Jantar-Standard 2 und der neue Kunststoff-Doppelsitzer Puchacz gesellen. Dabei haben es die Polen verstanden, immer gerade zu Weltmeisterschaften neue Konstruktionen vorzustellen, die zudem dann immer wieder auf den vorderen Rängen zu finden waren. Das Kunststoff-Zeitalter begann für die Polen im Jahre 1972 mit der SZD-39 Jantar-19.

SZD-9 Bocian

Muster:	SZD-9 Bocian
Hersteller:	PZL, Bielsko-Biala, Polen
Erstflug:	1952 (Prototyp)
Hergestellt insgesamt:	nicht bekannt
Zugelassen in Deutschland:	2 (D-1587 + D-3047)
Anzahl der Sitze:	2
Spannweite:	18,10 m
Flügelfläche:	20,00 m^2
Streckung:	16,38
Flügelprofil:	NACA 43018A/NACA 43012A
Rumpflänge:	8,21 m
Leitwerk:	übliches Kreuzleitwerk
Bauweise:	Holz
Rüstgewicht:	342 kp
Maximales Fluggewicht:	540 kp
Flächenbelastung:	23,9 kp/m^2 bis 27,0 kp/m^2
Flugleistungen (Werksangaben):	
Geringstes Sinken:	0,82 m/s bei 71 km/h
Bestes Gleiten:	26 bei 80 km/h

Der Doppelsitzer Bocian ist in Deutschland mit zwei Exemplaren vertreten, und auch in der Schweiz und in Österreich sind ein paar Flugzeuge dieses Musters mit dem charakteristischen Rumpf zugelassen. Das Rumpfvorderteil ist ähnlich wie bei der Mucha stark nach unten gezogen, was auch dem zweiten Sitz eine gute Sicht bietet. Die nicht aus einem Stück geblasene Haube ist zweiteilig, das Vorderteil öffnet nach der Seite und der hintere Teil läßt sich auf den Rumpf schieben.

Der Bocian hat ein festes Rad mit einer kleinen Bugkufe. Die Leitwerke sind konventionell mit einem etwas hochgesetzten Höhenleitwerk mit Flettnertrimmung. Der Einfachtrapezflügel mit beachtlichen 20 m^2 Flächeninhalt hat Schempp-Hirth-Bremsklappen und eine negative Pfeilung von 5,5 Grad (Holm). Der Entwurf des Bocian stammt bereits aus dem Jahre 1952 und das Flugzeug wird heute immer noch gebaut. Der Bocian ist in üblicher Holzbauweise hergestellt. Die Akaflieg München erhielt ihren Bocian im Jahre 1959 und hat das Flugzeug mit dem Kennzeichen D-1587 auch heute noch in Königsdorf in Betrieb. Wie bereits an anderer Stelle beschrieben, erhielt die Akaflieg den Bocian von einem Anlieger des Fluggeländes in Prien geschenkt, als die Mü 22a durch einen Absturz verloren ging. Der zweite Bocian ist in Ingolstadt zugelassen, ist Baujahr 1963 und trägt das Kennzeichen D-3047.

SZD-24–4A Foka-4

Mit der hauptsächlich in Holz gebauten Foka-4 erschienen die Polen zur Weltmeisterschaft 1960 in Köln in der Standard-Klasse. Auffallend an der Foka war der recht schlanke Rumpf mit dem gepfeilten Seitenleitwerk. Beide Konstruktionsmerkmale entsprangen dem damaligen Stand der Optimierungsbemühungen und wurden dann aber recht bald von der neueren Entwicklung überholt. Zunehmend fand schon mit der Foka der Kunststoff Eingang in den polnischen Segelflugzeugbau. Beim Rumpfvorderteil, im Cockpit selbst und bei den Übergängen wurde GFK verwendet. Auch die Sperrholzschale des Tragflügels bestand schon aus einem Sandwich unter Verwendung von Kunststoffen. Der Rumpf der Foka hat ein festes Rad mit einer langen schlanken Kufe. Das Höhenleitwerk ist wieder etwas hochgesetzt. Der Trapezflügel mit einem NACA-Profil hat sehr wirksame Schempp-Hirth-Bremsklappen. Die Foka ist für den Kunstflug und für den Wolkenflug zugelassen. Neu an der Foka war auch die lange Haube, die sich zum Öffnen waagrecht nach vorn schieben läßt. Wie die meisten polnischen Segelflugzeuge ist auch die Foka in mehreren Baureihen hergestellt worden. Der Erstflug des Prototyp fand am 24. Mai 1960 statt. Die Foka-4, von der am meisten Flugzeuge gebaut wurden flog zum ersten Mal im Februar 1962. Eine weitere Baureihe ist die Foka-5 (SZD-32), die dann wie der Pirat ein T-Leitwerk hatte. Insgesamt sind mehr als 200 Flugzeuge des Musters Foka entstanden, die allerdings wohl schon alle mehr als 10 Jahre alt sind.

Muster:	SZD-24 Foka
Hersteller:	PZL, Bielsko-Biala, Polen
Erstflug:	1960
Hergestellt insgesamt:	mehr als 200
Zugelassen in Deutschland:	10
Anzahl der Sitze:	1
Spannweite:	14,98 m (Standard-Klasse)
Flügelfläche:	12,16 m^2
Streckung:	18,45
Flügelprofil:	NACA 633-618
Rumpflänge:	7,00 m
Leitwerk:	übliches Kreuzleitwerk, Seitenleitwerk stark gepfeilt
Bauweise:	Holz, teilweise Kunststoff
Rüstgewicht:	245 kp
Maximales Fluggewicht:	385 kp
Flächenbelastung:	27,6 kp/m^2 bis 31,7 kp/m^2
Flugleistungen (Herstellerangaben):	
Geringstes Sinken:	0,66 m/s bei 75 km/h
Bestes Gleiten:	34 bei 86 km/h

SZD-30 Pirat

Während die etwa 17 Fokas von Rolf Hatlapa aus Uetersen in die Bundesrepublik eingeführt wurden, wo sie sich nach und nach etwas dezimierten, da die Flugeigenschaften wirklich nicht ganz problemlos sind, brachte Ernst Michalk aus dem benachbarten Pinneberg die Piraten nach Deutschland und beantragte auch die Musterzulassung beim LBA. Der Pirat ist ein Übungs- und Leistungsflugzeug mit 15 Metern Spannweite und ist ebenfalls vorwiegend aus Holz gebaut. Gut zu erkennen ist er an dem rechteckigen T-Höhenleitwerk und an der charakteristischen Form des dreiteiligen Tragflügels. Das Mittelstück mit einer Spannweite von etwa 7,50 m hat nämlich keine V-Form, während die Flügelohren wie auch bei einigen Elfe-Flugzeugen leicht nach oben zeigen. Im Tragflügelmittelstück sind auch die Schempp-Hirth-Klappen untergebracht. Der Rumpf hat wieder ein festes Rad mit einer kleinen Bugkufe. Die nicht eingestrakte Haube klappt nach der Seite und die Sitzposition im Cockpit ist ziemlich aufrecht. In Polen wurde der Pirat in einigen Monotyp-Wettbewerben eingesetzt, insbesondere auch bei Frauen-Meisterschaften. Nach Deutschland wurden drei Piraten eingeführt. Ein Flugzeug hatte einen schweren Unfall auf dem Flugplatz in Uetersen im Juni 1977 unmittelbar nach dem Windenstart (D-3660), ein

Folgende Doppelseite:

Oben links: Der polnische Doppelsitzer Bocian ist in Deutschland nur in zwei Exemplaren vertreten.

Unten links: Die Foka-4 in der polnischen Original-Lackierung mit den doppelstöckig ausfahrenden Bremsklappen.

Oben rechts: Eine Foka-4 auf dem Flugplatz Schramberg-Winzeln.

Unten rechts: Die SZD-30 Pirat auf dem Alpenflugplatz Samedan/Schweiz.

WS
D-9198
Foka 4

D-5071

NORD-
MICRO
D-3661
pirat

zweites Flugzeug ebenfalls Baujahr 1967 fliegt mit dem Kennzeichen D-3661 ebenfalls in Uetersen, während ein drittes Flugzeug (Baujahr 1974) unter dem Kennzeichen D-6730 zugelassen ist.

Muster:	SZD-30 Pirat
Hersteller:	PZL, Bielsko-Biala, Polen
Erstflug:	1967
Hergestellt insgesamt:	nicht bekannt
Zugelassen in Deutschland:	3
Anzahl der Sitze:	1
Spannweite:	15,00 m (Standard-Klasse)
Fügelfläche:	13,80 m^2
Streckung:	16,30
Flügelprofil:	FX 61-168, FX 60-126
Rumpflänge:	6,86 m
Leitwerk:	gedämpftes T-Leitwerk
Bauweise:	Holz, teilweise Kunststoff
Rüstgewicht:	260 kp
Maximales Fluggewicht:	370 kp
Flächenbelastung:	25,4 kp/m^2 bis 28,8 kp/m^2
Flugleistungen (Herstellerangaben):	
Geringstes Sinken:	0,70 m/s bei 75 km/h
Bestes Gleiten:	33 bei 82 km/h

SZD-36 Cobra

Die Cobra ist ein immer noch vorwiegend in Holz hergestellter Einsitzer mit 15 Metern Spannweite, den die Polen zur Weltmeisterschaft 1970 in Marfa/USA vorstellten und damit den zweiten Platz gewinnen konnten. Eine Variante ist die Cobra-17 (SZD-39) mit 17 m Spannweite. Der Rumpf hat in Anlehnung an die Foka wieder eine recht schlanke Form mit einem stark gepfeilten Seitenleitwerk und einem ungedämpften T-Höhenleitwerk mit außenliegendem Massenausgleich und Flettnerruder. Das Fahrwerk ist nunmehr einziehbar und die Haube öffnet nach vorne. Wieder hat der Flügel einfach Trapezform mit einer nun allerdings geringeren Flügelfläche und übliche Schempp-Hirth-Bremsklappen. Wie beim Pirat ist das Profil FX61–184 verwendet, wie es auch seit 1963 bei vielen deutschen Segelflugzeugen zu finden ist. (fs-25, D-38, DG-100, ASW–19 usw.). Fertigungstechnisch werden insbesondere beim Rumpfvorderteil und in der Flügelschale glasfaserverstärkte Kunststoffe verwendet, so daß die Cobra eigentlich das letzte polnische Holz-Segelflugzeug ist. In Deutschland sind wohl zwei Cobras zugelassen. Die D-2234 ist seit 1976 in Coburg beheimatet, nachdem sie vorher in Aachen einen Brandschaden hatte und teilweise beim Herstellerwerk in Polen repariert werden mußte. Die zweite Cobra in Deutschland hat das Kennzeichen D-0929 und ist beim Aero-Club Gladbeck-Kirchhellen beheimatet.

Muster:	SZD-36 Cobra-15
Hersteller:	PZL, Bielsko-Biala, Polen
Erstflug:	1960
Hergestellt insgesamt:	etwa 200
Zugelassen in Deutschland:	2 (D-2243 + D-0929)
Anzahl der Sitze:	1
Spannweite:	15,00 m (Standard-Klasse)
Flügelfläche:	11,60 m^2
Streckung:	19,40
Flügelprofil:	FX 61-168, FX 60-126
Rumpflänge:	7,05 m
Leitwerk:	Pendel-T-Leitwerk
Bauweise:	Holz, teilweise GFK
Rüstgewicht:	262 kp
Maximales Fluggewicht:	405 kp
Flächenbelastung:	30,4 kp/m^2 bis 34,9 kp/m^2
Flugleistungen (Herstellerangaben):	
Geringstes Sinken:	0,68 m/s bei 73 km/h
Bestes Gleiten:	38 bei 97 km/h

SZD-41 Jantar-Standard

Den Jantar-Standard stellten die Polen zur Weltmeisterschaft 1974 in Waikerie/Australien vor, und Kepka konnte den 3. Platz der Standard-Klasse erringen. Wie die beiden Versionen des 19-m-Jantar ist das Standard-Flugzeug nun vollständig aus GFK hergestellt. Vom 19-m-Jantar wurden für die Serie der Rumpf und die Leitwerke übernommen. Der Rumpf hat eine zweiteilige Haube mit abnehmbarem Hinterteil. Das Einziehfahrwerk hat ein großes 15-Zoll-Rad, und auch am Sporn ist nunmehr ein kleines Rädchen. Der konventionelle Trapezflügel hat große Schempp-Hirth-Bremsklappen und nunmehr ein polnisches Profil mit der Bezeichnung NN-8. Das gedämpfte T-Leitwerk sitzt auf einem ziemlich geraden Seitenleitwerk nach Art der Kestrel. Durch das hohe Instrumentenbrett ist die Sicht unmittelbar nach

Rechte Seite:

Oben: Ein sehr elegantes Flugzeug ist diese in Coburg stationierte SZD-36 Cobra-15.

Unten: Ein Jantar-Standard im Flugzeugschlepp auf der Hahnweide.

D-2243
Cobra 15

KT
D-4151
jantar-standard

Muster:	SZD-41 Jantar-Standard
Hersteller:	PZL, Bielsko-Biala, Polen
Erstflug:	1973
Hergestellt insgesamt:	nicht bekannt
Zugelassen in Deutschland:	etwa 10
Anzahl der Sitze:	1
Spannweite:	15,00 m (Standard-Klasse)
Flügelfläche:	10,66 m^2
Streckung:	21,11
Flügelprofil:	NN-8
Rumpflänge:	7,11 m
Leitwerk:	gedämpftes T-Leitwerk
Bauweise:	GFK
Rüstgewicht:	245 kp
Maximales Fluggewicht:	460 kp
Flächenbelastung:	31,4 kp/m^2 bis 43,2 kp/m^2
Flugleistungen (Herstellerangaben):	
Geringstes Sinken:	0,62 m/s bei 78 km/h
Bestes Gleiten:	40 bei 105 km/h

vorne nicht besonders gut. Der Erstflug des Jantar-Standard fand am 3. Oktober 1973 in Bielsko-Biala statt. In Deutschland wird die Jantar von Gatermann in Hamburg vertreten. Neuerdings gibt es eine Baureihe Jantar-Standard 2 (SZD-48), bei der eine Mitnahme von 150 l Wasserballast möglich ist. Das bedeutet eine Erhöhung des Maximalfluggewichts von 460 kp auf 520 kp und eine Erhöhung der Flächenbelastung bis auf 48,8 kp/m^2, der bisher höchsten Flächenbelastung überhaupt.

SZD-42 Jantar 2B

Der Jantar-2 ist ein Flugzeug der Offenen Klasse, das in Deutschland in drei Exemplaren vertreten ist. Der

Muster:	SZD-42–2 Jantar 2B
Hersteller:	PZL, Bielsko-Biala, Polen
Erstflug:	1976
Zugelassen in Deutschland:	3
Anzahl der Sitze:	1
Spannweite:	20,50 m
Flügelfläche:	14,24 m^2
Streckung:	29,20
Rumpflänge:	7,11 m
Leitwerk:	gedämpftes Kreuzleitwerk
Bauweise:	GFK
Rüstgewicht:	340 kg
Maximales Fluggewicht:	640 kg
Flächenbelastung:	30 bis 45 kg/m^2
Flugleistungen (Herstellerangaben):	
Geringstes Sinken:	0,46 m/s bei 75 km/h
Bestes Gleiten:	48 bei 90 km/h

Dieser Jantar-Standard ist auf dem Klippeneck beheimatet.

Ein Jantar 2B vor dem Biser-Heim auf dem Klippeneck.

Flügel ist vierteilig und hat eine Spannweite von 20,50 m. Im Gegensatz zum Jantar-Standard und zum Jantar-1 hat das Flugzeug kein T-Leitwerk. Bei der Weltmeisterschaft 1976 in Finnland belegten zwei polnische Piloten mit dem Jantar-2 Rang 2 und 3 hinter George Lee mit der ASW–17. Der Jantar-2 hat ein spaltloses Wölbklappenprofil. Die Maximalgeschwindigkeit beträgt 280 km/h.

SZD-51–1 Junior

Der Junior ist ein Anfängerflugzeug aus Kunststoff, eine polnische ASK-23 also. Er ist in Deutschland in nur einem Exemplar vertreten. Der Junior hat eine recht große Flügelfläche und steigt gut. Zwei Vorteile stechen besonders ins Auge: Bei Pilotengewichten von 55 bis 110 kg sind keine Trimmgewichte notwendig und der Junior hat automatische Ruderanschlüsse. Deutliche Nachteile gibt es allerdings beim Gleiten. Das Flugzeug ist in GFK hergestellt, das Seitenruder ist stoffbespannt. Das Hauptrad ist 400×140 mit Scheibenbremse, das Spornrad 200×50. Für Flugzeugschlepp und Windenstart sind Tost-Kupplungen erhältlich. Wie die ASK-23 ist auch der Junior für Kunstflug zugelassen. Das Flugzeug wird vertreten von Georg Tuboly, Tieffurtstraße 3, CH-5605 Dottikon/Schweiz.

Muster:	SZD-51–1 Junior
Hersteller:	PZL, Bielsko-Biala, Polen
Erstflug:	1986
Zugelassen in Deutschland:	1 (D-5113, Wettb.-Nr. R2)
Anzahl der Sitze:	1
Spannweite:	15 m
Flügelfläche:	12,51 m^2
Streckung:	17,99
Flügelprofil:	Wortmann S02–196/S0 1/2–158
Rumpflänge:	6,69 m
Leitwerk:	gedämpftes T-Leitwerk
Bauweise:	GFK
Rüstgewicht:	215 kg
Maximales Fluggewicht:	380 kg
Flächenbelastung:	etwa 24 kg/m^2
Flugleistungen (Herstellerangaben):	
Geringstes Sinken:	0,60 m/s bei 70 km/h
Bestes Gleiten:	35 bei 80 km/h

R2
D-5113
junior

A2
RB
OH-807
L7
K-6300
55
SP-3501
L

Linke Seite:

Oben: Der polnische Junior ist ein Übungsflugzeug ähnlich der ASK-23.

Unten: Bei der Weltmeisterschaft 1989 in Wiener Neustadt trat zum ersten Mal die polnische SZD-55 auf.

SZD-55–1

Kurz soll noch auf das neue Flugzeug der Standard-Klasse eingegangen werden, das seinen Erstflug in Bielsko-Biala durchführte. Der Flügel hat eine elliptische Vorderkante mit dem Profil NN-27. Obwohl keine Kohlefaser verwendet worden ist, liegt das Rüstgewicht bei nur 210 kg. Bis zu 195 Liter Wasserballast können mitgenommen werden, und es gibt einen Hecktank mit 9 Litern zur Schwerpunktskorrektur.

Muster:	SZD-55–1
Hersteller:	PZL, Bielsko-Biala, Polen
Erstflug:	August 1988
Anzahl der Sitze:	1
Spannweite:	15 m (Standard-Klasse)
Flügelfläche:	9,60 m²
Streckung:	23,40
Flügelprofil:	NN27
Rumpflänge:	6,85 m
Leitwerk:	gedämpftes T-Leitwerk
Bauweise:	GFK
Rüstgewicht:	220 kg
Maximales Fluggewicht:	500 kg
Flächenbelastung:	31 bis 50 kg/m²
Flugleistungen (Herstellerangaben):	
Geringstes Sinken:	0,54 m/s bei 79 km/h
Bestes Gleiten:	44,1 bei 119 km/h

ULF-1

Die ULF-1, Abkürzung für Ultra-Leicht-Flugzeug, fällt zwar jetzt unter die neugeschaffene Kategorie der Gleitflugzeuge, für die bei einem Gewicht unter 50 kp keine vollständige Zulassung erforderlich ist und die auch keine D-Nummer erhalten, hat aber so viele Merkmale eines einfachen Segelflugzeuges, daß sie doch im Rahmen dieser Arbeit einen Platz zu beanspruchen hat. Die ULF-1 hat eine Spannweite von 10,40 m bei einer Flügelfläche von 13,40 m² und kann schon wegen dieser Daten unter die »richtigen« Segelflugzeuge eingereiht werden. Darüber hinaus hat sie volle aerodynamische Steuer um alle Achsen mit den üblichen Betätigungselementen, ist mit einem Fahrtmesser von 0 bis 70 km/h und einem akustischen E-Vario von Westerboer ausgerüstet und hat mit einem geringsten Sinken von etwa 0,80 m/s einen besseren Wert als so manches Segelflugzeug. Die ULF-1 ist vorwiegend in Holz gebaut. Der Rumpf ist eine Gitterkonstruktion aus Kiefer- und Balsaleisten und wiegt einschließlich des Seitenleitwerkes nur 19 kp. Er hat eine Kufe mit einem verkleideten Cockpit, aber Öffnungen unmittelbar nach unten, so daß man auch am Hang bei leichtem Gegenwind im Laufen starten kann. Gelandet wird auf alle Fälle auf der gefederten Kufe. Außerdem hat die ULF-1 eine Bugkupplung Tost-Piccolo, so daß auch im Autoschlepp gestartet werden kann. Der zweiteilige Flügel hat einen Kieferholm mit einer Torsionsnase aus 0,8 mm starkem Sperrholz. Eine bespannte Flügelhälfte wiegt 10,7 kp und das Höhenleitwerk 3,5 kp, so daß sich ein Rüstgewicht von 45 kp ergibt. Die Zuladung beträgt 75 kp. Die Randbogen bestehen aus GFK und als Sporn dient ein Teil einer GFK-Angelrute. Der Erstflug fand am 7. Oktober 1977 auf dem Flugplatz in Manching statt. Geschleppt wurde mit einem 80 m langen Perlonseil von 7 mm Durchmesser hinter einem VW-Bus. Zuerst stieg Heiner Neumann, einer der beiden Konstrukteure der ULF-1, nur bis auf zwei bis drei Meter Höhe. In weiteren Starts wurde mit dem 80 m langen Seil eine Ausklinkhöhe von etwa 45 m erreicht. Dabei lag die Fluggeschwindigkeit etwa zwischen 40 und 50 km/h und die Landung erfolgte jeweils mit etwa 30 km/h. Später wurden im Altmühltal bei einem Gegenwind von 10–15 km/h die ersten Fußstarts durchgeführt, wobei längeres Hangsegeln und eine Startüberhöhung von etwa 20 Metern möglich war.

Muster:	ULF-1
Konstrukteur + Hersteller:	Heiner Neumann/ Dieter Reich
Erstflug:	7. 10. 1977
Hergestellt insgesamt:	etwa 10
Zugelassen in Deutschland:	etwa 5
Anzahl der Sitze:	1
Spannweite:	10,40 m
Flügelfläche:	13,40 m²
Streckung:	8,07
Flügelprofil:	FX 63-137 (18 % Dicke innen, 15 % Dicke außen)
Rumpflänge:	5,55 m
Leitwerk:	übliches Kreuzleitwerk
Bauweise:	Holz
Rüstgewicht:	45 kp
Maximales Fluggewicht:	120 kp
Flächenbelastung:	8,96 kp/m²
Flugleistungen (Herstellerangaben):	
Geringstes Sinken:	0,80 m/s bei 40 km/h
Bestes Gleiten:	15 bei 50 km/h

Nach dem Fußstart mit der ULF-1 stellt der Pilot Heiner Neumann die Beine auf die Seitenruderpedale.

VJ-23

Wie der Hippie von Start+Flug und die zuletzt behandelte ULF-1 gehört der aus den USA stammende VJ-23 zu den um alle Achsen voll aerodynamisch steuerbaren Gleitflugzeugen. Alle drei Einfachflugzeuge sind sich auch im Entwurf ähnlich. Die Spannweite liegt jeweils bei 10 Metern, während die Flügelfläche zwischen 9

Die von Nikolaus Dorn gebaute und geflogene VJ-23.

und 17 Quadratmetern schwankt. Dafür beträgt das Rüstgewicht bei allen drei Flugzeugen ziemlich einheitlich knapp unter 50 kp. Der Entwurf der VJ-23 stammt aus dem Jahre 1971. Volmer Jensen aus Glendale/California hat eine ganze Reihe von »ultralights«, wie sie in den USA genannt werden, konstruiert. Von der VJ-23 sind in der ganzen Welt bisher mehr als 100 Exemplare gebaut worden. Die VJ-23 hat einen einfachen Trapezflügel von 10 m Spannweite mit Querrudern von je knapp zwei Metern Länge. Das Profil ist in Flügelmitte recht dick mit nach unten gezogener Hinterkante. Der Rumpf besteht in erster Linie aus einem kräftigen Rohr, an dem vorne in einem Stahlrohrverband ein Gurtsitz, die Steuerung und eine feste Kufe angebracht sind. Die Leitwerke sind mit ihren Dämpfungsflächen unmittelbar am hinteren Ende des Rumpfrohres befestigt. Die VJ-23 ist zugelassen für Autoschlepp, Gummiseilstart und Laufstart. Die Mindesgeschwindigkeit liegt bei 24 km/h und die zulässige Höchstgeschwindigkeit bei 52 km/h. Das einzige in Deutschland zugelassene Muster mit dem Kennzeichen D-7623 wurde 1974 von Nikolaus Dorn aus Raunheim bei Rüsselsheim gebaut.

Muster:	VJ-23
Konstrukteur:	Volmer Jensen, USA
Hersteller:	Nikolaus Dorn, Raunheim
Erstflug in Deutschland:	September 1975
Hergestellt insgesamt:	ca. 100
Zugelassen in Deutschland:	1 (D-7623)
Anzahl der Sitze:	1
Spannweite:	10,00 m
Flügelfläche:	17,00 m²
Streckung:	5,88
Flügelprofil:	Irv Culver
Rumpflänge:	5,50 m
Leitwerk:	normales Kreuzleitwerk
Bauweise:	Holz, Metall
Rüstgewicht:	49 kp
Maximales Fluggewicht:	135 kp
Flächenbelastung:	7,9 kp/m²
Flugleistungen (Herstellerangaben):	
Geringstes Sinken:	0,96 m/s bei 30 km/h
Bestes Gleiten:	12 bei 32 km/h

Weihe-50

Vom Fafnir I und II von Alexander Lippisch aus dem Jahre 1930/33 führt eine Entwicklungsreihe von Hans Jacobs über die Segelflugzeuge Rhönadler und Reiher, einem der schönsten Segelflugzeuge überhaupt, zum Leistungssegelflugzeug Weihe, das seit dem Jahre 1938 in mehr als 300 Exemplaren gebaut wurde. Die Weihe war also vor 1945 das Serien-Leistungsflugzeug schlechthin, und nur der unglückselige Krieg verhin-

Weihe-50 mit festem Rad auf dem Fluggelände Friesener Warte.

An dieser Weihe wurden Rumpfvorderteil und Haube modifiziert.

derte, daß diesem Flugzeug der gebührende Platz in der Segelfluggeschichte unmittelbar zuteil wurde. Immerhin war bei den ersten zaghaften Anfängen des Internationalen Segelfluges der neueren Zeitrechnung in Samedan 1948 und in Schweden 1950 sowie in Spanien und Frankreich 1952/54 die Weihe noch das führende Wettbewerbsflugzeug. Nach der Wiederzulassung des Segelfluges in Deutschland begann die Firma Focke-Wulf mit der Überarbeitung der Weihe-Unterlage und brachte die Weihe-50 heraus, wobei die Bezeichnung für den Beginn der Arbeiten im Jahre 1950 steht. Focke-Wulf stellte selbst 8 Exemplare der Weihe-50 in den Jahren 1952/53 her und Hanna Reitsch konnte den Nachkriegs-Erstflug am 9. März 1952 in Bremen durchführen. Auffälligstes Unterscheidungsmerkmal der neuen Weihe ist die geblasene Haube, während die weiteren Arbeiten in erster Linie der Produktionsvereinfachung und der Umstellung auf andere Materialien dienten. Die Weihe-50 hat einen langen schlanken Holzrumpf mit einer Kufe ohne festes Rad. In späteren Jahren sind die meisten Flugzeuge dann auf ein bremsbares Tost-Rad unter Wegfall der Kufe umgebaut worden. Auch die DFS-Seitenwandkupplung wurde durch die nunmehr übliche Tost-Schwerpunktkupplung ersetzt. Der Einfachtrapez-Flügel mit abgerundeten Enden hat eine mit 2,5 Grad gepfeilte Nase und einen gerade durchgehenden Holm. Die V-Form beträgt nur zwei Grad. Die DFS-Bremsklappen sind etwas klein geraten, so daß das mächtige Flugzeug bei der Landung lange ausschwebt. Die Leitwerke sind in üblicher Manier aufgebaut. Beachtlich ist die Flügeltiefe von 1,60 Metern an der Wurzel, so daß die Weihe auch auf dem Hänger sehr respektabel aussieht. Von den heute noch zugelassenen 13 Flugzeugen in Deutschland stammen vier aus der Focke-Wulf-Produktion, während die anderen Weihe noch aus der Vorkriegsfertigung von Schweyer in Mannheim, aus der Schweiz, aus Jugoslawien und aus Amateurwerkstätten kommen.

Muster:	Weihe-50
Konstrukteur:	Hans Jacobs
Hersteller:	Focke-Wulf + weitere
Erstflug:	1938 (Prototyp)
Serienbau:	1938 bis 1943, 1952/53
Hergestellt insgesamt:	mehr als 300
Zugelassen in Deutschland:	13
Anzahl der Sitze:	1
Spannweite:	18,00 m
Flügelfläche:	18,34 m^2
Streckung:	17,70
Flügelprofil:	Gö 549/Gö 676 (wie Meise und Kranich-III)
Rumpflänge:	8,30 m
Leitwerk:	normales Kreuzleitwerk
Bauweise:	Holz
Rüstgewicht:	230 kp
Maximales Fluggewicht:	335 kp
Flächenbelastung:	18,3 kp/m^2
Flugleistungen:	
Geringstes Sinken:	0,58 m/s bei 50 km/h
Bestes Gleiten:	29 bei 70 km/h

Zlin 25/4

Die »Sohaj« Zlin 25/4 kann als eine der vielen Nachbauten der Olympia-Meise angesehen werden. Sie wurde bei Max Prip in Otrokowice/CSSR im Jahre 1949 gebaut. Konstrukteur ist Ladislav Smrecek, der bei der Wiederzulassung des Flugzeuges im Jahre 1993 behilflich sein konnte. Das Flugzeug mit dem heutigen Kennzeichen D-8857 hat eine recht wechselvolle Geschichte hinter sich. Sie kam 1950 auf dem Luftwege nach Deutschland, als sich ein tschechischer Offizier mit ihr in den Westen in die Gegend von Bayreuth absetzte.

Die Zlin 25/4 ist ein tschechischer Nachbau der Olympia-Meise.

Die Amerikaner brachten das Segelflugzeug in ihr Hauptquartier nach Wiesbaden und übergaben es später dem dortigen Luftsportclub. Mit dem Kennzeichen D-4000 wurde die Zlin 25 eines der ersten Nachkriegssegelflugzeuge in Deutschland. In Wiesbaden ging das Flugzeug dann gleich an der Winde zu Bruch und wurde erst wieder 1955 als D-4029 zugelassen. Später flog sie viele Jahre unter Vater und Sohn Velter bei der Segelfluggruppe Hochschwarzwald in Reiselfingen. Das Flugzeug hatte dann verschiedene Besitzer und war auch sogar einmal in der Schweiz zugelassen. Nach 1972 flog sie dann mit dem heutigen Kennzeichen für viele Jahre auf dem Klippeneck und später in Winzeln. Sie ging dann wieder nach Wiesbaden zurück und gelangte schließlich zu einer Eigentümergemeinschaft unter der Leitung von Jörg Kirtz nach Meschede-Schüren. Dort wurde sie in 1200 Arbeitsstunden liebevoll wiederhergestellt und nach bürokratischen Hindernissen 1993 wieder neu zugelassen.
Die Zlin 25 ist ein freitragender Schulterdecker in üblicher Holzbauweise. Der große Trapezflügel (Flügelfläche wie etwa Ka 8 und Meise) hat eine Spannweite von 15 Metern, sehr lange Querruder und wie bei der Meise DFS-Bremsklappen auf der Flügelober- und -unterseite. Im Rumpf ist nach der Kufe ein festes Rad sowie eine Tost-Schwerpunkt- und Bugkupplung eingebaut.

Muster:	Zlin 25/4
Konstrukteur:	Ladislav Smrecek
Hersteller:	Max Prip, Otrokowice/CSFR
Erstflug:	1947
Serienbau:	1947 bis 1951
Zugelassen in Deutschland:	1 (Werk-Nr. 42, D-8857
Anzahl der Sitze:	1
Spannweite:	15,00 m
Flügelfläche:	14,00 m²
Streckung:	16,1
Flügelprofil:	unbekannt
Rumpflänge:	7,27 m
Leitwerk:	konventionelles Kreuzleitwerk
Bauweise:	Holz/Gemischt
Rüstgewicht:	185 kg
Maximales Fluggewicht:	265 kg
Flächenbelastung:	18,9 kg/m²
Geringstes Sinken:	0,65 m/s bei 60 km/h
Bestes Gleiten:	27 bei 75 km/h

Die Zlin 25 im neuen Gewand des Jahres 1993 auf dem Flugplatz Meschede-Schüren.

Anschriften

von Fliegergruppen und Herstellern sowie Luftfahrttechnischen Betrieben

Die idaflieg ist die Interessengemeinschaft Deutscher Akademischer Fliegergruppen. In der idaflieg sind folgende Akafliegs zusammengeschlossen:

Flugwissenschaftliche Vereinigung Aachen e.V.
Templergraben 55
52062 Aachen

Akademische Fliegergruppe Berlin e.V.
Straße des 17. Juni 135
10623 Berlin 12

Akademische Fliegergruppe Braunschweig e.V.
Akafliegheim Flughafen
38110 Braunschweig

Akademische Fliegergruppe Darmstadt e.V.
Technische Hochschule
64277 Darmstadt

Akademische Fliegergruppe Erlangen
Erwin-Rommel-Straße 60
91058 Erlangen

Flugtechnische Arbeitsgemeinschaft Esslingen e.V.
Kanalstraße 33
73728 Esslingen

Akademische Fliegergruppe Hannover e.V.
Welfengarten 1a
30167 Hannover

Akademische Fliegergruppe Karlsruhe e.V.
Kaiserstraße 12
76131 Karlsruhe

Akademische Fliegergruppe München e.V.
Arcisstraße 21
80333 München

Akademische Fliegergruppe Stuttgart e.V.
Pfaffenwaldring 35
70569 Stuttgart 80

Segelflugzeughersteller:

doktor fiberglas, Ursula Hänle
Postfach 1112, 56457 Westerburg
Telefon (02663) 3420

Glaser Dirks Flugzeugbau
Im Schollengarten 19–20, 76646 Bruchsal
Telefon (07257) 890, Fax 8922

Burkhart Grob Luft- und Raumfahrt GmbH
Am Flugplatz, 86874 Mattsies
Telefon (08268) 9980, Fax 998124

Rolladen-Schneider Segelflugzeugbau
Mühlstraße 10, Postfach 1130, 63323 Egelsbach
Telefon (06103) 4126, Fax 45526

Scheibe Flugzeugbau
August-Pfaltz-Straße 23, 85221 Dachau
Telefon (08131) 72083, Fax 6985

Schempp-Hirth
Krebenstraße 25, Postfach 1443, 73222 Kirchheim/Teck
Telefon (07021) 2441, Fax 3809

Alexander Schleicher
Huhrain 1, Postfach 60, 36161 Poppenhausen
Telefon (06658) 890, Fax 8940

Pilatus Flugzeugwerke AG
CH-6370 Stans

FFA, Flug- und Fahrzeugwerke Altenrhein
CH-9422 Staad

Luftfahrttechnische Betriebe (in der vorstehenden Arbeit speziell erwähnt)

Hans Eichelsdörfer Flugzeugbau
Hafenstraße 6, 96052 Bamberg, Telefon (0951) 61413

Fiberglas-Technik Rudolf Lindner
Alpenweg 11, 88487 Walpertshofen, Telefon (07353) 2234

Wolf Hirth GmbH
73222 Kirchheim/Teck-Nabern, Telefon (07021) 55377

LTB Borowski
Ob der Au 12, 78737 Winzeln, Telefon (07422) 53644

Ewald Sammet
Flugplatz, 73540 Heubach, Telefon (07173) 12077

Hansjörg Streifeneder Glasfaser-Flugzeug-Service
Hofener Weg, 72582 Grabenstetten, Telefon (07382) 1032

LTB Ernst Schönwald
Am Galgenberg 4, 91550 Dinkelsbühl

Literaturhinweise

(aus der Fülle der zur Verfügung stehenden Veröffentlichungen wird hauptsächlich auf folgende Arbeiten hingewiesen):

Bücher:

Arbeitsblätter für den Prüfdienst (Loseblattsammlung), Prüfstellen für Luftfahrtgerät DVL-PfL, 4330 Mülheim/Ruhr

Georg Brütting: »Die berühmtesten Segelflugzeuge«, Stuttgart, 1970

»Jane's all the World's Aircraft«, London

Wolf Hirth: »Handbuch des Segelfliegens«, Stuttgart, 1941

Dietmar Geistmann: »Die Entwicklung der Kunststoff-Segelflugzeuge«, Stuttgart, 2. Auflage 1980

Flugzeuge 1978, Vereinigte Motor-Verlage Stuttgart

Peter F. Selinger: »Segelflugzeuge«, Stuttgart, 1978

Richard Ferrière: »Rhönsegler«, Stuttgart, 1988

Zeitschriften:

aerokurier, Gelsenkirchen

Flug-Revue, Stuttgart

Flieger-Magazin, München

Der Adler, BWLV, Stuttgart

Aero-Revue, Aero-Club der Schweiz, Luzern

Soaring, Soaring Society of America

Broschüren:

Jahresberichte der Akademischen Fliegergruppen Stuttgart, Darmstadt, Braunschweig, München, Berlin, Karlsruhe, Hannover, Aachen

Veröffentlichungen der Idaflieg